U0163199

"十三五"江苏省高等学校重点教材

编号：2020-2-095

大学物理实验教程

DAXUE WULI SHIYAN JIAOCHENG

朱立砚　张婷婷　陈贵宾　李清波　翟章印　主编

苏州大学出版社

Soochow University Press

图书在版编目(CIP)数据

大学物理实验教程 / 朱立砚等主编. —苏州：苏
州大学出版社,2022.2
ISBN 978-7-5672-3761-2
"十三五"江苏省高等学校重点教材

Ⅰ.①大… Ⅱ.①朱… Ⅲ.①物理学—实验—高等学
校—教材 Ⅳ.①O4-33

中国版本图书馆 CIP 数据核字(2021)第 229967 号

书　　名：大学物理实验教程
主　　编：朱立砚　张婷婷　陈贵宾　李清波　翟章印
责任编辑：周建兰
装帧设计：刘　俊
出版发行：苏州大学出版社(Soochow University Press)
社　　址：苏州市十梓街 1 号　邮编：215006
印　　刷：丹阳兴华印务有限公司
邮购热线：0512-67480030
销售热线：0512-67481020
开　　本：787 mm×1 092 mm　1/16　印张：15.75　字数：364 千
版　　次：2022 年 2 月第 1 版
印　　次：2022 年 2 月第 1 次印刷
书　　号：ISBN 978-7-5672-3761-2
定　　价：44.00 元

若有印装错误,本社负责调换
苏州大学出版社营销部　电话：0512-67481020
苏州大学出版社网址　http://www.sudapress.com
苏州大学出版社邮箱　sdcbs@suda.edu.cn

◉ 序 言 ◉

爱因斯坦在谈到科学起源问题时曾说过,西方科学的发展是以两个伟大的成就为基础的,那就是:希腊哲学家发明的形式逻辑体系(在欧几里得几何学中),以及通过系统的实验发现有可能找出因果关系(在文艺复兴时期).由此可见,实验在科学发展过程中起着非常重要的作用.因此,在本科阶段锻炼学生的实验能力和素养是本科教学的核心要义之一.大学物理实验课程是对高等学校学生进行系统科学实验技术和实验方法训练,培养学生科学实验能力和素养的重要的实践性课程.大部分理工科学生进入大学学习后首先接触到的实践课程就是该课程,在此阶段,如果学生能够掌握科学的实验方法和实验技能,合理地训练动手实践能力,将能极大地提升独立思考和判断能力,并提高综合实践素质,为后续专业课程的学习打下坚实的基础.

编者在教学实践中发现大学物理实验课与大学物理理论课程并不同步,学生在理解实验原理方面存在着一定的困难.另外,如果大学物理实验课程按照力学、热学、电磁学、光学等依次顺序编写,则不符合实验教学循序渐进的路径.因此,本书遵照教育部高等学校大学物理课程教学指导委员会《理工科类大学物理实验课程教学基本要求》编写,力求从培养学生科学的实验方法和实验基本技能的角度,让大学物理实验课程教学自成体系.全书共七章,系统地介绍了大学物理实验课程的目标定位,测量误差、不确定度和数据处理方法,基本仪器的使用,基本测量和数据处理方法,基本物理量的测量,综合性实验,设计性实验.

在总体设计上,力求贯彻以学生为本的理念,注重基础性、实践性、探索性、开放性的有机统一.在突出基本技能训练的同时,增大了综合性、设计性、研究性实验的比重,并且注意兼顾理工科各专业的教学应用.

参与教材编写和修订工作的有:陈贵宾、李清波、朱立砚、翟章印、张婷婷、胡宝林、华正和、温世正、冯小勤、赵金刚、张佳、马鹏程、贾建明、李建华、陈亚军、陈静、李东珂、陆红霞、胡颖、李训文、程菊、马春林等.在编写教材的过程中我们参考了众多物理实验教材,在此向有关作者谨致谢意.在教材出版之际,感谢六十多年来在淮阴师范学院物理实验教学中做出贡献的所有老师.

限于我们的水平,加上时间仓促,书中难免有不足之处,欢迎广大师生给予批评指正.

编 者
2021 年 9 月于淮安

Contents 目录

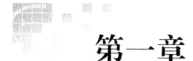

第一章

绪 论

第一节 物理实验课程的目的和任务

科学实验是研究自然规律与改造客观世界的基本手段.所谓科学实验,就是根据理论和一定的研究目的,通过相应的仪器设备,人为地控制或模拟自然现象,突出主要因素,对自然事物和现象进行精密、反复的观察和测试,检验某种科学思想并探索其内部的规律性.这种对自然进行有目的、有控制、有组织的探索活动是现代科学技术发展的源泉,是检验科学理论的唯一手段,同时科学理论对科学实验也起着指导作用,我们要正确处理好实验和理论的关系,重视科学实验.

一、实验的重要性和地位

古希腊作为科学的启蒙之地,涌现了大量杰出的自然哲学家,这些自然哲学家轻视实验,他们的思想包含着非常多的错误,比如亚里士多德认为质量大的物体下落的速度更快,物体的受迫运动(区别于自然运动)必须要有力来维持,等等,这些错误认识影响了欧洲近 2 000 年之久,在此期间鲜有人通过实验检验这些观点,直到伽利略比萨斜塔实验才揭示了正确的自由落体运动规律.由于伽利略开创了以实验事实为根据并具有严密逻辑体系的近代科学,因此其被称为"近代科学之父".

现阶段,本科生了解和开展实验的主要阵地是课堂和实验室,课堂演示实验和实验室分组实验是最常见的两种形式.以往的教学中大多局限于课堂理论教学,忽视了演示实验和分组实验的重要作用,实际上实验室是学习物理的第二阵地,通过分组实验的实践,可以帮助学生有效地建立物理基本概念、理解和掌握所学抽象知识、深化对于理论的理解.

卡尔·波普尔认为科学命题或理论应该以可证伪性原则为标准,不可被证伪的命题是没有解释能力的非科学命题,而实验正是证伪的标准.科学发展史上先贤们提出了众多假设来解释尚未厘清的实验现象,通过对这些假说及其推论的实验,验证或者证伪了这些命题,在不断的迭代过程中,科学得到了长足的发展.典型的例子是迈克耳孙-莫雷实验对于以太的证伪.

物理实验是一门实验科学,一切物理概念的确定、物理规律的发现及物理理论的建立

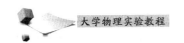

都有赖于实验并接受实验的检验.例如,杨氏双缝干涉实验使光的波动说得以建立;赫兹的电磁波实验使麦克斯韦的电磁场理论获得普遍承认,卢瑟福的 α 粒子散射实验揭开了原子的秘密;近代的高能粒子对撞实验使人们深入物质的最深层——原子核和基本粒子内部来探索其规律性.在物理学发展中,人类积累了丰富的实验方法,创造出各种精密巧妙的仪器设备,涉及广泛的物理现象,因而使物理实验课包含充实的教学内容.

20 世纪以来,世界科学技术获得了突飞猛进的发展,以美国为代表的部分西方国家在众多科技领域中取得了领先地位.随着中国改革开放以来在科技领域的飞速进步,美国等西方国家视中国为科技领域的潜在竞争者,2018 年以来对中国的科技、经济等领域实施打压政策.要应对这些西方国家的围堵,迫切需要每一位学生强化责任意识,学习科学方法,通过物理实验等实践课程锤炼创新素养,提升科技创新能力.

二、物理实验的目的

物理实验在物理学自身发展中有着重要作用,同时在推动其他科学、工程技术的发展中也发挥着重要作用.特别是近代各学科相互渗透,发展了许多交叉学科,物理实验的构思、物理实验的方法和技术与化学、生物学、天文学等学科相互结合,已取得了丰硕的成果,而且必将发挥更大的作用.作为高等学校的理工科学生,不仅要具备广博的理论知识,还应具有较强的从事科学实验的能力,才能适应当今社会的需要.通过本课程的学习期望实现以下目的:

(1)让学生接受系统的实验方法和实验技能的训练.大学物理实验课是大部分理工科学生进入本科阶段学习以来首先参与的实践课程,因此该课程的覆盖面广泛,实践教学初始帮助学生形成良好的实验和实践习惯,熟悉实验规范,非常有助于今后其他专业实践课程的学习.

(2)培养学生科学实验能力和科学素养.大学物理实验课程包含了多种多样的实验思想、方法、手段,同时能提供综合性很强的基本实验技能训练,是培养学生科学实验能力、提高科学素质的重要基础.

(3)培养学生适应未来科技发展的综合素质.在培养学生严谨的治学态度,开拓学生的创新意识,理论联系实际和适应科技发展的综合应用能力等方面,它具有其他实践类课程不可替代的作用,因此,该课程的开展有利于培养学生适应未来科技发展的综合素质.

三、物理实验课程的任务和内容

大学物理实验课程的主要教学任务是通过一系列实验理论课程和实验实践课程的开展,锻炼和提升学生的实验技能,培养学生的科学素养.首先,要锻炼和提升学生的基本科学实验技能,提高学生的科学实验基本素质,使学生初步掌握实验科学的思想和方法.其次,要培养学生的科学思维和创新意识,使学生掌握实验研究的基本方法,提高学生的分析能力和创新能力.最后,要培养学生的科学素养,培养学生理论联系实际和实事求是的科学作风,认真严谨的科学态度,积极主动的探索精神,遵守纪律、团结协作、爱护公共财产的优良品德.

大学物理实验包括普通物理实验(力学、热学、电学、光学实验)和近代物理实验,具体的教学内容基本要求如下：

（1）掌握测量误差的基本知识，具有正确处理实验数据的基本能力.主要包括掌握测量误差与不确定度的基本概念，能逐步学会用不确定度对直接测量结果和间接测量结果进行评估，以及掌握处理实验数据的一些常用方法，包括列表法、作图法和最小二乘法等.随着计算机及其应用技术的普及，还包括掌握用计算机通用软件处理实验数据的基本方法.

（2）掌握基本物理量的测量方法.例如，长度、质量、时间、热量、温度、湿度、压强、压力、电流、电压、电阻、磁感应强度、光强度、折射率、电子电荷、普朗克常量、里德伯常量等常用物理量的测量，注意加强数字化测量技术和计算技术在物理实验教学中的应用.

（3）了解常用的物理实验方法，并逐步学会使用.例如，比较法、转换法、放大法、模拟法、补偿法、平衡法、干涉法、衍射法，以及在近代科学研究和工程技术中广泛应用的其他方法.

（4）掌握实验室常用仪器的性能，并能够正确使用.例如，长度测量仪器、计时仪器、测温仪器、变阻器、电表、交/直流电桥、通用示波器、低频信号发生器、分光仪、光谱仪、电源和光源等常用仪器.

（5）掌握常用的实验操作技术.例如，零位调整、水平/铅直调整、光路的共轴调整、消视差调整、逐次逼近调整、根据给定的电路图正确接线、简单的电路故障检查与排除，以及在近代科学研究与工程技术中广泛应用的仪器的正确调节.

（6）了解物理实验史料和物理实验在现代科学技术中的应用知识.

通过以上实验内容的开展，为学生打下扎实的大学物理实验基础，有助于培养学生以下实践创新能力：

（1）独立实验的能力.能够通过阅读实验教材，查阅有关资料和思考问题，掌握实验原理及方法，做好实验前的准备；正确使用仪器及辅助设备，独立完成实验内容，撰写合格的实验报告；培养学生独立实验的能力，逐步形成自主实验的基本能力.

（2）分析与研究的能力.能够融合实验原理、设计思想、实验方法及相关的理论知识对实验结果进行分析、判断、归纳与综合.掌握通过实验进行物理现象和物理规律研究的基本方法，具备初步分析与研究的能力.

（3）理论联系实际的能力.能够在实验中发现问题、分析问题，综合运用所学知识和技能解决实际问题.

（4）创新能力.能够完成符合规范要求的设计性、综合性内容的实验，进行初步的具有研究性或创新性内容的实验，具有一定的创新能力.

第二节　物理实验课程的基本程序和要求

实验课程的基本程序分为三部分，即课前预习、课堂实验和实验报告撰写，每一部分均有具体要求和规范.

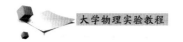

一、课前预习

通读实验教材和讲义,明确实验目的,了解本实验的相关背景知识与大学物理所学知识的联系.熟悉实验的原理,了解实验所用仪器,特别是仪器使用注意事项和安全操作要求.

上课前应通读教材,以求对当次实验有一个全面的了解,然后按照指定的预习重点,精读有关数学模型,明确要测量的物理量,对主要仪器的功能及使用方法形成一个初步印象.

课前预习必须撰写预习报告,课上请老师审阅.无预习报告或预习报告不合格者不准上课.预习报告包括:实验项目名称、实验目的、实验使用的设备和仪器、实验原理、实验数据记录表格、预习过程中存在的问题等.

二、课堂实验

(一)课堂实验规范

进入实验室开展课题实验时,务必遵循以下规范要求:

1. 提前五分钟进入实验室,按组号入座.进任何实验室,都不要擅自动手,以免造成仪器损坏或发生事故.严格按操作要求进行操作,损坏仪器要按规定赔偿.

2. 注意在细节上培养科学的工作作风,如仪器布局合理整齐;操作姿势正确文明;电学仪器经教师检查后才能通电;不要触摸光学元件的工作表面;实验完毕,及时断开电源,整理仪器并恢复到原来的陈列状态;主动请老师指导操作、检查数据、验收仪器.

3. 实验数据记录完整,实事求是.实验数据记录的具体要求包括:

(1)数据记录完整真实.有些实验条件(如温度、仪器规格等)比较重要,但不一定参加运算,不要漏记.

(2)实验数据不得随意改动,仅当确认测量有误时才能修改.先在原数据上轻轻地画一条横线,再把重新测到的数据工整地写在一旁,必要时应注明更改理由.不应重笔描画、涂抹黑块甚至撕扯挖补,这样既影响卷面整洁,也失去了分析错误数据的依据.有时毁掉的数据反而是正确的.

(3)不得用铅笔记录数据.

(4)数据使用表格记录.每份报告须附上两份数据记录:在课堂上记录的数据并有教师签字的是原始数据,需附在报告的最后一页;将原始数据整齐地誊抄一份,填写在正文相应位置的是正文数据,正文数据应尽量整洁.

(5)实验课绝不以"数据完美"评定成绩,切不可凭主观意愿更改数据,更不允许抄袭、拼凑和伪造数据.只有依靠真实数据,才能看到事物的本来面貌.操作完毕应主动请教师审核实验记录并签字,不经教师签字的记录无效.

4. 保持实验环境的安静整洁,不得在室内吸烟、吃零食、扔废纸、藏掖果皮、嚼口香糖、大声喧哗和随意走动.要爱护室内设施,不要刻画桌面.

(二)课堂实验程序

课堂实验程序如下:

（1）指导教师在预习报告上签字.

（2）学生在实验记录上签字打卡.

（3）教师讲解大约 15～30 min 后学生开始做实验.开始做实验前要先看实验注意事项.

（4）教师指导 40～60 min,学生若有问题,尽可能在这个时段提问.

（5）原始数据记录需由指导教师检查并签字,未签字前不要整理仪器.

（6）整理仪器,将桌凳归位,关闭仪器电源.

（7）实验中如遇到仪器异常,离开实验室前应登记仪器故障现象.

三、实验报告的撰写

在预习报告的基础上,填写实验数据并进行处理,根据实验数据得出正确的实验结论并与理论值对比,分析实验误差的来源,总结经验教训,回答思考题,等等.具体要求如下（表 1.2-1）:

（1）将数据整理后重新写入实验报告正文（原始数据必须附在报告中）.

（2）数据处理及结论.数据处理包括结果计算、不确定度评定和曲线图的绘制等内容.凡有计算过程的,均应有文字公式、代入的数据和计算结果等主要运算步骤.不要漏写单位.结论包括测量结果的规范表示、观察的现象、研究得出的结论.

（3）问题讨论. 对本实验的原理、方法、仪器、不确定度评定进行进一步探讨,也可提出改进建议.针对提出的问题或建议要有具体分析,切忌泛泛空谈.

（4）回答思考题.

表 1. 2-1　实验报告内容和要求

序号	报告内容	具体要求
1	实验名称	表示做什么实验
2	实验目的	说明为什么做这个实验,做该实验要达到什么目的
3	实验器材	列出主要仪器的名称、型号、规格、精度等
4	实验原理	应该在对原理理解的基础上用自己的语言简要叙述,要求做到简明扼要,图文并茂,并列出测量和计算所依据的主要公式,注明公式中各变量的物理含义,公式成立应满足的实验条件
5	实验步骤	概括性地写出实验进行的主要过程和步骤、安全注意要点
6	数据记录	记录中应该有主要实验仪器编号、规格及完整的实验数据,一般要求以列表形式来反映完整而清晰的原始实验数据
7	数据处理	要求写出数据处理的主要过程、曲线图的绘制及误差分析等.在计算完成后,必须以醒目的方式完整地表示出实验结果
8	总结讨论	一般讨论内容不受限制,可以是实验现象、实验结果、误差、体会、意见和建议等
9	思考题	通过深入分析来准确回答思考题,提升对于实验理论的认识

第二章

误差理论与数据处理

第一节　测量及其分类

一、测量和单位

在理性理解自然的过程中或者说科学诞生的过程中,实验发挥了非常大的作用.开展实验的目的包括定性观察各种物理现象和定量表征物理量之间的关系两方面.定量表征物理量时,必然需要对物理量开展直接或间接的测量.测量就是用一定的工具和仪器,通过一定的方法,直接或间接地对被测对象进行比较,得出它们之间的倍数关系.选作标准的同类量被称为单位.倍数值被称为测量数值.由此可见,一个物理量的测量值等于测量数值与单位的乘积.

定量表征物理量时,数值和单位缺一不可,只有二者同时存在时物理量才有意义(除了无量纲的物理量).原因在于一个物理量选择不同的单位,相应的测量数值就有所不同.比如淮安到北京的距离,若采用千米为单位约为 800 km,而采用米为单位则应表示为 800 000 m,显然作为标准的单位越小,数值就越大.

长期以来,不同的领域形成了常用的各个物理量的单位,也称为单位制.比如中国的市制单位中以丈、尺和寸等为长度单位,斤和两等为质量单位;电磁学中常用的高斯单位制以厘米、克和秒作为长度、质量和时间的单位.不同的单位制不利于科学、经济和文化的交流.为此,1984 年国务院发布了《中华人民共和国法定计量单位》,规定法定计量单位以国际单位制(SI)为基础,同时叠用一些非国际单位制单位.国际单位制是 1971 年第十四届国际计量大会上确定的,包括基本单位和导出单位.其中基本单位共七个,分别为:米(长度)、千克(质量)、秒(时间)、安培(电流强度)、开尔文(热力学温度)、摩尔(物质的量)和坎德拉(发光强度),其他物理量的单位由这些基本单位导出.

二、测量的分类

(一)直接测量和间接测量

能够用仪器直接对待测物理量进行的测量称为直接测量,相应的被测物理量即为直接测量量.比如物体的长度通常可以从毫米尺、游标卡尺和螺旋测微器等仪器上直接读出,物体的质量可以用物理天平或者电子天平直接称出,物体的体积可以利用量杯量出,电流和电压可以通过电流表和电压表直接读出,这些均为直接测量量.

大多数情况下,待测物理量很难直接从仪器仪表中直接得到,而需要利用物理规律从一系列可直接测量的物理量中通过运算得到,这样的测量就称为间接测量,相应的物理量被称为间接测量量.比如材料的杨氏模量定义为单向应力状态下应力除以该方向的应变,那么测量材料的杨氏模量时显然需要测量材料在外加力作用下相应的伸长度(应变),这里的力、物体的长度等为直接测量量,通过对这些直接测量量的运算即可得到间接测量量——材料的杨氏模量.

需要注意的是,同一物理量可以是直接测量量,也可以是间接测量量,这需要根据测量方法来确定.

（二）等精度测量与不等精度测量

等精度测量是指对于待测物理量进行多次重复测量时,实验条件没有发生变化,即实验意义、测量方法、实验环境、观测者均不变时所得到的一系列测量值,尽管实验条件没有发生变化,但测量的各次结果仍然可以发生变化.若以上条件中任何一个发生变化,此时的测量被称为不等精度测量.

理论上来说,并不存在完全等精度的测量,原因在于实验过程总是存在着一些无法精确控制的因素,比如实验者的状态、环境中温度的涨落、气流扰动、振动和噪声的影响、仪器的异常等.但当某一条件的变化,对结果影响不大,甚至可以忽略时,我们可以将这些测量近似作为等精度测量.

习题

1. 测量就是比较,试说明如下测量是如何体现比较的?
(1) 用杆秤称西瓜的重量.
(2) 用弹簧秤称新生婴儿的重量.
(3) 用秒表测摆动时间.
(4) 用多用表测电阻器的阻值.

2. 想一想,如何去测量下面各量:
(1) 跑百米的时间.
(2) 子弹的速度.
(3) 声音的速度.
(4) 光的速度.
(5) 对面山的高度、月球离地球的距离.(想一想:已知三角形的一个边长、两个顶角,就可求出三角形另外的边长,该知识能否用上?)

第二节　误差及其分类

一、误差

在给定的实验条件下,被测物理量原则上应有一个客观的真实数值,也被称为被测物理量的真值,常用符号 x_0 表示.然而在实际测量过程中,由于各种条件的限制,包括各种客观(环境影响、方法缺陷、仪器精度、物理量涨落)和主观(操作水平和实践经验)因素,待测量值和真值之间总是存在一定的差异,这一差异叫作误差.无论怎样改进实验方法、提高仪器精度和操作人员的水平,我们所测的数值也只是待测物理量的近似值.误差常用绝对误差和相对误差来描述.

绝对误差:测量值与真值之间的差异.若用 x_0 表示真值,用 x 表示测量值,则测量绝对误差可以表示为

$$\Delta x = x - x_0 \tag{2.2-1}$$

绝对误差的单位与测量值的单位相同,一般取一位有效数字.

相对误差:绝对误差与真值的比值,即

$$\delta x = \frac{\Delta x}{x_0} \times 100\% = \frac{x - x_0}{x_0} \times 100\% \tag{2.2-2}$$

相对误差表征了测量值偏离真值的相对大小,相对误差是没有单位的,可以用来比较不同单位的几个物理量的相对精度,一般取两位有效数字.

多数情况下,待测物理量的真值可能是无法知道的,为了解决这个问题,在估算各类误差时,可以用"约定真值"代替真值.约定真值是指对于给定的测量目标而言,被认为充分接近真值,可以用来代替真值的量值.比如,理论值、公认值(世界公认的一些常数,如玻耳兹曼常数、普朗克常量、电子的电量等)、平均测量值、高等级仪器的测量值、计量学约定真值等.为简便起见,本课程实验中采用平均测量值作为约定真值.

二、误差的分类和修正

为了减小测量物理量的误差,我们需要了解误差的来源和性质,并针对这些不同类型的误差采用恰当的方法来减小误差,提高测量结果的准确性.误差根据其产生的原因和性质可以分为三类:"系统误差""偶然误差""过失误差".

(一)系统误差的来源和修正

系统误差主要来自实验仪器缺陷、实验方法和原理的不完善或环境因素等,导致测量结果与真值之间存在着恒定的或者规律性的偏离.如秒表偏快,表盘刻度不均匀,米尺的刻度偏大,天平不等臂,米尺因为环境温度的变化导致本身伸缩,等等,这些均为仪器本身结构或环境变化导致的恒定误差;又如在测量电阻的阻值时,电阻上因通过电流而发热,从而导致电阻的阻值发生变化,这种变化是有一定规律的.

系统误差包括仪器误差、仪器零位误差、理论和方法误差、环境误差和人为误差等.

（1）仪器误差：由于仪器制造的缺陷、使用不当或者仪器未经很好校准所造成的误差.如秒表偏快、表盘刻度不均匀、尺子的刻度偏大、因为环境温度的变化导致米尺本身的伸缩、砝码未经校准、仪器的水平或铅直未调整等,造成示值与真值之间的误差,统称为仪器误差.

（2）仪器零位误差：在使用仪器时,仪器零位未校准所产生的误差.例如,当千分尺两个砧头刚好接触时千分尺上有读数,电流表在没有电流流过时电流表上有读数,这些都是因为仪器的零位不准而引起的误差,称为仪器零位误差.

（3）理论和方法误差：实验所依据的理论和公式的近似性,实验条件或测量方法不能满足理论公式所要求的条件等引起的误差.实验中忽略了摩擦、散热、电表的内阻等引起的误差都属于这一类.

（4）环境误差：测量仪器规定的使用条件未满足所造成的误差.例如,室温高于仪器所规定的实验温度范围而引起的误差被称为环境误差.

（5）人为误差：由于测量者本身的生理特点或固有习惯所带来的误差,如反应速度的快慢、分辨能力的高低、读数的习惯等.

了解了系统误差的各种来源之后,更重要的是在实验前、实验过程中和实验结束后分析和发现所开展实验中的系统误差.误差的发现和修正是每一个实验研究者开展任何一个实验必须进行的工作,这也是一个非常复杂的过程.通过分析来发现系统误差是消除和修正系统误差的前提,分析和发现系统误差可以采用以下三种方法：

（1）理论分析法.测量过程中因理论公式的近似性等原因所造成的系统误差常常可以从理论上作出判断并估计其量值.例如,利用伏安法测电阻.

（2）实验对比法.对被测物理量采用实验方法对比、测量方法对比、仪器对比、测量条件对比来研究其结果的变化规律,从而发现可能存在的系统误差.

（3）数据分析法.当随机误差较小时,将测量的绝对误差按测量次序排列,观察其变化.若绝对误差不是随机变化而是呈规律性变化,如线性增大或减小、周期性变化等,则测量中一定存在系统误差.

通过以上方法分析和了解系统误差的产生原因后,可以采用相应的方法来减小和修正系统误差,比如通过理论公式引入修正值,消除系统误差产生的因素,改进测量方法,等等.具有一定规律性并能够被修正的误差被称为可修正系统误差,比如仪器零位误差、可知的理论误差等.由于可修正误差具有规律性（比如误差大小和方向对于实验条件的依赖性）,研究者一般可以通过多次测量取平均值或通过外延等方法减小和消除系统误差.而对于那些大小或方向都无法确定的误差,则被称为不可修正误差,这部分误差一般很难通过多次测量来消除,需要改进仪器或方法等来减小.

（二）偶然误差的来源和修正

偶然误差（也叫随机误差）是指在相同的条件下,对同一物理量进行多次测量时,被测量的大小仍然会以不可预知的方式发生微小变化（系统误差等其他类型的误差已被排除）.这种类型的误差毫无规律,有时偏大,有时偏小.产生原因可能来自环境的扰动,比如实验环境中的温度涨落、气流扰动、环境噪声和振动等;也可能来自实验者的感官能力的微弱变化.这些因素很难消除,也没有规律性可言.虽然少数几次测量结果忽大忽小,但当测量

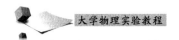

次数非常多时,理论和实践均发现测量结果表现出一种典型的分布,即正态分布规律.

如图 2.2-1 所示,偶然误差的正态分布规律 $f(x)$ 可以表示为

$$f(x) = \frac{1}{\sigma\sqrt{2\pi}} \exp\left(-\frac{(x-x_0)^2}{2\sigma^2}\right)$$

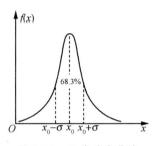

图 2.2-1　正态分布曲线

式中,x_0 是测量值 x 出现概率最大的值,该值在消除系统误差后可以近似认为是真值.从图 2.2-1 中也可以发现,测量值接近真值的概率是比较大的,偏离真值较大的测量结果出现的概率非常小.若误差的分布确实满足正态分布,可以严格证明如果测量次数足够多时,测量值的统计期望值即为真值 x_0.

既然 x 的概率分布密度满足正态分布,那么 x 在区间 $[x_0-\sigma, x_0+\sigma]$ 的置信概率为

$$p = \int_{x_0-\sigma}^{x_0+\sigma} f(x)\mathrm{d}x = 0.683$$

即任何一次测量结果落在区间的概率为 0.683,同样测量结果落在区间 $[x_0-2\sigma, x_0+2\sigma]$ 和 $[x_0-3\sigma, x_0+3\sigma]$ 的置信概率分布为 0.954 和 0.997.因此,测量值落在区间 $[x_0-3\sigma, x_0+3\sigma]$ 外的概率非常小,即平均 1 000 次实验,只有 3 次测量值的误差可能超过 3σ,而如果我们的实验测量次数有数十次,那么误差超过 3σ 的次数微乎其微,所以也把 3σ 称为极限误差.

在实际测量中,测量的次数总是有限的,而且被测量的真值也是不知道的,因此,上式给出的标准误差公式只具有理论上的意义.假设某次实验中,在相同的测量条件下,对某一物理量进行了 n 次独立的重复测量,测量值分别为 $x_1, x_2, \cdots, x_n$,由最大似然估计原理可知,其真值的最佳估计值是它们的算术平均值,即

$$\bar{x} = \frac{1}{n}\sum_{i=1}^{n} x_i = \frac{1}{n}(x_1 + x_2 + \cdots + x_n)$$

最接近于真值.而各次测量数值 x_i 与上述平均值的差 $x_i - \bar{x}$ 为测量残差.由于待测物理量的真值通常是无法确切知道的,所以经常用残差代替误差计算.实验中 n 次测量值的标准偏差可以表示为

$$\sigma = \sqrt{\frac{\sum_{i=1}^{n}(x_i - \bar{x})^2}{n-1}}$$

从统计意义上讲,$\bar{x}$ 作为待测物理量真值的最佳估计值应比测量列中每一个测量值 x_i 都更接近于真值,经理论推导得到平均值 $\bar{x}$ 的实验标准偏差 $\sigma(\bar{x})$ 为

$$\sigma(\bar{x}) = \sqrt{\frac{\sum_{i=1}^{n}(x_i - \bar{x})^2}{n(n-1)}} = \frac{\sigma}{\sqrt{n}}$$

即被测量的真值落在 $[\bar{x}-\sigma(\bar{x}), \bar{x}+\sigma(\bar{x})]$ 区间内的概率为 68.3%.

从偶然误差的正态分布可知,偶然误差的分布还有以下一些特点:

(1) 有界性,误差的绝对值不会超过一定的限度.

（2）单峰性,绝对值小的误差出现的概率大,而绝对值大的误差出现的概率小.

（3）对称性,误差的方向是无偏的,绝对值相同的正、负误差出现的概率相等.

（4）抵偿性,误差的算术平均值随着测量次数的无限增加而趋于零.

总之,虽然单次测量值的偶然误差的出现不可预测,然而其显著的统计规律使得我们可以通过足够多次数的测量取平均值来减小误差.

（三）过失误差的来源和修正

对于测量系统偶然发生异常,或者实验者操作失误导致的测量结果显然偏离真值,这种因异常或过失而产生的误差被称为过失误差,这种误差甚至不能被称为误差,实际应归为错误.为了修正过失误差,实验研究者应在实验中遵循严谨合规的操作规范,保持严肃认真的态度,就可以消除这种误差或错误.

三、误差分析的意义

误差是伴随着测量始终存在的,被测量的真值在大多数情况下是无法确切知道的,我们对于客观世界的理性感知是建立在包含误差的测量基础上的,通过误差分析来更加合理地估计物理量真值可能的范围和概率,提升我们对于自然的理解能力.研究误差的意义在于:

（1）通过分析误差的来源、性质和规律来减小和修正测量过程中的测量误差.

（2）在设计实验时,以误差分析的思维来指导和组织实验,合理地选择适当精度的仪器、恰当的理论近似和合理的设计测量方法,达到以最经济的成本实现最理想的测量结果.

开展任何实验时,记录和表示测量结果应包括数值、误差和单位,三者缺一不可.

习 题

1. 在以下各测量量中,哪些因素会引入误差?

（1）用量筒测一石块的体积.

（2）在窗前挂一温度计,测大气的温度.

（3）用秒表测一物体自由下落 3 m 的时间.

（4）用天平测一乒乓球的质量.

（5）用米尺测一个人的身高.

（6）用电压表、电流表测一电阻器的阻值.

（7）用太阳光和米尺测一凸透镜的焦距.

（8）用打点计时器测重力加速度.

（9）用冲击摆测子弹的速度.

2. 以下所列的误差哪些属于系统误差?

（1）米尺的刻度有误差.

（2）未通电时,电压表的指针不为零.

（3）手按停表测时间控制不准.

（4）两个人在同一个温度计上的读数不一样.

（5）在任何计算中,π均取 3.14.

（6）测质量的天平的两臂长不完全相等.

（7）天平摆动后指针的停止点每次不同.

3. 一盒砝码经计量局检定后,是否还有误差呢?

4. 两次测量所得测量值完全相同,是否还有误差呢?

5. 投掷硬币,出现哪一面是不能预测的.为什么讲出现正面(或背面)也有规律呢?

6. 仪器操作错了,是实验中出现错误的重要方面.根据你的了解,在使用以下仪器时,可能出现什么操作错误?

（1）用天平称质量.

（2）用螺旋测微器测棒的直径.

（3）用温度计测水温.

（4）用米尺测身高.

7. 举出几点在电路连接中可能出现的错误.

8. 下列说法是否有误?

（1）测单摆的摆线长为摆长.

（2）用米尺和游标卡尺测直径分别约为 3.25 cm、2.835 cm 的圆管.

（3）用电压表测量一电容器充电后的电压.

（4）测一球的直径 d ,用 $V = \frac{3}{4}\pi d^3$ 计算体积.

第三节　测量的不确定度

由于误差的普遍存在及某些类型误差的不可消除性,所有的测量结果都存在着不确定性.即使以相同的方式在相同的情况下多次测量,假设测量系统具有足够的分辨率来区分这些值,通常每次测量也将获得不同的测量值.因此,除了需要了解测量结果外,还需要知道测量结果量化的可信程度或者不确定性程度.最初人们常用误差来表示测量结果的可信任度,误差是测量结果与真值之差,然而真值通常是无法准确获得的,从而使得这种表示方法可用性较差.

在这种背景下,1980 年,国际计量局在实验不确定度的说明建议书中提出用不确定度来代替误差;1993 年,国家标准化组织(ISO)在国际计量局、国际电工委员会、国际理论物理与应用物理联合会、国际理论化学与应用化学联合会、国际临床化学联合会等 7 个国际组织的支持下出版了《测量不确定度表示指南》,目的是促进表示的不确定度具有足够完整的信息.

测量不确定度是指由于测量误差的存在而导致对被测量结果不能确定的量化程度.因此,一个测量结果不仅要指出其测量值的大小,还要指出其测量的不确定度,以表示测量结果的可信赖程度.不确定度小,测量结果可信赖程度高;不确定度大,测量结果可信赖程度低.

测量不确定度按其获得方法分为 A、B 两类评定分量.A 类评定分量是指可以用观测序列统计分析计算的那些分量(简称统计不确定度),B 类评定分量是指那些无法用统计方法计算得到的,而只能依据经验或其他信息进行估计的分量(简称非统计不确定度).另外,不确定度的分类与误差的分类之间并不存在直接的一一对应关系.

一、A 类不确定度

从理论上说,对物理量 x 做 n 次等精度测量,得到包含 n 个测量值 $x_1,x_2,\cdots,x_n$ 的一个测量列.由于是等精度测量,我们无法断定哪个值更可靠,利用最大似然估计可以证明,若 x 的分布满足正态分布并且每次测量是独立的,那么该序列的平均值 $\bar{x}$(也称期望值)是最可以信赖的,即

$$\bar{x} = \frac{1}{n}\sum_{i=1}^{n}x_i \qquad (2.3\text{-}1)$$

该测量序列的标准偏差为

$$\sigma = \sqrt{\frac{\sum\limits_{i=1}^{n}(x_i-\bar{x})^2}{n-1}} \qquad (2.3\text{-}2)$$

算术平均值是测量结果的最佳值,最接近真值;而测量结果的离散程度由式(2.3-2)中的标准偏差表征,其统计意义是指当测量次数足够多时(比如大于 10 次),测量列中任一测量值与平均值的偏离落在 $[-\sigma,\sigma]$ 区间的概率为 0.683.算术平均值的离散程度可由统计理论得到,即算术平均值的标准偏差为

$$\sigma(\bar{x}) = \frac{\sigma}{\sqrt{n}} \qquad (2.3\text{-}3)$$

测量次数趋于无穷只是一种理论情况,这时物理量的概率密度服从正态分布,当次数减少时,概率密度曲线变得平坦(图 2.3-1),成为 t 分布;当测量次数趋于无限时,t 分布过渡到正态分布.图中横坐标 x 表示测量值,纵坐标 $f(x)$ 表示 x 的概率密度.

对有限次测量的结果,要保持同样的置信概率,显然要扩大置信区间,因此,在有限次测量情况导致的 t 分布下,A 类不确定度(u_A)为

$$u_A = t_P\sigma(\bar{x}) \qquad (2.3\text{-}4)$$

式中,t_P 称为 t 因子,它与测量次数 n 和置信概率 P 有关(表 2.3-1).在物理实验教学中,置信概率 P 一般取 0.683,当测量次数比较多时,t_P 一般就简单地取为 1.

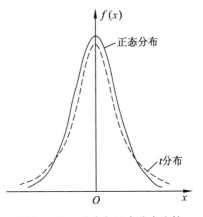

图 2.3-1 t 分布与正态分布比较

表 2.3-1　给出不同置信概率 P 下 t_P 因子与测量次数的关系

P	3	4	5	6	7	8	9	10	15	20	∞
0.68	1.32	1.20	1.14	1.11	1.09	1.08	1.07	1.06	1.04	1.03	1
0.90	2.92	2.35	2.13	2.02	1.94	1.86	1.83	1.76	1.73	1.71	1.65
0.95	4.30	3.18	2.78	2.57	2.46	2.37	2.31	2.26	2.15	2.09	1.96
0.99	9.93	5.84	4.60	4.03	3.71	3.50	3.36	3.25	2.98	2.86	2.58

二、B 类不确定度

B 类不确定度 $u_B(x)$ 是由仪器本身的特性所决定的,需要根据权威部门(计量部门)、制造厂商提供的鉴定结论或仪器说明书来推测的不确定度分量,其定义为

$$u_B = \frac{\Delta_仪}{c} \tag{2.3-5}$$

式中,$\Delta_仪$ 为仪器允许的误差限(最大误差或示值误差);c 是一个与仪器误差概率分布特性有关的常数,其取值见表 2.3-1.

表 2.3-1　误差特性参数 c 的取值

概率分布	正态分布	均匀分布	三角形分布	反正弦分布
c	3	$\sqrt{3}$	$\sqrt{6}$	$\sqrt{2}$

本课程实验中,如无特别说明,为简便起见,一般认为仪器的误差在误差限范围内均匀分布,因此 c 一般取为 $\sqrt{3}$.常用仪器的误差限如表 2.3-2 所示.

表 2.3-2　常用仪器的误差限

仪器	分度值	误差限	备注(参数、等级等)
钢板尺	1 mm	0.10 mm	量程 150 mm
		0.15 mm	量程 50 mm
		0.20 mm	量程 1 000 mm
钢卷尺	1 mm	0.8 mm	量程 1 m
		1.2 mm	量程 2 m
游标卡尺	0.10 mm	0.10 mm	
	0.05 mm	0.05 mm	
	0.02 mm	0.02 mm	
螺旋测微器	0.01 mm	0.004 mm	一级 0~25 mm
读数显微镜		0.02 mm	
秒表(3 级)	0.1 s	0.05 s	
普通水银温度计	1 ℃	最小分度值	0~100 ℃

仪器	分度值	误差限	备注(参数、等级等)
精密温度计	0.1 ℃	0.2 ℃	0~100 ℃
分析天平	0.1 mg	1.3 mg(接近满量程) 1.0 mg(1/2 量程附近) 0.7 mg(1/3 量程附近)	200 g
指针式电流表/电压表		$A_m × α\%$	A_m 为量程, $α$ 为准确度等级
各类数字仪表		仪表最小读数	

三、直接测量不确定度的合成

由正态分布、均匀分布和三角形分布所求得的标准不确定度可以按以下规则进行合成与传递.

（一）直接测量不确定度的合成

实验中对于待测物理量 x 进行直接测量后,总体不确定的计算可以根据以下公式计算：

$$u(x) = \begin{cases} u_B(x) & \text{（单次测量）} \\ \sqrt{u_A^2(x) + u_B^2(x)} & \text{（多次测量）} \end{cases} \tag{2.3-6}$$

对于单次测量,无法做统计分析,因此忽略 u_A；多次测量时,需要同时考虑 A 类和 B 类不确定度.

（二）单次直接测量的数据处理方法

在许多情况下,多次测量是不可能的(如稍纵即逝的现象),有时多次测量也无必要.这时可以用一次测量值作为测量结果的最佳值.因为测量次数 $n=1$,所以这时 A 类标准不确定度为零,即 $u_A = 0$；合成标准不确定度 $u = u_B$.测量结果表示为

$$x ± u_B（单位） \tag{2.3-7}$$

单次直接测量时不确定度计算流程如表 2.3-3 所示.

表 2.3-3 单次直接测量时不确定度计算流程

步骤	计算内容举例
1. 列出待测物理量的测量值	$x = 1.02$ cm
2. 计算 B 类不确定度	$u_B = \dfrac{\Delta_仪}{c} = \dfrac{0.1 \text{ mm}}{\sqrt{3}} ≈ 0.058$ mm
3. 表示最终结果	$x = (1.02 ± 0.01)$ cm

（三）多次直接测量的数据处理方法

对于多次直接测量的物理量,首先,根据测量结果计算被测量的平均值(最佳值) $\bar{x}$；其次,根据测量结果的标准偏差和仪器误差限等实际情况,计算各个标准不确定度 u_A, u_B；再次,根据得到的 A 类和 B 类不确定度来计算标准合成不确定度 u；最后,将测量结果表示为 $x = \bar{x} ± u$(单位).

多次直接测量时不确定度计算流程如表 2.3-4 所示.

表 2.3-4　多次直接测量时不确定度计算流程

步骤	计算内容举例
1.列出待测物理量的测量值	$x_1, x_2, \cdots, x_n$
2.计算平均值	$\bar{x} = \dfrac{x_1 + x_2 + \cdots + x_n}{n}$
3.计算 A 类不确定度	$u_A = \sqrt{\dfrac{\sum\limits_{i=1}^{n}(x_i - \bar{x})^2}{n(n-1)}}$
4.计算 B 类不确定度	$u_B = \dfrac{\Delta_仪}{c} = \dfrac{0.1 \text{ mm}}{\sqrt{3}} \approx 0.058 \text{ mm}$
5.计算合成不确定度	$u = \sqrt{u_A^2 + u_B^2}$
6.表示最终结果	$x = \bar{x} \pm u$(单位)
7.表示相对不确定度	$E_r = \dfrac{u}{\bar{x}} \times 100\%$

例 2.3-1　用游标卡尺测量某一物体的长度,得到的测量数值如表 2.3-5 所示.

表 2.3-5　例 2.3-1 数据

测量次数	1	2	3	4	5	6
长度 L/mm	14.96	14.98	14.92	14.96	14.92	14.94

游标卡尺的量程为 0～125 mm,分度值为 0.02 mm,误差限为 0.02 mm,试给出物体长度的正确表示.

解:物体长度的平均值(最佳值)为

$$\bar{L} = \frac{1}{6}\sum_{i=1}^{n} L_i \approx 14.95 \text{ mm}$$

平均值的标准偏差为

$$\sigma(\bar{L}) = \sqrt{\frac{\sum\limits_{i=1}^{n}(L_i - \bar{L})^2}{n(n-1)}} \approx 0.010 \text{ mm}$$

A 类不确定度

$$u_A = t_P \sigma(\bar{L}) = 0.010 \text{ mm}$$

B 类不确定度

$$u_B = \frac{\Delta_仪}{\sqrt{3}} = \frac{0.02 \text{ mm}}{\sqrt{3}} \approx 0.012 \text{ mm}$$

总的不确定度

$$u_1 = \sqrt{u_A^2 + u_B^2} \approx 0.016 \text{ mm}$$

故物体的长度测量结果可以表示为

$$L = \bar{L} \pm u_1 = (14.95 \pm 0.02) \text{ mm}$$

注意：不确定度的数值只进不舍.

四、间接测量不确定度的传递

(一)间接测量不确定度的传递

在间接测量时,若被测量是由若干直接测量量 $x_1,x_2,\cdots,x_n$ 计算获得的,即 $y=f(x_1,x_2,\cdots,x_n)$,且各 x_i 又相互独立,那么测量结果 y 的标准不确定度 $u(y)$ 的计算公式为

$$u^2(y)=\sum_{i=1}^{n}\left(\frac{\partial f}{\partial x_i}\right)^2 u^2(x_i)$$

式中,$u(x_i)$ 为直接测量量 x_i 的不确定度.

表 2.3-6 为常用函数的不确定度合成公式.

表 2.3-6 常用函数的不确定度合成公式

常见函数	不确定度传递公式
$y=ax_1\pm bx_2$	$u_y=\sqrt{a^2u_{x_1}{}^2+b^2u_{x_2}{}^2}$
$y=kx$	$u_y=ku_x$
$y=x^n$	$u_y=nx^{n-1}u_x$
$y=\dfrac{x_1{}^k x_2{}^m}{x_3{}^n}$	$u_y=y\sqrt{k^2\left(\dfrac{u_{x_1}}{x_1}\right)^2+m^2\left(\dfrac{u_{x_2}}{x_2}\right)^2+n^2\left(\dfrac{u_{x_3}}{x_3}\right)^2}$
$y=\ln x$	$u_y=\dfrac{u_x}{x}$
$y=\sin x$	$u_y=\|\cos x\|\cdot u_x$

另外,也可以先求相对不确定度(E_r),再求总不确定度.计算相对不确定度时首先对函数取自然对数,再求微分,即

$$E_r=\frac{u}{\bar{y}}=\sqrt{\left(\frac{\partial\ln f}{\partial x_1}\right)^2 u_{x_1}{}^2+\left(\frac{\partial\ln f}{\partial x_2}\right)^2 u_{x_2}{}^2+\cdots+\left(\frac{\partial\ln f}{\partial x_n}\right)^2 u_{x_n}{}^2}$$

(二)间接测量量的数据处理方法

设间接测量量 y 是 n 个相互独立直接测量量 $x_1,x_2,x_3,\cdots,x_n$ 的函数,即 $y=f(x_1,x_2,x_3,\cdots,x_n)$,各直接测量量的总不确定度为 $u_{x_1},u_{x_2},u_{x_3},\cdots,u_{x_n}$,相对不确定度为 $E_{rx_1},E_{rx_2},E_{rx_3},\cdots,E_{rx_n}$,则

(1)间接测量量的平均值 $\bar{y}=f(x_1,x_2,x_3,\cdots,x_n)$.

(2)间接测量量的不确定度(由不确定度传递公式计算).

(3)测量结果表示：$y=\bar{y}\pm u$(单位).

注意：

(1)当 $u_A\gg u_B$ 时,则可以忽略 B 类标准不确定度对测量结果的影响,取 $u=u_A$.

(2)当 $u_B\gg u_A$ 时,则可以忽略 A 类标准不确定度对测量结果的影响,取 $u=u_B$.

间接测量量不确定度计算流程如表 2.3-7 所示.

表 2.3-7　间接测量量不确定度计算流程

步骤	计算内容
1. 列出各个直接测量量	$\bar{x}_1 \pm u_1, \bar{x}_2 \pm u_2, \cdots, \bar{x}_n \pm u_n$
2. 计算间接测量量	$\bar{y} = f(\bar{x}_1, \bar{x}_2, \cdots, \bar{x}_n)$
3. 计算不确定度	$u_y = \sqrt{\sum_{i=1}^{n}\left(\dfrac{\partial f}{\partial x_i}\right)^2 u_i^2}$
4. 计算相对不确定度	$E_y = \sqrt{\sum_{i=1}^{n}\left(\dfrac{\partial \ln f}{\partial x_i}\right)^2 u_i^2}$
5. 表示最终结果	$y = \bar{y} \pm u$（单位）
6. 表示相对不确定度	$E_r = \dfrac{u}{\bar{y}} \times 100\%$

例 2.3-2　根据杨氏模量计算公式推导不确定度传递公式：

$$Y = \frac{8MgLD}{\pi d^2 b \Delta n}$$

解： 方法一：方程两边取对数，得

$$\ln Y = \ln 8Mg + \ln L + \ln D - \ln \pi - 2\ln d - \ln b - \ln \Delta n$$

由相对误差传递公式，得

$$E_Y = \sqrt{\left(\frac{u_L}{L}\right)^2 + \left(\frac{u_D}{D}\right)^2 + \left(2\frac{u_d}{d}\right)^2 + \left(\frac{u_b}{b}\right)^2 + \left(\frac{u_{\Delta n}}{\Delta n}\right)^2}$$

总不确定度为

$$u_Y = \bar{Y}E_Y = \bar{Y} \cdot \sqrt{\left(\frac{u_L}{L}\right)^2 + \left(\frac{u_D}{D}\right)^2 + \left(2\frac{u_d}{d}\right)^2 + \left(\frac{u_b}{b}\right)^2 + \left(\frac{u_{\Delta n}}{\Delta n}\right)^2}$$

方法二：对方程两边取对数，再求微分，得

$$\frac{\mathrm{d}Y}{Y} = \frac{\mathrm{d}L}{L} + \frac{\mathrm{d}D}{D} - 2\frac{\mathrm{d}d}{d} - \frac{\mathrm{d}b}{b} - \frac{\mathrm{d}\Delta n}{\Delta n}$$

将微元替换为不确定度，得

$$\frac{u_Y}{Y} = \frac{u_L}{L} + \frac{u_D}{D} - 2\frac{u_d}{d} - \frac{u_b}{b} - \frac{u_{\Delta n}}{\Delta n}$$

考虑到不确定度最大可能的值为

$$E_Y = \frac{u_Y}{Y} = \sqrt{\left(\frac{u_L}{L}\right)^2 + \left(\frac{u_D}{D}\right)^2 + \left(2\frac{u_d}{d}\right)^2 + \left(\frac{u_b}{b}\right)^2 + \left(\frac{u_{\Delta n}}{\Delta n}\right)^2}$$

例 2.3-3　用流体静力称衡法测固体密度的公式为 $\rho = \dfrac{m}{m-m_1}\rho_0$. 现测得铝块在空气中的质量 $m = (27.06 \pm 0.02)$ g，铝块在水中的质量 $m_1 = (17.03 \pm 0.02)$ g，水的密度 $\rho_0 = (0.999\,7 \pm 0.000\,3)$ g/cm³. 求铝块密度的测量结果.

解： 铝块密度间接测量量为

$$\rho = \frac{m}{m-m_1}\rho_0 = \frac{27.06\ \text{g}}{(27.06-17.03)\ \text{g}} \times 0.999\,7\ \text{g/cm}^3 \approx 2.697\,1\ \text{g/cm}^3$$

（1）不确定度的计算方法一.

根据不确定度的合成公式，有

$$u_\rho = \sqrt{\left(\frac{\partial \rho}{\partial m}u_m\right)^2 + \left(\frac{\partial \rho}{\partial m_1}u_{m_1}\right)^2 + \left(\frac{\partial \rho}{\partial \rho_0}u_{\rho_0}\right)^2}$$

$$\frac{\partial \rho}{\partial m}u_m = -\frac{m_1}{(m-m_1)^2}\rho_0 u_m = -3.4 \times 10^{-3} \text{ g/cm}^3$$

$$\frac{\partial \rho}{\partial m_1}u_{m_1} = \frac{m}{(m-m_1)^2}\rho_0 u_{m_1} = 5.4 \times 10^{-3} \text{ g/cm}^3$$

$$\frac{\partial \rho}{\partial \rho_0}u_{\rho_0} = \frac{m}{m-m_1}u_{\rho_0} = 8.1 \times 10^{-4} \text{ g/cm}^3$$

代入上述数据，可以得到总不确定度

$$u_\rho = 6.4 \times 10^{-3} \text{ g/cm}^3$$

相对不确定度

$$E_\rho = \frac{u_\rho}{\rho} = 0.24\%$$

（2）不确定度的计算方法二.

取对数，求全微分

$$\ln\rho = \ln m - \ln(m-m_1) + \ln\rho_0$$

求全微分，有

$$\frac{\mathrm{d}\rho}{\rho} = \frac{\mathrm{d}m}{m} - \frac{\mathrm{d}m - \mathrm{d}m_1}{m-m_1} + \frac{\mathrm{d}\rho_0}{\rho_0}$$

合并同类项，得

$$\frac{\mathrm{d}\rho}{\rho} = \left(\frac{1}{m} - \frac{1}{m-m_1}\right)\mathrm{d}m + \frac{\mathrm{d}m_1}{m-m_1} + \frac{\mathrm{d}\rho_0}{\rho_0}$$

将微元替换为不确定度，有

$$\frac{u_\rho}{\rho} = \left(\frac{1}{m} - \frac{1}{m-m_1}\right)u_m + \frac{u_{m_1}}{m-m_1} + \frac{u_{\rho_0}}{\rho_0}$$

相对不确定度的最大值为

$$E_\rho = \frac{E_\rho}{\rho} = \sqrt{\left[\frac{m_1}{m(m-m_1)}\right]^2 u_m^2 + \left(\frac{1}{m-m_1}\right)^2 u_{m_1}^2 + \left(\frac{1}{\rho_0}\right)^2 u_{\rho_0}^2}$$

代入数据，得

$$\left[\frac{m_1}{m(m-m_1)}\right]^2 u_m^2 = 1.57 \times 10^{-6}$$

$$\left(\frac{1}{m-m_1}\right)^2 u_{m_1}^2 = 3.98 \times 10^{-6}$$

$$\left(\frac{1}{\rho_0}\right)^2 u_{\rho_0}^2 = 9.01 \times 10^{-8}$$

相对不确定度的数值为

$$E_\rho = \sqrt{1.57 \times 10^{-6} + 3.98 \times 10^{-6} + 9.01 \times 10^{-8}} \approx 0.238\%$$

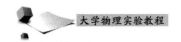

那么总不确定度为
$$u_\rho = \bar\rho\, \bar E_\rho = 2.697\,1 \times 0.238\% \text{ g/cm}^2 \approx 6.4 \times 10^{-3} \text{ g/cm}^2$$

铝块密度可以表示为
$$\rho = \bar\rho \pm u_\rho = (2.697\,1 \pm 0.007) \text{ g/cm}^3$$

从上述例题中可以发现,如果间接测量量的计算公式中只有乘除运算而没有加减运算,通常先做对数运算,进而计算相对不确定度,最后再求总的不确定度,这样更为简单.

另外,当不确定度传递公式中包含若干部分的贡献时,若其中某些部分的贡献比较小时(某一部分不确定度小于不确定度最大的项的 $1/3$),可略去该部分在传递公式中的贡献,只需计算其他主要项.比如在上述例题中如果忽略最后一项 ρ_0 的不确定度对于总不确定度的贡献时,计算结果几乎不变,读者可以自行验证.这一点在分析和计算不确定度时有很大实际意义,根据实际情况,在每一步计算中都可略去小项,分析主要因素的影响,从而大大简化计算.

习 题

1. 为什么衡量不同大小待测量的可靠程度要用相对不确定度表示,而不用绝对不确定度表示?试比较下列各量的不确定度哪个大?
$$m_1 = (61.32 \pm 0.02) \text{ g}, m_2 = (0.451 \pm 0.002) \text{ g}, m_3 = (0.002\,4 \pm 0.000\,2) \text{ g}$$

2. 计算下列数据的平均值和 A 类标准不确定度 $u_A(\bar x)$,把结果写成 $x \pm u_A$ 的形式,并比较其相对不确定度.

(1) $x_i(\text{cm})$:4.298,4.256,4.278,4.190,4.620,4.263,4.242,4.272,4.216.

(2) $x_i(\text{kg})$:0.013\,5,0.012\,6,0.012\,8,0.013\,3,0.013\,0.

(3) $x_i(\text{s})$:100.1,100.0,100.1,100.2,100.0.

3. 比较下列三个量的 A 类标准不确定度和相对不确定度哪个大?哪个小?

(1) $x_1 = (34.98 \pm 0.02) \text{ s}$.

(2) $x_2 = (0.498 \pm 0.002) \text{ s}$.

(3) $x_3 = (0.009\,8 \pm 0.000\,2) \text{ s}$.

4. 计算下列式中的测量结果及不确定度.

(1) 已知 $A = (0.562\,8 \pm 0.000\,2) \text{ cm}, B = (85.1 \pm 0.2) \text{ cm}, C = (3.274 \pm 0.002) \text{ cm}$, $N = A + B - C/3$,求 N.

(2) $v = (500 \pm 1) \text{cm}$,求 $\dfrac{1}{v}$.

(3) $R = \dfrac{a}{b}x, a = (10.05 \pm 0.01) \text{ cm}, b = (11.003 \pm 0.005) \text{ cm}, x = (67.1 \pm 0.8) \text{ }\Omega$, 求 R.

5. 求下列各式的不确定度公式.

(1) $V = \pi r^2 h$.

(2) $\rho = \dfrac{M}{\dfrac{\pi}{4}(D^2 - d^2)h}.$

(3) $\rho = \dfrac{m}{M_0 - M + m}\rho_0$，式中，$\rho_0$ 为常量.

6. 写出用下列仪器单次测量的不确定度.

(1) 最小分度为 1 mm 的米尺.

(2) 最小分度为 2 ℃ 的温度计.

(3) 最小分度为 0.05 g 的天平.

(4) 精度为 0.02 mm 的卡尺.

(5) 感量为 0.02 g 的天平.

(6) 0.5 级、量程为 150 mA 的电流表.

(7) 2.5 级、量程为 7.5 V 的电压表.

(8) 0.1 级、使用阻值为 500 Ω 的电阻箱.

7. 为什么利用多次测量、取平均值的方法可以减小测量不确定度，在实际测量中，为什么并非重复测量的次数越多越好？

第四节　有效数字

由于误差的存在，被测量的位数不能随意选取，而需要由测量方法和量具来确定实验过程中实际能够测量到的数字，即所谓的有效数字的问题.我们把测量仪器上能够直接读取的准确数字叫作可靠数字，把通过估读得到的数字叫作估读数字.所谓有效数字，就是测量结果中的若干可靠数字加上一位估读数字组成的有效数字.有效数字的最后一位为估读位，具有不确定性.测量结果必须采用正确的有效数字表示，不能多取，也不能少取，少取了会损害测量的精度，多取了则又会夸大测量的精度.

一、记录数据的方法

我们以电流表读数为例，介绍正确的记录数据的方法.

（一）两个刻线之间的读数方法

实际测量时，仪器指针很难恰好位于刻度线处，往往介于两个刻度线之间.为了使测量结果尽可能地准确，必须对指针所指示的数值作出合理的估计.

例如，用毫米尺测量一个待测物体的长度时，物体的长度位于刻度线 21.5 cm 与 21.6 cm 之间，那么这里的"21.5"是可以从毫米尺上直接读取的，一般是不会读错的，因此是可靠的数值；而两条刻度线之间的位置可以用一位估读数字表示，这个可读数字也可被称为可疑数字.估读数字虽然不准确，但在一定程度上反映了实际情况，是有意义的数字.由于此位置是估读的，并不可靠，取更多位数也没有意义，因此，估读数字一般只取一位.故图 2.4-1(a)上的物体长度可以读作 21.54 cm，21.55 cm，21.56 cm 等，其中"21.5"是可靠数字，而最后的"4""5""6"为估读数字.

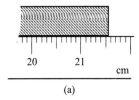 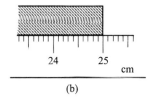

(a)   (b)

图 2.4-1　利用毫米尺测量物体的长度示例

（二）指示整刻度线的读数方法

若被测量物恰好位于所用仪器的刻度线处，如图 2.4-1(b)所示，物体的边缘恰好落在 25.0 cm 的刻度线上，但此时的测量结果不能记为 25.0 cm.因为这将会造成误会，认为小数点后面第一位的"0"位是估读位，即测量结果可能介于 24.9 cm 或 25.1 cm 之间.实际上估读位应当在小数点后面的第二位上，正确的读数为 25.00 cm.

（三）单位换算有效数字的位数不变

对被测量进行单位换算时，必须保证有效数字的位数不能发生变化.比如，我们用毫米尺测量某个长度，得到测量结果 $L=1.2$ mm，若将其单位从毫米转换为微米时，如果直接写成 $L=1\,200\ \mu m$，那么按照有效数字的定义，除了最后一位"0"是估读位，前面几位"120"都是可以精确得到的，也即用我们的长度测量工具毫米尺可以准确测量到 0.01 mm，这显然与事实不符，扩大了工具的测量精度和有效数字的位数，因此，这种写法是错误的.正确的写法应当是 $1.2\times10^{3}\ \mu m$，乘号前的数表示测量值的有效位数，后面 10 的方次表示测量值的数量级.所以，在有效数字的后面是不能随意加"0"的.

同样地，将测量结果 $L=1.2$ mm 的单位转换为米时，若直接写成 0.001 2 m，估读位仍然是最后的"2"，前面三个"0"则不是有效数字，因此，有效数字的位数没有发生变化，这种表示不会引起误解.然而更好的表示方式应是 $L=1.2\times10^{-3}$ m.所以，有效数字前面的"0"不属于有效数字，仅起到用来标记小数点位置的作用，即有效数字的位数与小数点的位置无关.

（四）"0"在有效数字中的地位

"0"是否算有效数字取决于"0"在数值中的位置，第一个非零数字前面的"0"不属于有效数字，第一个非零数字才是有效数字；如果"0"在非零数字之间或后面，则都是有效数字.

例如，3.000 6，30.060，36.000 都具有五位有效数字；而 0.005 6 只有两位有效数字，第一个非零数字"5"前面的三个"0"都不是有效数字.特别需要注意的是，1.0 与 1.00 的意义是不同的，1.0 表示两位有效数字，0 是不可靠数字；而 1.00 表示三位有效数字，最后一个 0 是不可靠数字，两者的误差不同，准确度也就不同.所以数字后面的"0"不能随便去掉，也不能随意加上.

注意：实验测量时，读数时最后一位必须读到估读位.

例 2.4-1　指出下面几个测量值分别有几位有效数字.

(1) 0.406 0 kg.

(2) 4.060×10^{3} A.

(3) 0.004 060 mA.

答：(1) 4 位；(2) 4 位；(3) 4 位.

（五）尾数舍入规则

在计算过程中,为了减少计算中引起的累积误差,测量值和不确定度的尾数保留到估读位,也可根据情况多保留一位.测量值和不确定度尾数的取舍采用四舍五入法.我们所熟知的四舍五入法则是最后一位小于 5 时则舍弃,大于等于 5 时则向前一位进"1".更为通用的法则是采用"尾数凑偶法".即小于 5 舍,大于 5 进,等于 5 则偶舍奇进(指 5 的前面是偶数就舍,是奇数就进),简而言之,即"四舍六入五凑偶".

需要注意的是,不确定度的计算原则是宁大勿小的,故采取只进不舍的法则.

例 2.4-2　设 $x=45.38$ cm, $u_x=0.85$ cm,则(45.38±0.85) cm,(45.38±0.9) cm,(45.4±0.85) cm,(45.4±0.8) cm 都是不对的,正确的写法是(45.4±0.9) cm.

（六）不确定度、测量结果与有效数字之间的关系

不确定度本身是一个估计的数值,一般不确定度的有效数字最多保留 2 位.当不确定度的首位数字大于或等于 3 时,取一位；当其小于 3 时,则取两位.在表示测量结果时,有效数字位数应当与不确定度相符.在普通物理实验中,测量值的最末一位(有效数字的末位)与不确定度的末位对齐,比如 $L=(1.00±0.02)$ cm.

假如某测量值为 430.567 3 MPa,测量结果的不确定度为 0.041 3 MPa.不确定度表明小数点后面的第二位"4"已经是不确定位了,因此没有必要保留更多的位数,可把它写成 0.05 cm³.测量值中的"6"与不确定度中的"4"对齐,所以"6"也是不确定位.按照有效数字的定义,"6"后面的数值也没有必要保留.因此,测量结果的正确表示为(430.57±0.05) MPa.

二、有效数字的运算

对于直接测量量,影响有效数字位数的主要因素是仪器的精度；而进行间接测量时,被测量是由若干直接测量通过一定公式计算而来的.在计算过程中,为了不因计算而丢失或增加有效数字的位数、不损失精度,需要遵循有效数字的运算规则.

（一）和差运算规则

几个物理量进行加减运算前首先需要统一单位,不同位数的有效数字加减时,其结果在小数点后应保留的位数应该与参与运算的数值中小数点后位数最少的一个相同.例如：

```
   3 2 1 . 8 3
      4 1 . 1                    4 7 7
  +     5 . 5 4 6         -     9 3 . 6 1
  ─────────────          ──────────────
    3 6 8 . 4 7 6         3 8 3 . 3 9
```

上面的计算公式里加下划线的数字是估读数字(不可靠数).因为不可靠数和可靠数相加,其结果仍为不可靠数,并且估读数最后仅取一位.所以上述运算的结果应分别记成 368.5 和 383.

为了简化运算,避免取位过多使运算复杂,故在运算过程中,以小数点后位数最少的

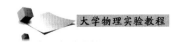

数为标准,将其余的各数用尾数舍入法舍去多余的位数(可多保留一位),而进行运算.这样,上面两例计算的正确写法是:

```
      3 2 1 . 8 3
        4 1 . 1                    4 7 7
  +        5 . 5 5          -       9 3 . 6
      ─────────────              ─────────────
      3 6 8 . 4 8                3 8 3 . 4
```

最后的计算结果分别为 368.5 和 383.

（二）积商运算规则

几个有效数字进行乘除运算时,所得结果的有效数字与参与运算的各数中有效数字位数最少的对齐.

例如:

```
            5 . 3 4 8
  ×         2 0 . 5
  ─────────────────────
          2 . 6 7 4 0
          0 . 0 0 0
  1 0 6 . 9 6
  ─────────────────────
  1 0 9 . 6 3 4 0
```

因为估读位上的数是估读数,即为不可靠数.不可靠数与可靠数相加是不可靠数,不可靠数与其他数相乘仍是不可靠数,再考虑到运算结果只能保留一位不可靠数,根据"四舍六入五凑偶"法则,最后运算结果为 110.

（三）乘方与开方运算规则

测量值经过乘方与开方运算后,所得结果的有效数字与底数的有效数字位数相同.例如,$\sqrt{4.08}=2.02$.

（四）函数运算规则

在间接测量时,被测量需要经过函数运算获得时,其有效数字应由不确定度来确定.为了简便起见,对常用的对数函数、指数函数和三角函数规定如下.

1. 对数函数.测量值经过对数函数运算后,所得结果的有效数字的位数与真数的有效数字位数相同.例如:

$\ln 12.56 = 2.530\ 517$,计算结果应取成 2.530.

2. 指数函数.测量值经过指数函数运算后,运算结果的有效数字位数与指数的小数点后的位数相同(包括紧接小数点后的零).例如:

$10^{2.56}=363.078\ 054$,计算结果应取成 3.6×10^{2};$10^{0.002\ 56}=1.005\ 912$,计算结果应取成 1.005 9.

3. 三角函数.可采用试探法,即将自变量估读位上下波动一个单位,观察结果在哪一位上波动,结果的估读位就取在该位上.为简单起见,在 $0<\theta<90°$ 时,$\sin\theta$ 和 $\cos\theta$ 都介于 0 和 1 之间,三角函数值有效数字位数应随角度的有效数字而定.比如,用分光计读角度时应读到 1 分,此时应取四位有效数字.例如:

$\sin 60°00'=0.866\,025\,40$,计算结果应取成 $0.866\,0$.

(五)常数运算规则

运算公式中如有常数参与运算,如 π,e,$\sqrt{2}$ 等,这些常数不是由测量得来的,其有效数字位数可以认为是无限的,在计算中需要几位就取几位,最终结果由直接测量量的有效数字位数来确定.

习 题

1. 根据有效数字的概念,正确表示下列结果.

(123.48 ± 0.1),(23.578 ± 0.01),(584.21 ± 1),(199.997 ± 0.01).

2. 将下列各数取三位有效数字.

$1.075\,1$ cm,$0.862\,43$ m,27.052 g,$3.141\,58$,$0.030\,1$ kg,$257\,000$ s,$6\,370$ km

3. 一长方形的长、宽、高分别为 8.56 cm,4.32 cm,6.21 cm.用计算器算得其体积为 $229.640\,83$ cm,你认为应该取几位有效数字.

4. 用有效数字运算方法计算下列各式.

(1) $302.1+3.12+0.385=$

(2) $1.583\,6\times2.02\times3.863=$

(3) $12.36-12.16=$

(4) $1.50\div0.500-2.97=$

(5) $(14.325+14.125)\div(14.325-14.125)=$

第五节　数据处理

物理实验的目的是探索物理量之间的关系.从实验中获取足够多的数据之后,需要采用科学合理的方法从这些数据中发现隐含函数的关系.本节介绍列表法、作图法、最小二乘法、逐差法等.

一、列表法

实验中采集足够多的数据之后,最简洁的表达数据的方式就是列表.列表法就是将一组有关的实验数据和计算过程中的数值依一定的形式和顺序列成表格.其特点是结构紧凑,简单明了,便于比较、分析和查找.同时,有助于找出各物理量之间的相互关系和变化规律,也有利于及时发现问题,求出物理量之间的经验关系.

学会列表记录、处理数据,这是科学工作者必须具备的基本能力.设计记录表格时要

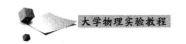

做到：

（1）表格的设计要简单明了、成列成行，以利于记录、检查和运算．

（2）表格中各行各列涉及的各物理量均应标明名称（或符号）和单位，自定义的符号需要加以说明．如果整张表中单位都是一样的，可将单位标注在表格的上方．

（3）表名应写在表格上方，测量条件加括号写在表名下方，必要的说明可以写在表格下方，文字应简洁．

（4）表格中的直接测量量和最后结果应能正确地反映测量误差，即需将有效数字位数填写正确．中间过程的计算值可以多保留一位，也可以与测量值有效数字位数一致．

（5）栏目的顺序应充分注意数据间的联系和计算顺序．

（6）若是函数测量关系的数据表，则应按自变量由小到大或者由大到小的顺序排列．

二、作图法

作图法是在坐标纸上用图形描述各物理量之间的关系的一种方法，特别是研究者还没有完全掌握物理规律的时候，作图法就成为能够最直观地展示物理量之间的经验关系的方式．实验测量的数据点通常是有限的，通过图形的延展，可以推知未测量点的情况，甚至可以对测量范围以外的变化趋势作出推测．另外，从图上还可以方便地得到更多有用的信息．例如，物理量的极值、直线斜率和截距、弧形的曲率等．

（一）作图的规则

1．选用合适的坐标纸．

坐标纸的类型有毫米直角坐标纸、对数坐标纸、单对数坐标纸和其他类型坐标纸．根据物理量之间的关系和形状，选择合适的坐标纸．坐标纸的大小及坐标轴的比例，应根据所测数据有效数字和结果的需要来定．

2．合理确定坐标轴．

通常以横坐标表示自变量，纵坐标表示因变量．画出坐标轴的方向，表明其所代表的物理量和单位．在坐标轴上按需要的比例将坐标轴分格，确定坐标轴的标度，并标明标度的数值，坐标轴的最小分格与所测数据有效数字中最后一位可靠数字的尾数一致，分度应使每一个点在坐标纸上都能迅速方便地找到，凡是使图上难以读数的分度均认为不合格．需要注意的是，坐标轴的起点不一定从 0 开始，可以选择比测量数据最小值略小的数值作为起点，尽量使得绘制的曲线能够铺满整个坐标纸，而不是偏在某一角．

3．标出坐标点．

确定好坐标轴和刻度后，根据测量数据，用十字叉"＋"在图上标出每个点的位置．当一个图上有多条曲线时，应选择不同的符号（如"×""＊""⊕""⊗"）进行标记，以示区别．一般不用"·"做标记．作完图后标点"＋"也不要擦掉．

4．连接实验曲线．

连线时应使用工具，如直尺、曲线板、削尖的硬铅笔等，绘制出穿过所有坐标点的光滑曲线或直线，除校准曲线外，不允许连成折线或"蛇线"．特别需要强调的是，图线不一定要通过每一个数据点，但要求数据点均匀分布在图线的两旁，两侧各点到曲线的距离大体相等，图线起平均值的作用．

5. 写图名、加注释和说明.

图名要写在曲线图空旷明显的位置,图名应简洁,并写出必不可少的实验条件.同时应写明姓名、日期和班级等信息.图名和注释应使用仿宋字体.

(二)图解法示例解析

根据作好的图线,可以用解析方法,进一步得出曲线方程,求出方程参数.以直线图解法为例.

设直线的一般方程为 $y = ax + b$.画出实验直线后,就可以用实验图解法求出方程中的参数 a 和 b.

1. 选点.

在直线上任取两点 (x_1, y_1) 和 (x_2, y_2)(其 x 坐标最好是整数),用不同的实验点符号将它们标出来,并注明其坐标的读数.为了减少相对误差,所取两点应在实验范围内尽可能彼此相隔远一些,但不能取原始数据.因为原始数据不一定在此直线上.

2. 求斜率.

直线的斜率为

$$a = \frac{y_2 - y_1}{x_2 - x_1}$$

3. 求截距 b.

如果坐标轴的起点为零,则截距可以直接从图 2.5-1 中读出;如果起点不为零,则可用下式计算:

$$b = \frac{x_2 y_1 - x_1 y_2}{x_2 - x_1}$$

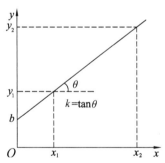

图 2.5-1　直线图解法

例 2.5-1　假设弹簧下挂有不同数量的砝码,砝码总质量与弹簧伸长度之间的关系如表 2.5-2 所示,用图解法求弹簧的劲度系数.

表 2.5-2　例 2.5-1 数据

次数 k	负荷 m/kg	伸长量 L/cm
0	0.00	0.00
1	1.00	0.31

续表

次数 k	负荷 m/kg	伸长量 L/cm
2	2.00	0.62
3	3.00	0.93
4	4.00	1.25
5	5.00	1.53
6	6.00	1.84
7	7.00	2.24

解：（1）选择毫米格坐标纸.

（2）横坐标以 0.1 为刻度，范围为 [0,8]；纵坐标以 0.05 为刻度，范围为 [0,2.5].

（3）在坐标纸上标出数据点.

（4）画一条直线，该直线能够经过大多数数据点，其他数据点均匀分布在这条直线的两侧.

（5）从图 2.5-2 上选择相距较远的两点，从坐标纸上读出坐标 P_1(0.50，0.167)，P_2(6.50，2.025).

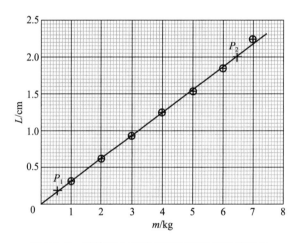

图 2.5-2　弹簧受力时伸长度与砝码质量的关系

（6）计算斜率.

$$a = \frac{\Delta L}{\Delta m} = \frac{2.025 - 0.167}{6.50 - 0.50} \text{ cm/kg} = 0.310 \text{ cm/kg}$$

（7）弹簧的劲度系数.

$$K = \frac{\Delta F}{\Delta L} = \Delta m \cdot \frac{g}{\Delta L} = \frac{g}{a} = \frac{9.80 \text{ N/kg}}{0.310 \text{ cm/kg}} = 3.16 \times 10^3 \text{ N/m}$$

三、最小二乘法与线性拟合

由图解法处理数据的规则和要求，可知该方法是一种比较粗糙的处理数据方法，原因在于绘制曲线时仅仅要求数据点大致均匀分布在所绘制曲线的两侧，因而不同的人得到的曲线很大概率上是不同的,具有主观随意性.不同的人对同一组测量数据进行图解时,得到的结果往往存在着一定程度的差异,特别是求解曲线斜率等敏感参数.那么,是否可以从一组实验数据中找出一条最佳的拟合直线呢? 解决这个问题最常用的办法就是最小二乘法.下面以最小二乘法拟合最佳直线为例来介绍最小二乘法在数据处理中的应用.

（一）最小二乘法原理

最小二乘法原理:找到一条最佳的拟合直线,在这条直线上各点相应的 y 值与测量值对应纵坐标值之偏差的平方和在所拟合中应是最小的.

假设物理量 y 是 x 的线性函数,即

$$y(x) = ax + b$$

在相同实验测量条件下,测得自变量的值为 $x_1, x_2, x_3, \cdots, x_n$,对应的物理量依次为 $y_1, y_2, y_3, \cdots, y_n$.用这一组数据,根据最小二乘法原理去求直线的经验方程,也就是令从直线上的一点到测得的数据点,其函数值(对同一 x_i)的偏差的平方和(S)为极小值,即要求

$$S = \sum_{i=1}^{n} \left[y(x_i) - y_n \right]^2 = \sum_{i=1}^{n} (ax_i + b - y_n)^2$$

选择合适的参数 a 和 b,使得 S 达到极小.此时 S 显然是 a 和 b 的函数,S 达到极值时,显然有

$$\frac{\partial S}{\partial a} = 0, \ \frac{\partial S}{\partial b} = 0, \ \frac{\partial^2 S}{\partial a} > 0, \ \frac{\partial^2 S}{\partial b} > 0$$

由上面的要求可以求得

$$a = \frac{n \sum_{i=1}^{n} x_i y_i - \left(\sum_{i=1}^{n} x_i \right) \left(\sum_{i=1}^{n} y_i \right)}{n \left(\sum_{i=1}^{n} x_i^2 \right) - \left(\sum_{i=1}^{n} x_i \right)^2}$$

$$b = \frac{\left(\sum_{i=1}^{n} x_i^2 \right) \left(\sum_{i=1}^{n} y_i \right) - \left(\sum_{i=1}^{n} x_i \right) \left(\sum_{i=1}^{n} x_i y_i \right)}{n \left(\sum_{i=1}^{n} x_i^2 \right) - \left(\sum_{i=1}^{n} x_i \right)^2}$$

最小二乘法处理数据的优点是该方法理论上是严格的,函数一旦确定之后,其系数可以严格地由该方法计算得到,不存在人为的随意性.另外,对于物理量之间满足的不是线性关系时,一般也可以通过变换表示成新的变量之间的线性关系.

（二）相关性讨论

如果实验是在已知线性函数关系下进行的,那么用上述最小二乘法进行线性拟合,可得到最佳直线及其截距 b 和斜率 a,从而得到回归方程.如果被测量之间的关系未知,只是根据所测量的数据用线性方程来试探时,还需要利用相关性来检验拟合所得的线性关系是否是恰当的.

如果实验是要通过 x,y 的测量来寻找经验公式,则还应判别由上述线性拟合所得的线性方程是否恰当.这可由 x,y 的相关系数来判别.

对于一组实验测量数据 (x_i, y_i),相关系数的定义为

$$r = \frac{\sum\limits_{i=1}^{n} \Delta x_i \Delta y_i}{\sqrt{\sum\limits_{i=1}^{n} (\Delta x_i)^2 \sum\limits_{i=1}^{n} (\Delta y_i)^2}}$$

式中,$\Delta x_i = x_i - \bar{x}$,$\Delta y_i = y_i - \bar{y}$.$x$ 和 y 之间的相关程度可以用所计算出的相关系数大小来表征.当 $r = \pm 1$ 或接近 1 时,表明实验数据 x 和 y 完全线性相关,拟合直线通过全部测量点.当 $|r| < 1$ 时,表示 x 和 y 的测量值线性不好,$|r|$ 越小,线性越差.当 $r = 0$ 时,x 和 y 之间完全不相关,它们是相互独立的变量.

四、逐差法

所谓逐差法,就是把一组等精度测量数据进行逐项相减,或者分成高低两组,实行对应项测量数据相减.适用条件是自变量等距离变化,自变量的测量误差远小于因变量的误差.

现以拉伸法测金属丝杨氏模量的数据处理为例加以介绍.

实验中每次加一个 1 kg 的砝码来增加金属丝所受拉力,因此拉力的增加是等距变化的,且砝码读数误差相对于长度的误差完全可忽略,因而完全符合逐差所要求的条件.假设负荷与伸长量的关系数据如表 2.5-2 所示.

处理数据时,需要计算增加单位质量砝码时金属丝伸长量的改变量,若我们采用直接的平均法来计算,需要计算 7 次,即

$$\Delta L_{1-0} = L_1 - L_0 = (0.31 - 0.00) \text{cm} = 0.31 \text{ cm}$$
$$\Delta L_{2-1} = L_2 - L_1 = (0.62 - 0.31) \text{cm} = 0.31 \text{ cm}$$
$$\Delta L_{3-2} = L_3 - L_2 = (0.93 - 0.62) \text{cm} = 0.31 \text{ cm}$$
$$\Delta L_{4-3} = L_4 - L_3 = (1.25 - 0.93) \text{cm} = 0.32 \text{ cm}$$
$$\Delta L_{5-4} = L_5 - L_4 = (1.53 - 1.25) \text{cm} = 0.28 \text{ cm}$$
$$\Delta L_{6-5} = L_6 - L_5 = (1.84 - 1.53) \text{cm} = 0.31 \text{ cm}$$
$$\Delta L_{7-6} = L_7 - L_6 = (2.24 - 1.84) \text{cm} = 0.40 \text{ cm}$$

那么每增加 1 kg 砝码时,金属丝的平均伸长量为

$$\overline{\Delta L_1} = \frac{1}{7}(\Delta L_{1-0} + \Delta L_{2-1} + \Delta L_{3-2} + \Delta L_{4-3} + \Delta L_{5-4} + \Delta L_{6-5} + \Delta L_{7-6}) = 0.32 \text{ cm}$$

这种求平均的方法看似合理,实际上存在着很大的问题,采用上式计算平均值时,所有中间测量次数都被抵消了,上面的公式实际上等价于

$$\overline{\Delta L_1} = \frac{1}{7}(\Delta L_{1-0} + \Delta L_{2-1} + \Delta L_{3-2} + \Delta L_{4-3} + \Delta L_{5-4} + \Delta L_{6-5} + \Delta L_{7-6}) = \frac{1}{7}(L_7 - L_0)$$

这使得多次测量变得毫无意义,而如果我们把表 2.5-2 中的 8 组数据分成 0—3 和 4—7 两组,这两组数据之间交替相减,这样就把相隔 1 kg 测量一次转化成了相隔 4 kg 测量一次,即有

$$\Delta L_{4-0} = L_4 - L_0 = (1.25 - 0.00) \text{cm} = 1.25 \text{ cm}$$
$$\Delta L_{5-1} = L_5 - L_1 = (1.53 - 0.31) \text{cm} = 1.22 \text{ cm}$$

$$\Delta L_{6-2} = L_6 - L_2 = (1.84 - 0.62)\text{cm} = 1.22 \text{ cm}$$

$$\Delta L_{7-3} = L_7 - L_3 = (2.24 - 0.93)\text{cm} = 1.31 \text{ cm}$$

每增加 4 kg 砝码, 金属丝的平均伸长量为

$$\overline{\Delta L_4} = \frac{1}{4}(\Delta L_{4-0} + \Delta L_{5-1} + \Delta L_{6-2} + \Delta L_{7-3}) = 1.25 \text{ cm}$$

如果我们将 $\overline{\Delta L_4}$ 展开, 有

$$\overline{\Delta L_4} = \frac{1}{4}(\Delta L_{4-0} + \Delta L_{5-1} + \Delta L_{6-2} + \Delta L_{7-3})$$

$$= \frac{1}{4}\left[(L_4 - L_0) + (L_5 - L_1) + (L_6 - L_2) + (L_7 - L_3)\right]$$

从上面求平均值的公式可以发现, 每一次测量数据均被利用了, 因而能够达到多次测量取平均, 减少误差的目的.

习　题

1. 在长度测量中, 得一圆柱体的直径数据(单位为厘米)如下:

0.132 7, 0.132 5, 0.132 9, 0.132 6, 0.132 8, 0.132 7, 0.132 6, 0.132 6, 0.132 8, 0.132 5. 已知仪器误差限为 0.000 4 cm, 试将结果写成 $\overline{D} \pm u_A(\overline{D})$ 的形式.

2. 单位变换:

(1) $m = (2.395 \pm 0.001)$ kg = ＿＿＿＿＿＿ g = ＿＿＿＿＿＿ mg = ＿＿＿＿＿＿ t (吨).

(2) 角度 $\theta = (1.8 \pm 0.1)°$ ＿＿＿＿＿＿′(分).

3. 设圆柱体的高 $A = (10.00 \pm 0.01) \times 10^{-2}$ m, 直径 $d = (5.00 \pm 0.01) \times 10^{-2}$ m, 求其体积.

第三章

基本仪器的使用

实验 3.1　　长度测量

　　绝大部分物理实验最终都落实到某些物理量的测量上,高精度的测量已成为科学实验和工业生产不可或缺的环节,也是我国转变为制造业强国的关键.用米尺测量物体的长度时,虽然可以测量到十分之一毫米,但是最后一位是估计的.在实际长度测量中,常需要将被测物的长度测量到百分之一毫米乃至千分之一毫米,这不是单纯用米尺能做到的.为了提高长度测量的精度,人们设计制造了多种装置,游标卡尺和螺旋测微器是其中常见的两种.

一、实验目的

1. 学会几种测量长度的仪器的使用方法.
2. 会做好实验记录,进行误差计算.

二、实验仪器

游标卡尺、螺旋测微器、读数显微镜、被测物(滚珠、圆柱、钢丝).

三、实验原理

(一) 游标卡尺

1. 游标卡尺的结构.

游标卡尺是比米尺更精密的测量长度的工具,它的精度比米尺高出一个数量级.游标卡尺的结构如图 3.1-1 所示.

主尺 D 是钢制的毫米分度尺,主尺上附有外量爪 A 和内量爪 B,游标上有相应的内量爪 A′ 和内量爪 B′ 及深度尺 C,游标 E 紧贴主尺滑动,F 是固定游标的螺钉.游标卡尺可用来测量物体的长度和槽的深度及圆环的内外径等.

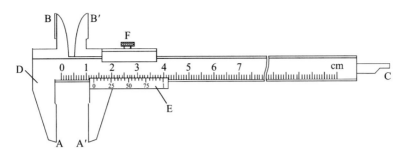

图 3.1-1　游标卡尺的结构

2. 游标卡尺的原理.

游标卡尺的特点是让游标上的 n 个分格的总长与主尺上 $(kn-1)$ 个分格的总长相等.设主尺上的分度值为 a,游标上的分度值为 b,则有

$$nb=(kn-1)a \tag{3.1-1}$$

主尺上 k 个分格与游标上 1 个分格的差值是

$$ka-b=\frac{a}{n} \tag{3.1-2}$$

这里 $\frac{a}{n}$ 就是游标卡尺的最小分度值.

以 10 分度的游标卡尺为例.当它的量爪 A、A′ 合拢时,游标的零刻线与主尺的零刻线刚好对齐,游标上第 10 个分格的刻线正好对准主尺上第 9 个分格的刻线,如图 3.1-2(a)所示,则游标的 10 个分格的长度等于主尺上 9 个分格的长度,而主尺的分度值为 $a=1$ mm,那么游标上的分度值为 $b=\frac{9}{10}$ mm=0.9 mm,其最小分度值为 $\frac{a}{n}=\frac{1}{10}$ mm=0.1 mm.

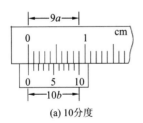

(a) 10分度

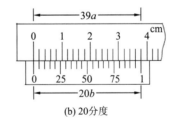

(b) 20分度

图 3.1-2　游标卡尺读数原理

若是 20 分度的游标卡尺,则游标上的 20 个分格的长度正好等于主尺上 39 个分格的长度,如图 3.1-2(b)所示.那么,$a=1$ mm,$b=\frac{39}{20}$ mm=1.95 mm,则 $2a-b=\frac{1}{20}$ mm=0.05 mm(这里 k 取 2),则此游标卡尺的最小分度值为 0.05 mm.

同理,对 50 分度的游标卡尺,$a=1$ mm,$b=\frac{49}{50}$ mm=0.98 mm,那么其最小分度值为 $(1-0.98)$ mm=$\frac{1}{50}$ mm=0.02 mm.

3. 游标卡尺的读数要点.

测量时,主尺上的读数以游标的零刻线为准,先从主尺上读出毫米以上的整数值,毫米以下从游标上读出,若游标上第 n 条刻线正好与主尺上某一条刻线对齐,则读 n×最小分度值.图 3.1-3(a)所示 20 分度的游标卡尺,其游标上第 7 条刻线正好与主尺上的某一条刻线对齐,毫米以下的读数为 $7×0.05＝0.35$ mm,则最后读数为 42.35 mm.图 3.1-3(b)所示的游标上的第 2 条刻线与主尺上的刻线对齐,毫米以下的读数为 $2×0.05＝0.10$ mm,则最后读数为 37.10 mm.

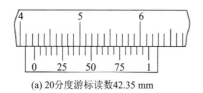
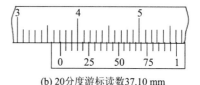

(a) 20分度游标读数42.35 mm   (b) 20分度游标读数37.10 mm

图 3.1-3　游标卡尺读数示例

4. 使用游标卡尺时的注意点.

用游标卡尺测量前,应先检查零点.方法是:合拢量爪,检查游标零线和主尺零线是否对齐,如零线未对齐,应记下零点读数,加以修正.

不允许在卡紧的状态下移动卡尺或挪动被测物,也不能测量表面粗糙的物体.一旦量爪磨损,游标卡尺就不能作为精密量具使用了.

用完游标卡尺,应将其放回盒内,不得乱丢乱放.

（二）螺旋测微器

1. 螺旋测微器的结构.

螺旋测微器又称千分尺,是比游标卡尺更精密的长度测量仪器.实验室常用的螺旋测微器结构如图 3.1-4 所示,其量程为 25 mm,最小分度值为 0.01 mm,仪器的示值误差限为 $±0.001$ mm.

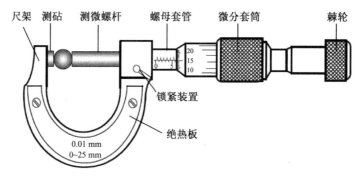

图 3.1-4　螺旋测微器的结构

螺旋测微器的主要部件是精密测微螺杆和套在螺杆上的螺母套管及紧固在螺杆上的微分套筒.螺母套管上的主尺有两排刻线:毫米刻线和半毫米刻线.微分套筒圆周上刻有 50 个等份格,当它转一周时,测微螺杆前进或后退一个螺距(0.5 mm),所以螺旋测微器的分度值为$\dfrac{0.5}{50}$ mm,即 0.01 mm.

2. 螺旋测微器的读数方法.

测量前后应进行零点校正,即以后要从测量读数中减去零点读数.零点读数时顺刻度序列记为正值,反之为负值.如图 3.1-5(a)所示是顺刻度序列,零点读数为+0.006 mm;图 3.1-5(b)所示是逆刻度序列,零点读数为−0.002 mm.

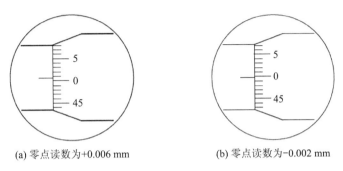

(a) 零点读数为+0.006 mm　　　　　　　(b) 零点读数为−0.002 mm

图 3.1-5　螺旋测微器零点读数

读数时由主尺读整刻度值,0.5 mm 以下由微分套筒读出,并估读到 0.001 mm 量级.

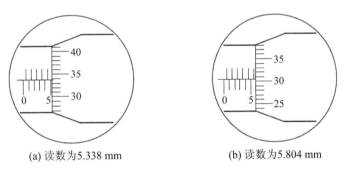

(a) 读数为5.338 mm　　　　　　　(b) 读数为5.804 mm

图 3.1-6　螺旋测微器读数示例

如图 3.1-6(a)所示,主尺上的读数为 5 mm,微分套筒上的读数为 0.338 mm,其中 0.008 mm 是估读的数,最后读数为 5.338 mm.

要特别注意主尺上半毫米刻线,如果它露出到套筒边缘,主尺上就要读出0.5 mm 的数.如图 3.1-6(b)所示,读数为 5.804 mm.

3. 使用螺旋测微器时的注意点.

(1) 测量时必须用棘轮.测量者转动螺杆时对被测物所加压力的大小会直接影响测量的准确度,为此,螺旋测微器在结构上加一棘轮作为保护装置.当测微螺杆端面将要接触到被测物之前,应旋转棘轮;当测微螺杆端面接触到被测物后,棘轮就会打滑,并发出"嗒嗒"的声响,此时应立即停止旋转棘轮,进行读数.

(2) 仪器用毕放回盒内之前,记住要将螺杆退回几圈,留出空隙,以免热胀使螺杆变形.

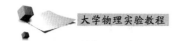

（三）读数显微镜

1. 读数显微镜的外形、测量步骤.

读数显微镜是将螺旋测微装置和显微镜组合起来作为精确测量长度用的仪器（图 3.1-7）.它的测微螺旋的螺距为 1 mm,与螺旋测微器的活动套管对应的部分是转鼓,它的周边等分为 100 分格,每转一分格显微镜将移动 0.01 mm,所以读数显微镜的测量精度也是 0.01 mm,它的量程是 50 mm.此仪器所附的显微镜是低倍的（20 倍左右）,它由三部分组成：目镜、叉丝（靠近目镜）和物镜.用此仪器进行测量,步骤如下：① 伸缩目镜,直至看清叉丝；② 移动旋钮,由下向上移动显微镜筒,改变物镜到目的物间的距离,直至看清目的物；③ 转动转鼓,移动显微镜,使叉丝的交点和测量的目标对准；④ 读数,从游标和标尺读出毫米的整数部分,从转鼓上读出毫米以下的小数部分；⑤ 转动转鼓,移动显微镜,使叉丝和目的物上的第二个目标对准并读数,两读数之差即为所测两点间的距离.

图 3.1-7　读数显微镜的外形　　　　图 3.1-8　回程误差示意图

2. 使用读数显微镜时的注意点.

（1）显微镜的移动方向和被测物两点间的连线要平行.

（2）防止回程误差.移动显微镜使其从相反方向对准同一目标的两次读数,似乎应当相同,实际上由于螺丝和螺套不可能完全密接,螺旋转动方向改变时,它们的接触状态也将改变,两次读数将不同,由此产生的测量误差称为回程误差（图 3.1-8）.为了防止回程误差,在测量时应向同一方向转动转鼓,使叉丝和各目标对准,当移动叉丝超过了目标时,就要多退回一些,重新再向同一方向转动转鼓去对准目标.

四、实验内容

1. 用游标卡尺测圆柱的体积（测量 6 次）.

2. 用螺旋测微器测滚珠的体积（测量 6 次）.

3. 用读数显微镜测钢丝的直径（测量 6 次）.

提示：测直径要作交叉测量,即在同一截面上,在相互垂直的方向各测一次.

五、数据处理

1. 将测量数据记录在相应表格中（表 3.1-1～表 3.1-3）.

2. 计算圆柱的体积和误差,并写出计算过程.

3. 计算滚珠的体积和误差,并写出计算过程.

4. 计算钢丝的直径和误差,并写出计算过程.

表 3.1-1　用游标卡尺测圆柱的直径和高

游标卡尺:　精度_____;　零点读数_____;　量程_____

测量次数	1	2	3	4	5	6
直径 d/mm						
高 h/mm						

表 3.1-2　用螺旋测微器测滚珠的直径

螺旋测微器:　精度_____;　零点读数_____;　量程_____

测量次数	1	2	3	4	5	6
直径 d/mm						

表 3.1-3　用读数显微镜测钢丝的直径

读数显微镜:　精度_____;　量程_____

测量次数	1	2	3	4	5	6
左 L_1/mm						
右 L_2/mm						

六、思考题

1. 使用游标卡尺时注意事项是什么?

2. 从游标卡尺上读数时,怎样读出被测量的毫米整数倍部分?

3. 螺旋测微器上为什么设置棘轮?

4. 螺旋测微器和读数显微镜均利用螺旋测长度,为什么后者要防止回程误差,而前者没有回程误差?

实验 3.2　物体密度的测定

在生产和科学实验中,为了对材料成分进行分析及纯度鉴定,常需要测定材料的密度,比如古希腊时期的自然哲学家阿基米德曾采用测定密度的方法来鉴别皇冠真伪.测定密度的方法很多,根据测量的对象及所给的仪器,可采用相应的方法.流体静力称衡法是实验室常用的方法之一.在农业生产中还常用比重计、摩尔比重秤和比重瓶等方法来测定.

一、实验目的

1. 掌握游标卡尺、物理天平的正确使用方法.

2.用流体静力称衡法和比重瓶法测量固体和液体的密度.

3.进一步理解误差和有效数字的基本概念,并能正确地表示测量结果.

二、实验仪器

物理天平、游标卡尺、比重瓶、烧杯、蒸馏水、配重物、细线、小毛巾、温度计、待测固体(规则圆柱体、不规则物体)、待测液体(酒精或煤油等)、待测浮体(黄蜡或乳胶管等).

三、实验原理

（一）测定固体的密度

若某物体的质量为 M,体积为 V,则该物体的密度为

$$\rho = \frac{M}{V} \tag{3.2-1}$$

只要通过实验测得 M 和 V,就可用上式测定其密度 ρ.

1.直接测量法(圆柱体).

若被测圆柱体的质量为 M、高度为 h、直径为 d,则

$$V = \frac{1}{4}\pi d^2 h \tag{3.2-2}$$

$$\rho = \frac{M}{V} = \frac{4M}{\pi d^2 h} \tag{3.2-3}$$

2.静力称衡法.

根据阿基米德原理,物体在液体中所受浮力的大小等于物体排开同体积液体的重量,这就是流体静力称衡法的依据.

设物体在空气中的质量为 $M(G = Mg)$,物体在液体中砝码的相应质量为 $M_1(G_1 = M_1 g)$,则物体在液体中受到的浮力 $F = G - G_1 = \rho_0 g V$,其中 ρ_0 为室温下液体(一般用水)的密度,g 为重力加速度,V 为物体的体积.

由于 $W = \rho g V$(ρ 为待测物体的密度),故

$$\frac{\rho}{\rho_0} = \frac{G}{G - G_1} = \frac{M}{M - M_1} \tag{3.2-4}$$

即

$$\rho = \frac{M}{M - M_1}\rho_0 \tag{3.2-5}$$

（二）测定液体的密度

1.静力称衡法.

先称出物体在空气中的质量 M,再称出物体在水和液体中砝码的相应质量 M_1,M_2,可导出被测液体密度 ρ_1 的计算公式为

$$\rho_1 = \frac{M - M_2}{M - M_1}\rho_0 \tag{3.2-6}$$

2.比重瓶法.

实验所用的比重瓶如图 3.2-1 所示,是一个壁很薄的玻璃瓶,易碎,使用时应十分小

心.瓶塞中央有一毛细管,从中可以溢出多余的液体,以保证瓶内所盛液体的体积是固定的.

用比重瓶法可以测量液体或颗粒固体的密度.设比重瓶质量为 M_0,比重瓶与整瓶液体的总质量为 M_3,比重瓶与整瓶纯水的总质量为 M_4,则被测液体的密度 ρ_2 为

$$\rho_2 = \frac{M_3 - M_0}{M_4 - M_0}\rho_0 \qquad (3.2\text{-}7)$$

图 3.2-1　**比重瓶**

（三）测定浮体的密度

密度小于水的物体,依靠自身重量不能完全浸入水中.因此,可借助另一重物悬挂在浮体下端,先将重物浸入水中,浮体在液体上方,称出其砝码的相应质量 M_5(相应重 $G_5 = M_5 g$),如图 3.2-2(a)所示.再将物体、浮体一起浸入水中,如图 3.2-2(b)所示,秤出其相应质量 M_6(相应重量 $G_6 = M_6 g$),则待测浮体所受到的水的浮力 $F = G_5 - G_6$,而 F 为浮体排开同体积水的重量.故有 $\rho_0 V' g = G_5 - G_6 = (M_5 - M_6)g$,式中 V' 为浮体的体积.

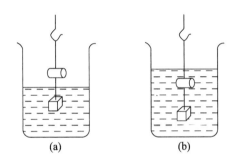

图 3.2-2　**密度测量示意图**

如果先称出浮体在空气中的质量 M_0'($G_0' = M_0 g' = \rho_3 V' g$),则浮体的密度 ρ_3 为

$$\rho_3 = \frac{M_0'}{M_5 - M_6}\rho_0 \qquad (3.2\text{-}8)$$

（四）复秤法消除天平系统误差

由于天平横梁制造时两臂长不完全相等,因而在称衡物体质量时会造成系统误差.消除这种误差的方法是把物体放在左盘上称出其质量为 M',再把物体放在右盘上称出其质量为 M'',则真实质量 M 为

$$M = \sqrt{M' \cdot M''} \qquad (3.2\text{-}9)$$

这种方法称为"复称法".

四、实验内容

（一）学习调整和使用物理天平

使用前要认真了解物理天平的构造和使用注意事项.

天平的正确使用可以归纳为四句话:调水平;调零点(注意游码一定要放在零刻线位置);左称物;常止动(加减物体或砝码、移动游码或调平衡螺母都要止动天平,只是在判断

天平是否平衡时才能启动天平).

（二）测定固体的密度

1. 直接测量法.

（1）调节天平的水平平衡.

（2）用复称法称衡被测固体在空气中的质量 M'、M''，重复测量三次，将数据记入表3.2-1中.

（3）用游标卡尺测量圆柱体的高度 h 和直径 d，重复测量六次，分别将数据记入表3.2-2中.

2. 静力称衡法.

称衡并记录被测固体在水中砝码的相应质量 M_1，将数据记入表3.2-3中.

（三）测定液体的密度

1. 静力称衡法.

（1）称衡并记录固体在被测液体中的相应质量 M_2（表3.2-3）.

（2）记录水温 t.

2. 比重瓶法.

（1）用天平称出清洁干燥的比重瓶质量 M_0.

（2）将比重瓶注满酒精，插上塞子，擦去溢出的酒精（此时酒精恰好升到毛细管顶部），称衡并记录比重瓶和酒精的总质量 M_3 并记入表3.2-4中.

（3）称衡比重瓶和整瓶水的总质量 M_4，并记录水温.

（四）测定浮体的密度

（1）用天平称出浮体在空气中的质量 M'_0.

（2）测量并记录浮体在空气中、重物在水中时砝码的相应质量 M_5.

（3）测量并记录浮体与重物同在水中时砝码的相应质量 M_6，记录水温（表3.2-5）.

五、数据处理

（一）数据记录表格

数据记录表格如表3.2-1至表3.2-5所示.

（二）测定固体的密度

1. 用复称法公式 $M=\sqrt{M'M''}$ 计算待测物体在空气中的质量 M，并记入表3.2-1中.

2. 测量圆柱体的 h 及 d，计算体积 V，用表达式表示测量结果.

3. 用式（3.2-2）及式（3.2-3）计算被测固体的密度 ρ_0，写出密度计算表达式.

（三）测定液体的密度

1. 用静力称衡法公式（3.2-6）计算被测液体的密度 ρ_1，将测量结果记入表3.2-3中，写出密度计算表达式.

2. 用比重瓶法公式（3.2-7）计算被测液体的密度 ρ_2，将测量结果记入表3.2-4中，写出密度计算表达式.

（四）测定浮体的密度

测量浮体的密度，将数据记入表3.2-5中，用式（3.2-8）计算浮体的密度 ρ_3，写出密度计算表达式.

表 3.2-1 固体在空气中的质量(复称法)

天平感量＝_____ g(按最小分格的 1/5 估读).

测量次数	左 M'/g	右 M''/g
1		
2		
3		
平均值		

表 3.2-2 圆柱体体积的测定

初读数＝_____, 仪器误差 $\Delta_仪$＝_____

内容	次数					
	1	2	3	4	5	6
指示值 h/mm						
指示值 d/mm						

表 3.2-3 利用静力称衡法测定

待测固体在空气中的质量	$M=$	g
待测固体在水中砝码的相应质量	$M_1=$	g
待测固体在液体中砝码的相应质量	$M_2=$	g
水在_____℃时的密度	$\rho=$	g/cm³

表 3.2-4 利用比重瓶法测定

比重瓶的质量	$M_0=$	g
比重瓶和待测液体的总质量	$M_3=$	g
比重瓶和纯水的总质量	$M_4=$	g

表 3.2-5 浮体密度的测定

浮体在空气中的质量	$M_0=$	g
浮体在空气中、重物在水中时砝码的相应质量	$M_5=$	g
浮体与重物同在水中时砝码的相应质量	$M_6=$	g

六、注意事项

1. 天平的刀口是天平的核心部件,要倍加爱护.取放物体和砝码或暂时不用天平时,必须将天平止动.启动和止动天平时动作要轻.

2. 砝码必须用镊子夹取,不得放在桌面上.

3. 实验中手不要直接接触水和酒精等液体,流到外面的液体要用毛巾擦干.

七、思考题

1. 天平的正确使用可以归纳为哪四句话? 如何消除天平不等臂误差?

2. 请导出式(3.2-2)、(3.2-3)、(3.2-6)和(3.2-7)的不确定度传递公式.

3. 简述天平的调整方法和使用时的注意事项.

4. 若按天平横梁上最小分度的1/5估读,则你用物理天平测得的质量的数值可以测量到小数点后面几位(以 g 为单位)? 其尾数有无规律?

5. 什么是游标卡尺的精度值? 如游标上有 50 格,主尺一格为 1 mm,其精度值是多少? 读数的末位可否出现奇数?

6. 测量浮体的密度时,为什么没有计入下面悬挂重物的质量? 体会一下本方法的巧妙构思.

7. 测定不规则固体的密度时,若被测物体浸入水中时表面吸附有气泡,则实验结果所得密度值是偏大还是偏小? 为什么?

8. 测量中为什么没有计入悬丝的质量?

9. 已知游标卡尺的分度值为 0.02 mm,主尺最小刻度为 0.5 mm,试问游标的格数是多少? 游标的总长可取哪些值?

10. 当被测量分别是 1 mm,10 mm,10 cm,欲使单次测量的百分误差小于 0.5%,试问各应选用什么测量工具最恰当? 为什么?

实验 3.3　气垫上的实验——牛顿第二定律的验证

牛顿第二定律是牛顿于 1687 年在《自然哲学的数学原理》一书中提出的,书中阐述了经典力学中基本的运动规律,该定律指出物体加速度的大小跟物体所受的合外力成正比,跟物体的质量成反比,加速度的方向跟作用力的方向相同.该定律与另外两条定律一起构成了牛顿运动定律.牛顿运动定律建立之后使得人们可以定量描述各类物体的运动,甚至可以预测天体运动和发现未知天体,这充分体现了基础科学研究对于我们理解自然界和改造自然界的巨大作用.

一、实验目的

1. 熟悉气垫导轨的构造,掌握正确的调整方法.
2. 熟悉用光电测量系统测量短时间的方法.
3. 验证牛顿第二定律.

二、实验仪器

气垫导轨、气源、存贮式数字毫秒计、砝码、砝码盘、细线、物理天平等.

三、实验原理

设一物体的质量为 M，运动的加速度为 a，所受的合外力为 F，则按牛顿第二定律，有如下关系：

$$F = Ma \tag{3.3-1}$$

此定律分两步验证：

(1) 验证物体的质量 M 一定时，所获得的加速度 a 与所受的合外力 F 成正比.

(2) 验证物体所受合外力 F 一定时，物体运动的质量 M 与加速度 a 成反比.

实验时，按图 3.3-1 所示，将滑块和砝码盘相连并挂在滑轮上，对于滑块、砝码盘、砝码这一运动系统，其所受合外力 F 的大小等于砝码和砝码盘的重力减去阻力的总和，在此实验中由于应用了水平气垫导轨，所以摩擦阻力较小，可略去不计，因此作用在运动系统上的合外力 F 的大小为砝码和砝码盘的重力之和.

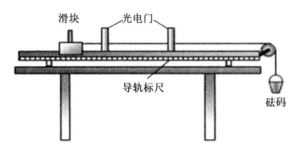

图 3.3-1　验证牛顿第二定律系统

因此，按牛顿第二定律，有

$$F = (m_0 + n_2 m_2)g = Ma = [m_0 + m_1 + (n_1 + n_2)m_2]a \tag{3.3-2}$$

式中，砝码盘的质量为 m_0，加在砝码盘中砝码的质量为 $n_2 m_2$（每个砝码的质量为 m_2，共加了 n_2 个），滑块的质量为 m_1，加在滑块上砝码的质量为 $n_1 m_2$（共加了 n_1 个），则运动系统的总质量 M 为上述各部分质量之和.

由式(3.3-2)可以看出，由于各部分质量均可精确测量，因此只需精确测量出加速度 a，即可验证牛顿第二定律.

现给出加速度 a 的测量方法：在导轨上相距为 s 的两处，放置两光电门 K_1 和 K_2，测出此系统在合外力 F 作用下滑块通过两光电门时的速度分别为 v_1 和 v_2，则系统的加速度

$$a = \frac{v_2{}^2 - v_1{}^2}{2s} \tag{3.3-3}$$

因此，问题简化为测量出滑块通过两光电门时的速度，滑块的速度按以下原理测量：挡光片的形状如图 3.3-2 所示，把挡光片固定在滑块上，挡光片两次挡光的前缘 $11'$ 和 $22'$ 之间的距离为 Δx. 当滑块通过光电门时，第一次挡光开始计时，第二次挡光停止计时，挡光片两次挡光的时间间隔为 Δt，可由数字毫秒计测出. 则滑块经过光电门

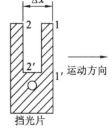

图 3.3-2　挡光片的形状示意图

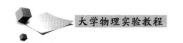

的速度为

$$v = \frac{\Delta x}{\Delta t} \tag{3.3-4}$$

Δx 越小,则测出的运动速度越接近滑块在该处的瞬时速度,Δx 一般很小,约取 1 cm.

四、实验内容

(一)验证物体的质量 M 一定时所获得的加速度 a 与所受的合外力 F 成正比

1. 数字毫秒计采用光控输入插座连接两个光电门,检查光电门,按数字毫秒计面板上的"功能"键,选择 S2 挡,测量挡光片对任意一个光电门的挡光时间间隔.

2. 给气垫导轨通气,调整导轨的底脚螺丝,使导轨水平.

滑块静止判断法:通气后将滑块置于导轨上的任何位置,若滑块都能静止不动(或基本上不动),则可认为导轨已调平;否则,继续单调单脚螺丝,直到导轨水平为止.

滑块自由运动判断法:只要导轨水平,滑块在导轨上的运动就是匀速运动.对于同一个挡光片而言,滑块经过两光电门的时间就相等,即 $\Delta t_1 = \Delta t_2$.

3. 调整光电门的位置.将光电门 K_1 置于标尺的 100.00 cm 或 90.00 cm 处,K_2 置于标尺的 50.00 cm 处,使 K_1,K_2 间的距离为 50.00 cm 或 40.00 cm.

4. 把系有砝码盘的细线通过气垫导轨定滑轮与滑块(滑块上加三个砝码)相连,再将滑块移至远离定滑轮的一端,距离光电门 20 cm,松手后滑块便从静止开始做匀加速直线运动.特别注意不要让滑块撞击气垫导轨,其方法是:当滑块经过第二个光电门后用手制动之.

5. 重复步骤 4 三次,每次从滑块上将一个砝码移至砝码盘中(每个砝码的质量 m_2 为 5.00 g),分别记下滑块上挡光片通过两个光电门的时间间隔 t_1,t_2,以及砝码盘和加上砝码的总质量 $(m_0 + n_2 m_2)$.将测量结果填入表 3.3-1.

6. 由式(3.3-3)计算加速度的数值,求出各加速度 a 之后,作出 F-a 关系图,纵轴 F 表示砝码和砝码盘的总重力,横轴表示加速度 a.所作的图线应是一直线,求出所得图线的斜率,并将其和运动系统总质量 M 做比较,理论上二者应相等,如在实验误差范围内,则验证了物体的质量 M 不变时,物体的加速度 a 与所受合外力 F 成正比.

(二)验证物体所受合外力 F 一定时物体的质量 M 与其加速度 a 成反比

1,2,3 步骤同上.

4. 把系有砝码盘(盘中放 3 个砝码)的细线通过气垫导轨定滑轮与滑块相连,再将滑块移至远离定滑轮的一端,距离光电门 20 cm,松手后滑块便从静止开始做匀加速直线运动.特别注意不要让滑块撞击气垫导轨,其方法是:当滑块经过第二个光电门后用手制动之.

5. 保持砝码盘与砝码盘中砝码的总质量不变,重复步骤 4 三次,每次给滑块加砝码 50.00 g,分别记下滑块上挡光片通过两个光电门的时间间隔 t_1 和 t_2,将测量结果填入表 3.3-2.

6. 由式(3.3-3)计算加速度的数值 a_1,a_2,并计算 $M_1 a_1$,$M_2 a_2$(其中 M_1,M_2 分别表示对应于 a_1,a_2 时运动系统的总质量),如果二者相等或者它们的差异未超出实验容许的范围,则可以认为合外力 F 一定时,运动系统的质量 M 与其加速度 a 在误差范围内是成反比的.

五、数据处理

表 3.3-1 验证物体的质量 M 不变时物体的加速度 a 与所受合外力 F 成正比

$s =$ _____ cm $\quad \Delta x =$ _____ cm $\quad m_0 =$ _____ g $\quad m_2 =$ _____ g $\quad m_1 =$ _____ g

$$G = (m_0 + n_2 m_2)g$$

n_2	t_1/ms	t_2/ms	v_1/(cm/s)	v_2/(cm/s)	a/(cm/s^2)	$\bar{a}$/(cm/s^2)	G/N
0							
1							
2							
3							

表 3.3-2 验证物体所受合外力 F 一定时物体的质量 M 与其加速度 a 成反比

$s =$ _____ cm $\quad \Delta x =$ _____ cm $\quad m_0 + n_2 m_2 =$ _____ g $\quad G =$ _____ N

$$M = [m_0 + m_1 + (n_1 + n_2)m_2]$$

n_2	t_1/ms	t_2/ms	v_1/(cm/s)	v_2/(cm/s)	a/(cm/s^2)	$\bar{a}$/(cm/s^2)	$M\bar{a}$/N
0							
1							
2							

续表

n_2	t_1/ms	t_2/ms	v_1/(cm/s)	v_2/(cm/s)	a/(cm/s^2)	$\bar{a}$/(cm/s^2)	$M\bar{a}$/N
3							
相对误差							

六、注意事项

（一）气垫导轨使用注意事项

1. 导轨表面和滑块都经过仔细加工,两者配套使用,不要随意更换.实验中严禁敲、碰、划伤、破坏表面的光洁度.导轨未通入压缩气体时,不许将滑块放在导轨上面滑动,要夹装或调整挡光片时,要把滑块从导轨上取下,装好后再放上去,以防挫伤表面.

2. 实验前,要用棉花沾少许酒精将导轨表面和滑块内表面擦洗干净.实验完毕,要先取下滑块,把所有的附件放入附件盒,然后再关掉气源.

3. 气源的功率较小,不能长时间连续工作,所以在实验中,若无须滑行器滑行时,应关闭气源.

（二）数字毫秒计使用注意事项

数字毫秒计是精密仪器,使用前应仔细阅读有关使用说明书,如果仪器发生故障,要及时向教师反映,不得自行随意乱按面板按键.

七、思考题

1. 为什么要将备用的砝码放在滑块上,而不是放在实验台上?

2. 为什么滑块的起始位置要保持一定?

3. 实验开始时,如果未将导轨充分调平,得到的 F-a 图应是什么样的？对验证牛顿第二定律将有什么影响？

实验3.4 用电位差计测量干电池的电动势和内阻

纵观科学史,电学的研究一直滞后于磁学,主要原因是早期缺少储存电能的装置.电池是目前储存电能最方便的器件,也是工业生产和民用生活中必不可少的部件.人们对于电池的研究已有 200 多年的历史,在此期间诞生了多种类型的电池,比如伏特电堆、干电池、蓄电池等,目前使用最广泛的是锂电池.无论何种电池,其电动势和内阻是两个最基本的器件参数,对电池的应用也起了决定性作用.

一、实验目的

1. 了解补偿法测量原理.

2. 了解电位差计的结构,会正确使用电位差计.

3. 用电位差计测量干电池的电动势和内阻.

二、实验仪器

UJ31 型低电势直流电位差计、检流计、滑动变阻器、FB204A 型标准电势与待测电势、标准电阻(电阻箱)、直流稳压电源等.

三、实验原理

在如图 3.4-1 所示的电路中,设 E_0 是电动势可调的标准电源,E_x 是待测电池的电动势(或待测电压 U_x),它们的正负极相对并接,在回路中串联一只检流计 G,用来检测回路中有无电流通过.设 E_0 的内阻为 r_0,E_x 的内阻为 r_x,根据欧姆定律,回路的总电流为

$$I = \frac{E_0 - E_x}{r_0 + r_x + R_g} \tag{3.4-1}$$

如果我们调节 E_0,使 E_0 和 E_x 相等,由式(3.4-1)可知,此时 $I = 0$,回路中无电流通过,即检流计指针不发生偏转.此时称电路的电位达到补偿.在电位补偿的情况下,若已知 E_0 的大小,就可以确定 E_x 的大小.这种测定电动势或电压的方法叫作补偿法.显然,用补偿法测定,必须要求 E_0 可调,而且 E_0 的最大值 $E_{0max} > E_x$,此外,E_0 还要在整个测量过程中保持稳定,又能准确读数.在本电位差计中,E_0 是用 FB204A 型标准电势与被测电势中的标准电势来取代的.

(一)电位差计的补偿原理

电位差计是一种利用补偿原理测量电动势或电位差的仪器,其基本原理可用图 3.4-1 所示电路说明.E_x 是待测电动势的电源,E_0 是可输出电压的电源.调节 E_0,使检流计指针示零,此时电路中两个电源的电动势必然大小相等,这说明待测电池的电动势 E_x 已经被可调电源 E_0 的输出电压所“补偿”.若已知 E_0,则可测得 E_x.实际应用中 E_0 取自某个经校准的电压,其大小用分压方式调节.

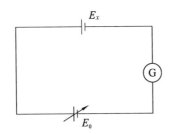
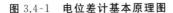

图 3.4-1　电位差计基本原理图

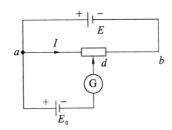

图 3.4-2　电位差计原理图

如图 3.4-2 中的 ab 为电位差计的已知电阻.使某一电流 I 通过电阻 ab,由于在 adE_0a 回路中 ad 段的电位差与 E_0 的方向相反,只要工作电池的电动势 E 大于标准电池的电动势 E_0,移动滑动点,就可以找到平衡点(G 中无电流时对应的点),此时 ad 段的电位即为 E_0,因而其他各段的电位差就为已知,然后再用这已知电位差与待测量相比较.设此时 ad 段电阻为 r_1,则有

$$E_0 = Ir_1 \tag{3.4-2}$$

再将 E_0 换成待测电池 E_x,保持工作电流 I 不变,重新移动 d 点到 d',G 仍为零.设此时 ad' 的电阻为 r_2,则有

$$E_x = Ir_2 \tag{3.4-3}$$

比较式(3.4-2)与式(3.4-3),得

$$E_x = \frac{Ir_2}{Ir_1}E_0 = \frac{r_2}{r_1}E_0 \tag{3.4-4}$$

显见,只要已知 $\dfrac{r_1}{r_2}$ 和 E_0,即可求得 E_x 的值.同理,若要测任意电路两点间的电位差,只需将待测两点接入电路代替 E_x 即可测出.

电位差计的准确度由式(3.4-4)决定,式中 r_2,r_1,E_0 的准确度对 E_x 的影响是明显的.检流计的灵敏度决定着式(3.4-4)近似成立的程度.若要在测量和校准的整个过程中工作电流始终保持恒定,就必须要求工作电源的电动势较稳定.

为了定量地描述因检流计灵敏度限制给测量带来的影响,引入"电位差计电压灵敏度"这一概念.其定义为电位差计平衡时(G 指零)移动 d 点改变单位电压所引起检流计指针偏转的格数,即

$$S = \frac{\Delta n}{\Delta V} \text{(格/伏)} \tag{3.4-5}$$

(二) UJ31 型低电势直流电位差计

如图 3.4-3 所示,电位差计的工作原理是根据电压补偿法,先使标准电势 E_n 与测量电路中的精密电阻 R_n 的两端电势差 U_{st} 相比较,再使待测电势差(或电压)E_x 与准确可变的电势差 U_x 相比较,通过检流计 G 两次指零来获得测量结果.电压补偿原理也可从电位差计的"校准"和"测量"两个步骤中理解.

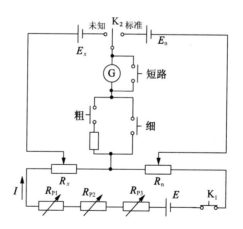

图 3.4-3 电位差计的工作原理

校准:将 K_2 打向"标准"位置,检流计和校准电路连接,R_n 取一预定值,其大小由标准电势 E_S 的电动势确定;把 K_1 合上,调节 R_{P1},R_{P2} 或 R_{P3},使检流计 G 指零,即 $E_n = IR_n$,此时测量电路的工作电流已调好,$I = \dfrac{E_n}{R_n}$.校准工作电流的目的,使测量电路中的 R_x

流过一个已知的标准电流 I_0,以保证 R_x 电阻盘上的电压示值(刻度值)与其(精密电阻 R_x 上的)实际电压值相一致.

测量:将 K_2 打向"未知"位置,检流计和被测电路连接,保持 I_0 不变(即 R_P 不变),K_1 合上,调节 R_x,使检流计 G 指零,即有 $E_x = U_x = I_0 R_x$.由此可得 $E_x = \dfrac{E_n R_x}{R_n}$.由于箱式电位差计面板上的测量盘是根据 R_x 电阻值标出其对应的电压刻度值的,因此,只要读出 R_x 电阻盘刻度的电压读数,即为被测电动势 E_x 的测量值.所以,使用电位差计时,一定要先"校准",后"测量",两者不能倒置.

四、实验内容

(一) 测干电池的电动势

干电池的电动势一般为 1.5 V,超出 UJ31 型低电势直流电位差计的测量范围(表 3.4-1),不能直接测量,因此,必须经过分压箱降压后才能测量.电池内阻一般小于 1 Ω,分压箱的内阻一般大于 10^5 Ω,因此,分压箱的使用对电池电动势的影响可以忽略,按照电位差计的工作原理,按图 3.4-4 所示连接线路,具体过程如下:

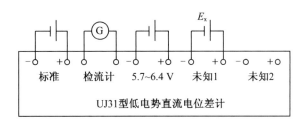

图 3.4-4 用电位差计测量干电池的电动势

表 3.4-1 UJ31 型低电势直流电位差计测量范围

量限	测量范围/mV	最小步进值/μV
×1	0~17.100 0	1
×100	0~171.000	10

(1) 将 FB2014A 型标准电势与待测电势预热 15 min.

(2) 用导线将"标准电势"与电位差计上的"标准"端连接起来,注意极性不要接反.

(3) 用导线将"电压输出"与电位差计的工作电源两端相连,注意极性不要接反.

(4) 把电位差计的"倍率开关"旋向×1 挡,此时电位差计的工作回路接通,带电流放大器的检流计的电源接通.调节"调零"旋钮,可调整电流放大器的工作点,使检流计指零.

(5) 把电位差计的"校准、测量开关"扳向"标准"端,调节"R_P"旋钮,使检流计指零,完成电位差计的"工作电流标准化".

(6) 将电位差计的"校准、测量开关"扳向"未知"端,调节步进旋钮,使检流计指零.则
未知电动势 E_x =(Ⅰ盘示值×1+Ⅱ盘示值×0.1+Ⅲ盘示值×0.001)×倍率 mV
$$\text{干电池的电动势 } E = E_x \times \text{分压箱衰减电压的倍数}$$
电位差计的误差按下式计算:

$$\Delta_{仪} = \Delta U - \perp \frac{a}{100} \left(x + \frac{U_N}{10} \right) \qquad (3.4\text{-}6)$$

式中，ΔU 是电位差计基本误差值，U_N 是基准值（低电势电位差 U_N = 0.1 V），x 是测量盘示值，a 是准确度等级。从上式可知电位差计的误差不仅由准确度等级和基准值测定，还取决于测量值的大小，也可以用相对误差公式表示：

$$E = \pm \frac{a}{100} \left(x + \frac{U_N}{10x} \right) \qquad (3.4\text{-}7)$$

（二）测干电池的内阻 $r_内$

如图 3.4-5 所示，合上开关 K.设电源的内阻为 r，电流为 I，干电池的端电压为 U，$U = IR = E - Ir$，则内阻 $r = \dfrac{E - U}{U} R$，其中干电池的端电压 U 的测量步骤与电动势 E 的测量步骤相同.

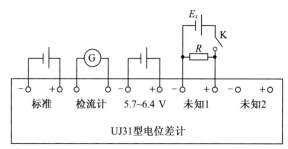

图 3.4-5　用电位差计测量干电池的内阻

五、数据处理

用电位差计测待测电动势的 B 类不确定度的计算公式可用式(3.4-8)计算：

$$\Delta_{BE} = n \Delta_{U_x} = n(0.05\% U_x + 0.5 \Delta U) \qquad (3.4\text{-}8)$$

测量次数不少于 6 次，并进行误差分析，写出干电池的测量结果，并用平均值和不确定度表示.测量记录表格如表 3.4-2 所示.

表 3.4-2　测量干电池的电势和内阻的实验数据记录

物理量	测量次数						
	1	2	3	4	5	6	平均值
E_x/V							
U_x/V							
r/Ω							

六、注意事项

1. 未经教师检查线路，不得连接标准电势 E_0 的两个极，可以接一个极.

2. 接线时需要特别注意 E_0 和 E_g 接入电路的方向，不可接反.

3. 每次测量时应从保护电阻 R_n 最大值开始,以保护电流计 G 的安全.

七、思考题

1. 用电位差计测电动势的物理思想是什么?
2. 能否用电位差计测量高于工作电源的待测电源的电动势?
3. 为什么可以用电位差计测量电源的电动势?

实验 3.5　　灵敏电流计的使用

电流是电学中最基本的物理量,也是国际单位制中七个基本物理量之一.大部分的电学实验和电学仪器的测量原理都可以归结到对电流、电压等物理量的测量.日常生活中可以采用多用表来测量电流,然而多用表的精度无法达到测量微弱电流精度的要求,不能达到高精密电流检测的目的.对于微弱电流,则需要更为精确的测量仪器,如本节所介绍的灵敏电流计.

一、实验目的

1. 了解灵敏电流计的基本结构和工作原理,并观察在过阻尼、欠阻尼及临界阻尼下的三种运动状态.
2. 掌握测量灵敏电流计内阻和灵敏度的方法.
3. 学会正确使用灵敏电流计.

二、实验仪器

AC15 型灵敏电流计、FB530 型灵敏电流计特性研究实验、专用连接线等.

三、实验原理

灵敏电流计是一种重要的电学测量仪器,其灵敏度很高,用来检测闭合回路中的微弱电流(约 $10^{-6} \sim 10^{-10}$ A)或微弱电压(约 $10^{-3} \sim 10^{-6}$ V),如光电流、生物电流、温差电动势等,更常用作检流计,如在电桥、电位差计等精密电磁测量中作为指零仪表.常见的灵敏电流表有指针式和光点反射式两种.本实验研究的是光点反射式灵敏电流计.指针式灵敏电流计的灵敏度一般为 $10^{5} \sim 10^{7}$ div/A,光点反射式灵敏电流计的灵敏度可达 $10^{8} \sim 10^{11}$ div/A.

光点反射式灵敏电流计的构造如图 3.5-1 所示,其中光源、三个反射镜和标尺的作用相当于指针式电流表的指针.因为指针越长,指针指示刻度的分辨力就越高,但若指针太长,整个动圈的转动惯量便很大,电流计测量电流的响应时间就要增加.采用光点反射式偏转法及将动圈做得非常狭长,有利于减小它的转动惯量,这样既解决了指针的"延长",又减少了测量时间,再加上悬丝的扭转系数很小,因而可大幅度地提高电流灵敏度.当电流计通电以后,动圈在磁场里受到电磁转动力矩的作用发生偏转,同时悬丝由于扭转形变而产生反力矩,当它与电磁力矩相抗衡时,动圈就停止在某一位置 θ_0 上,即 $NISB = D\theta_0$,有

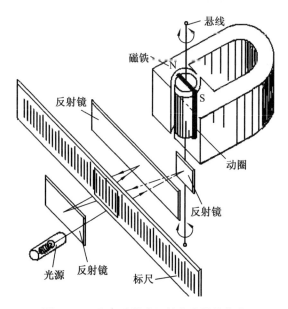

图 3.5-1 光点反射式灵敏电流计的构造

$$\theta_0 = \frac{NISB}{D} = S_i I \tag{3.5-1}$$

式中，N，S 分别为动圈的匝数和面积，I 为流过动圈的电流，B 是动圈所在磁场的磁感应强度，D 是悬丝的扭转系数，$S_i = \frac{NSB}{D}$ 是与灵敏电流计本身构造有关的常数，称为灵敏电流计的电流灵敏度.用

$$S_i = \frac{\theta_0}{I} \tag{3.5-2}$$

来量度，它的意义是：通过单位电流时，指示电流值的光斑所偏转的分度数，其单位是分度/安(div/A).例如，AC15/4 型灵敏电流计的 $S_i = 2 \times 10^8$ div/A，而 AC5/1 型灵敏电流计的 $S_i = 3.3 \times 10^5$ div/A.显然，AC15/4 型灵敏电流计的灵敏度比 AC5/1 型灵敏电流计的灵敏度来得高.有时用 S_i 的倒数，即 $K_i = \frac{1}{S_i}$ 来描述电表的灵敏度，并称 K_i 为电流计常数，它的意义和单位请同学们自己回答.

由式(3.5-1)可知，θ_0 和 I 成正比，这就是电流计能用线性刻度来量度电流的依据.

当有电流流过电流计时，光斑就发生偏转，然而测量者关心的是偏转角随电流变化的响应时间(即电流计停在平衡位置的时间)，响应时间越短，测量值越接近实际值，结果越准确.而在有些场合下，需要测量的电流强度为时大时小变化的电流平均值，这就要求电流计的响应时间适当增加.因此，研究和正确使用灵敏电流计，掌握它的运动特性是非常重要的.

我们知道，动圈转动的原因是受到如下几个力矩的作用，即驱动力矩(或称为电磁驱动力矩，用 $L_磁$ 表示)、弹性扭力矩 $L_弹$ 和电磁阻尼力矩 $L_阻$〔注：动圈转动时，由于穿过它的磁场线发生变化，因而产生感应电动势($\varepsilon = -\frac{d\varphi}{dt}$)，若外电路闭合，便产生感应电流，感应电流在磁场中受到安培力,因此动圈在转动时受到安培力矩,它阻碍着线圈转动,因而称为电磁阻尼力矩.此外,动圈还受到空气的阻尼力矩,方向也与它的转动方向相反,但其值与 $L_磁$、$L_弹$、$L_阻$ 相比可以忽略,因此不予考虑].

几个力矩分别用下列式子表示:

$$L_磁 = NSBI \tag{3.5-3}$$

$$L_弹 = -D\theta \tag{3.5-4}$$

$$L_阻 = -P\frac{\mathrm{d}\theta}{\mathrm{d}t} \tag{3.5-5}$$

式中:

$$P = \frac{(NSB)^2}{r_\mathrm{G} + R_外} \tag{3.5-6}$$

称为阻力系数,它除了与电流计本身的常数(N、S、B 和电流计内阻 r_G)有关外,还与接在电流计两端的外电路电阻(称为 $R_外$)有关.当电流计两端短接($R_外 = 0$)时,则 $P = \frac{(NSB)^2}{r_\mathrm{G}}$ 趋于最大值;开路时,$R_外$ 趋于无穷大,因此 $P = 0$,也就是不存在电磁阻尼力矩.

根据动力学方程可知:

$$J\frac{\mathrm{d}^2\theta}{\mathrm{d}t^2} = L_磁 + L_弹 + L_阻 = NSBI - D\theta - P\frac{\mathrm{d}\theta}{\mathrm{d}t}$$

移项后,得

$$J\frac{\mathrm{d}^2\theta}{\mathrm{d}t^2} + D\theta + P\frac{\mathrm{d}\theta}{\mathrm{d}t} = NSBI \tag{3.5-7}$$

式中,J 是动圈的转动惯量,上式是二阶线性常系数非齐次微分方程,根据初始条件 $\theta(t)|_{t=0}$ 和 $\left.\frac{\mathrm{d}\theta}{\mathrm{d}t}\right|_{t=0} = 0$,它的解分下列三种情况:

当 $P = 2\sqrt{JD}$ 或者 $\frac{P}{2\sqrt{JD}} = \gamma = 1$ 时,动圈做临界阻尼的运动,式中 γ 称为电流计的阻尼系数,其运动规律可用下式描述:

$$\theta = \theta_0\left[1 - \left(1 + \frac{2\pi t}{T_0}\right)\exp\left(-\frac{2\pi t}{T_0}\right)\right] \tag{3.5-8}$$

式中:

$$\theta_0 = \frac{NISB}{D}, \quad T_0 = 2\pi\sqrt{\frac{J}{D}} \tag{3.5-9}$$

T_0 就是电流计自由振荡的周期.

当 $P > 2\sqrt{JD}$,即 $\gamma > 1$ 时,动圈做过阻尼运动,其运动规律可用下式描述:

$$\theta = \theta_0\left\{1 - \left[\frac{\gamma}{\gamma^2-1}\mathrm{sh}\left(\frac{2\pi t}{T_0}\sqrt{\gamma^2-1}\right) + \mathrm{ch}\left(\frac{2\pi t}{T_0}\sqrt{\gamma^2-1}\right)\right]\exp\left(-\frac{2\pi t}{T_0}\gamma\right)\right\} \tag{3.5-10}$$

当 $P < 2\sqrt{JD}$,即 $\gamma < 1$ 时,动圈做欠阻尼运动,其运动规律可用下式描述:

$$\theta = \theta_0\left\{1 - \frac{1}{\sqrt{1-\gamma^2}}\sin\left(\frac{2\pi t}{T_0}\sqrt{1-\gamma^2}\right) + \arcsin\sqrt{1-\gamma^2}\exp\left(-\frac{2\pi t}{T_0}\gamma\right)\right\} \tag{3.5-11}$$

以上三种运动规律即 $\theta(t)$ 的表达式中都包含有 $\exp\left(-\dfrac{2\pi t}{T_0}\gamma\right)$ 因子,同时,当 $t\to\infty$ 时都有 $\theta=\theta_0$ 的结论.也就是说,不论哪一种运动,电流计的偏转角最终皆为 θ_0.θ 与 t 的关系如图 3.5-2 所示的曲线.由曲线可以看出:电流计的欠阻尼运动是偏角 θ 经过一系列的振荡衰减,最后到达平衡位置的;临界阻尼运动是电流计在非周期运动中用最短时间到达 θ_0 角的,并有关系式 $\theta\leqslant\theta_0$;过阻尼运动是电流计偏角缓慢地转到平衡位置 θ_0,它的惯性较大.为了减少测量时间,通常使电流计工作在近临界的欠阻尼运动状态,并且取 θ 满足下列条件:

$$\frac{|\theta-\theta_0|}{\theta_0}\leqslant\varepsilon \tag{3.5-12}$$

式中,ε 为电流计的最小分度与量程之比值,或取电表的级别.满足式(3.5-11)并且达到偏角变化小于 $\varepsilon\theta_0$ 的最短时间,定义为电流的读数等待时间或者响应时间.经过计算,偏角在平衡值 $\theta_0\pm0.01\theta_0$ 范围内的最短读数等待时间为 T_0 的 0.67 倍(注:以不同的 γ 和 t 值代入式(3.5-12),将计算的结果做各种 γ 的 θ-t 曲线图,在纵坐标上划出 $\theta_0\pm0.01\theta_0$ 的区域范围,观察采用哪种 γ 时,θ 最早进到上述区域并且以后不再超出此范围).此时,灵敏电流计工作在 $\gamma=0.83$ 的欠阻尼运动状态.为了方便查阅,列出 ε,γ,$\dfrac{t}{T_0}$,见表 3.5-1,可供参考和使用.由表可知,分

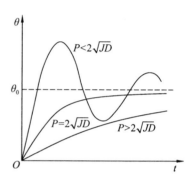

图 3.5-2　偏转角与时间的关系曲线

辨力 ε 越高,灵敏电流计的响应时间越长.灵敏电流计只有在要求分辨力无限高的极限情况下才工作在临界阻尼状态,用以测量微小的直流电流最为合适.如果测量的电流是短暂的突变电流,且突变的时间远远小于灵敏电流计的自由振荡周期,通常灵敏电流计可工作在过阻尼状态来测量 τ 时间内通过灵敏电流计的电量 $\left(=\displaystyle\int_0^\tau i\,\mathrm{d}t\right)$.

表 3.5-1　ε,γ,$\dfrac{t}{T_0}$ 的值

$\varepsilon/\%$	γ	t/T_0
10	0.6	0.37
1	0.83	0.67
0.1	0.01	1.0

用灵敏电流计测量微电流时,除了要正确选择运动状态,尽可能"同时"测量之外,还要精确地知道它的灵敏度 S_i 和内阻 r_G 的大小,根据灵敏电流计偏角 θ_0 值,利用式(3.5-1)可得到待测电流的数值.由于动圈的 S,D 和所在磁场的 B 不能精确地测定,因此灵敏电流计的电流灵敏度 S_i 不是用计算求得,而是用实验方法来确定.

灵敏电流计的电流灵敏度和内阻的测定方法见图 3.5-3,图中 R_1 为限流电阻箱,R_2 与 R_N 组成分压器,R_2 为电阻箱,因而电阻值能很细微地变化,R_N 是标准电阻器,阻值为

1 Ω,精确度为 0.05%.标准电阻器有四个端钮:二个电位接线端 P_1,P_2,二个电流接线端 C_1,C_2.标准电阻值就是 P_1,P_2 端间的电阻值.显然 C_1,C_2 端间的电阻值比指示值略微大一些,约为 0.001~0.003 Ω.这样接线的连接方法可以去掉 C_1,C_2 两端钮与外电路连接处的接触电阻对输出电压的影响.R_3 为另一个电阻箱,用来改变流过灵敏电流计的电流 I_G 值.K_2 是双刀双掷开关,接成换向形式,可改变流过灵敏电流计中电流的方向.K_3,K_E 和 K_1 都是单刀单掷开关.K_3 又称为阻尼开关,当 K_3 接通时,$R_外=0$,由式(3.5-6)可知,P 值最大,因此回路的阻尼系数 γ 最大,灵敏电流计处于过阻尼状态.当光点回到零点马上接通 K_3 时,由于动圈电磁阻尼力矩最大,动圈会立即停止下来,这样可缩短动圈回到零点的时间,而在测量时,K_3 应该放在断开的位置(图中 E 为直流电源,V 为直流电压表).

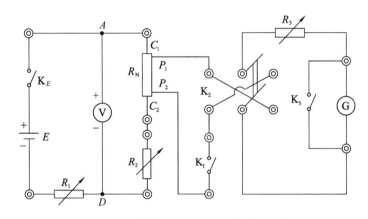

图 3.5-3　灵敏电流计内阻和灵敏度测量电路

为了求得电流计的电流灵敏度 $S_i\left(=\dfrac{\theta_0}{I_G}\right)$,可以设法测量流过灵敏电流计的 I_G 值和由它引起的偏转角 θ_0 值.但是微电流 I_G 值不能准确地直接测量,因此只能根据有关量的测量和电路的计算间接地得到,由于

$$U_{P_1P_2}=I_G(R_3+r_G)=(I_2-I_G)R_N \tag{3.5-13}$$

即

$$I_G=\frac{R_N I_2}{R_N+R_3+r_G} \tag{3.5-14}$$

而

$$I_2=\frac{U_{AD}}{R_2+\dfrac{R_{P_1P_2}(R_3+r_G)}{R_{P_1P_2}+R_3+r_G}+R_N} \tag{3.5-15}$$

式中,I_2 为流过电阻 R_2 的电流值;$R_{P_1P_2}$ 为标准电阻;R_N 为电流接线端 C_1,C_2 的电阻;$R_N=1.000\ 0$ Ω,$\dfrac{R_{P_1P_2}(R_3+r_G)}{R_{P_1P_2}+R_3+r_G}$ 同样不大于 1.000 Ω,而 R_2 为几十千欧,因此式(3.5-15)可近似为

$$I_2=\frac{U_{AD}}{R_2} \tag{3.5-16}$$

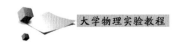

将式(3.5-16)代入式(3.5-14),得

$$I_G = \frac{R_N U_{AD}}{R_2(R_N + R_3 + r_G)} \qquad (3.5\text{-}17)$$

所以灵敏度可写成

$$S_i = \frac{\theta_0}{I_G} = \frac{\theta_0 R_2(R_N + R_3 + r_G)}{R_N U_{AD}} \qquad (3.5\text{-}18)$$

但是实际使用时,偏转角度用偏过的弧长 d 来度量,它的单位是毫米/安培(mm/A)或者写成分度/安(div/A),因此灵敏电流计的电流灵敏度定义为

$$S_i = \frac{d}{I_G} = \frac{d R_2(R_N + R_3 + r_G)}{R_N U_{AD}} \qquad (3.5\text{-}19)$$

化简成下式:

$$R_3 = -(R_N + r_G) + \frac{R_N S_i U_{AD}}{d}\left(\frac{1}{R_2}\right) \qquad (3.5\text{-}20)$$

令 $\xi = \frac{1}{R_2}$,$\eta = R_3$,则式(3.5-20)就是直线方程,其截距 $A_e = -(R_N + r_G)$,斜率 $B_e = \frac{R_N S_i U_{AD}}{d}$,如果 A_e 和 B_e 由实验求得,那么由 A_e 算出 r_G,由 B_e 再算出 S_i 值,即

$$r_G = -A_e - R_N \qquad (3.5\text{-}21)$$

$$S_i = \frac{B_e d}{R_N U_{AD}} \qquad (3.5\text{-}22)$$

注意:取各种合适的 R_2 值之后,为了保持 U_{AD} 和 d 不变,应调节 R_3,这便是在供电电压不变的情况下,采用等偏法测量灵敏电流计的参数.

四、实验内容

(一)测定灵敏电流计的自由振荡周期(T_0)

1. 参照图 3.5-3 接线,取 $R_1 = 8.888$ kΩ,$R_2 = 8.888$ kΩ,$R_3 = 11.111$ kΩ.

2. 反复检查,并确认电源电压输出为 0,然后接通实验仪、灵敏检流计.

3. 断开 K_2 和 K_3,将灵敏检流计旋到"直接"挡,调节灵敏电流计的"零点调节"旋钮,使光点停留在"0"刻度线上.

4. 断开 K_3,接通 K_1,K_2 和 K_E,调节电源输出,使电压为 10 V.

5. 调节 R_1,使光标指示 $d = 60$ mm;断开 K_2,测量光点摆动十次所需要的时间,算出灵敏电流计的自由振荡周期.

6. 将灵敏电流计打到"短路"挡,电源电压调到 0.

(二)观察灵敏电流计的三种运动状态

1. 接线同上,取 $R_1 = 0$,$R_2 = 90$ kΩ,$R_3 = 100$ Ω.

2. 调节直流电压,使光标指示 $d = 50$ mm,断开 K_E,记录灵敏电流计的最短响应时间 t、光标的运动类型,并记入表 3.5-2.

3. 改变 R_3,重复上一步,完成表 3.5-2.

4. 将电流计打到"短路"挡,直流电压调到 0.

表 3.5-2　灵敏电流计的最短响应时间

R_3/Ω	100	400	1 000	3 000	5 000	10 000	20 000
t/s							
运动状态							

（三）用等电压法测量灵敏电流计的 S_i 和 r_G 值

1. 接线同上，取 $R_1=0$，$R_2=90\ \mathrm{k}\Omega$，$R_3=99.999\ 9\ \mathrm{k}\Omega$.

2. 调节直流电压，使电源输出为 1.5 V.

3. 调节电阻 R_3，使光标指示 $d=50\ \mathrm{mm}$，记录 R_3 的值（表 3.5-3）；为了消除灵敏电流计的零点不准和左右不等偏的系统误差，将 K_2 换向，调节电阻 R_3，使光标再次指示 $d=50\ \mathrm{mm}$，记录 R_3.

4. 改变 R_2，调节 R_3，完成表 3.5-3.

5. 将灵敏电流计打到"短路"挡，直流电压调到 0，关闭电源.

表 3.5-3　R_3 的值

$R_2/(\times 10^3\ \Omega)$	90.0	50.0	30.0	20.0	15.0	10.0	5.0
$R_{3左}/\Omega$							
$R_{3右}/\Omega$							
$R_3=\frac{1}{2}(R_{3左}+R_{3右})/\Omega$							

五、数据处理

1. 记录灵敏电流计的自由振荡周期（T_0）.

2. 完成表 3.5-2，领会灵敏电流计指针的三种不同运动状态.

3. 完成表 3.5-3，计算 $\frac{1}{R_2}$ 与 R_3 的相关系数 A_e 和 B_e，由 A_e 和 B_e 求出 r_G 和 S_i 值，并作出 $\frac{1}{R_2}$ 与 R_3 的关系图.

六、注意事项

1. 灵敏电流计不工作时，要打到"短路"挡，工作时使用 220 V 交流电源供电，对应 220 V 插孔！

2. 接通电源前，确保电源电压输出为零.

3. 接通电源前，检查各电阻是否符合要求.

七、思考题

1. 灵敏电流计为什么"灵敏"？

2. 动圈在磁场中运动受到哪几种力矩的作用？这些力矩产生的原因是什么？

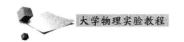

3. 灵敏电流计有几种运动状态？研究它有什么意义？

4. $\varepsilon=1,\gamma=0.83,\dfrac{t}{T_0}=0.67$ 是什么意思？

5. 测量 S_i 和 r_G 的原理是什么？

实验 3.6　电表的改装与校准

量程和精度是测量仪器的两个基本属性,实际应用中往往会遇到待测量数值超过可用仪器的量程,或者待测量数值相对于测量仪器量程来说太小.这两种情况均会导致所用仪器无法测量该物理量.此时可以发挥创造力,通过改造仪器来扩展和调节测量量程和精度,仪器经改造之后还需要对其校准,以达到所需的测量精度.

一、实验目的

1. 掌握电表改装的基本原理.
2. 测量表头内阻 R_g 及满度电流 I_g.
3. 将微安表头改装成电流表、电压表和欧姆表.

二、实验仪器

FB308 型电表改装与校准实验仪 1 台、专用连接线等.

三、实验原理

常见的磁电式电流计主要由放在永久磁场中的由细漆包线绕制的可以转动的线圈、用来产生机械反力矩的游丝、指示用的指针和永久磁铁所组成.当电流通过线圈时,载流线圈在磁场中就产生磁力矩 $M_磁$,使线圈转动并带动指针偏转.线圈偏转角度的大小与线圈通过的电流大小成正比,所以可由指针的偏转角度直接指示出电流值.

（一）测量满度电流 I_g、内阻 R_g

电流计允许通过的最大电流称为电流计的量程,也称为满度电流,用 I_g 表示;电流计的线圈有一定内阻,称为表头内阻,用 R_g 表示.I_g 与 R_g 是两个表示电流计特性的重要参数.

测量内阻 R_g 常用的有以下两种方法.

（1）半电流法（也称中值法）.

测量原理图见图 3.6-1.当被测电流计接在电路中时,使电流计满偏,再用十进位电阻箱与电流计并联作为分流电阻,改变电阻值,即改变分流程度,当电流计指针指示到中间值,且总电流强度仍保持不变,显然这时分流电阻值就等于电流计的内阻.

（2）替代法.

测量原理图见图 3.6-2.当被测电流计接在电路中时,用十进位电阻箱替代它,且改变电阻值,当电路中的电压不变时,且电路中的电流亦保持不变,则电阻箱的电阻值即为被测电流计的内阻.替代法是一种运用很广的测量方法,具有较高的测量准确度.

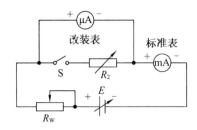 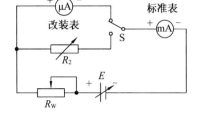

图 3.6-1　半电流法测量电流计的内阻　　　　图 3.6-2　替代法测量电流计的内阻

（二）将电流计改装为大量程电流表

根据电阻并联规律可知,如果在表头两端并联上一个阻值适当的电阻 R_2 ,如图 3.6-3 所示,可使表头不能承受的那部分电流从 R_2 上分流通过.这种由表头和并联电阻 R_2 组成的整体(图中虚线框住的部分)就是改装后的电流表.如需将量程扩大 n 倍,则不难得出

$$R_2 = \frac{R_g}{n} \qquad (3.6\text{-}1)$$

图 3.6-3 为改装后的电流表原理图.用电流表测量电流时,电流表应串联在被测电路中,所以要求电流表应有较小的内阻.另外,在表头上并联阻值不同的分流电阻,便可制成多量程的电流表.

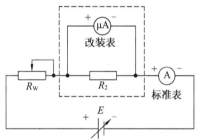

图 3.6-3　改装后的电流表原理图

（三）将电流计改装为电压表

一般表头能承受的电压很小,不能用来测量较大的电压.为了测量较大的电压,可以给表头串联一个阻值适当的电阻 R_M ,如图 3.6-4 所示,使表头上不能承受的那部分电压降落在电阻 R_M 上.这种由表头和串联电阻 R_M 组成的整体就是电压表,串联的电阻 R_M 叫作扩程电阻.选取不同大小的 R_M ,就可以得到不同量程的电压表.由图 3.6-4 可求得扩程电阻的电阻值为

$$R_M = \frac{U}{I_g} - R_g \qquad (3.6\text{-}2)$$

实际的扩展量程后的电压表原理见图 3.6-4,用电压表测电压时,电压表总是并联在被测电路上.为了不致因为并联了电压表而改变电路中的工作状态,要求电压表应有较高的内阻.

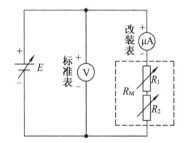

图 3.6-4　改装后的电压表原理图

（四）将微安表改装为欧姆表

用来测量电阻大小的电表称为欧姆表.根据调零方式的不同,可分为串联分压式和并联分流式两种.其原理电路如图 3.6-5 所示.

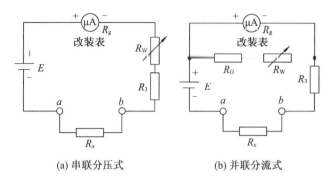

(a) 串联分压式   (b) 并联分流式

图 3.6-5　欧姆表原理图

图中 E 为电源，R_3 为限流电阻，R_W 为调"零"电位器，R_x 为被测电阻，R_g 为等效表头内阻.图 3.6-5(b)中，R_G 与 R_W 一起组成分流电阻.

欧姆表使用前先要调"零"点，即使 a，b 两点短路（相当于 $R_x=0$），调节 R_W 的阻值，使表头指针正好偏转到满度.可见，欧姆表的零点就是在表头标度尺的满刻度（即量限）处，与电流表和电压表的零点正好相反.

在图 3.6-5(a)中，当 a，b 端接入被测电阻 R_x 后，电路中的电流为

$$I=\frac{E}{R_g+R_W+R_3+R_x} \tag{3.6-3}$$

对于给定的表头和线路来说，R_g，R_W，R_3 都是常量.由此可见，当电源端电压 E 保持不变时，被测电阻和电流值有一一对应的关系.即接入不同的电阻，表头就会有不同的偏转读数，R_x 越大，电流 I 越小.将 a，b 两端短路，即 $R_x=0$ 时，有

$$I=\frac{E}{R_g+R_W+R_3}=I_g \tag{3.6-4}$$

这时指针满偏.

当 $R_x=R_g+R_W+R_3$ 时，有

$$I=\frac{E}{R_g+R_W+R_3+R_x}=\frac{1}{2}I_g \tag{3.6-5}$$

这时指针在表头的中间位置，对应的阻值为中值电阻，显然 $R_\text{中}=R_g+R_W+R_3$.

当 $R_x=\infty$（相当于 a，b 开路）时，$I=0$，即指针在表头的机械零位.所以欧姆表的标度尺为反向刻度，且刻度是不均匀的，电阻 R 越大，刻度间隔愈密.如果表头的标度尺预先按已知电阻值刻度，就可以用电流表来直接测量电阻了.

并联分流式欧姆表利用对表头分流来进行调零的，具体参数可自行设计.

欧姆表在使用过程中电池的端电压会有所改变，而表头的内阻 R_g 及限流电阻 R_3 为常量，故要求 R_W 要跟着 E 的变化而改变，以满足调"零"的要求，设计时用可调电源模拟电池电压的变化，范围取 $1.35\sim1.6$ V 即可.

四、实验内容

（一）用中值法或替代法测出表头的内阻

中值法测量电路可参考图 3.6-6 接线.先将 E 调至 0 V，接通 E 和 R_W 及被改装表和

标准电流表后,先不接入电阻箱 R ,调节 E ,使改装表头满偏,记住标准表的读数,此电流即为改装表头的满度电流 I_g ,记录 I_g 的大小.再接入电阻箱 R (图中虚线所示).改变 R 数值,使被测表头指针从 I_g 降低到 $I_g/2$ 处.注意调节 E 或 R_w ,使标准电流表的读数保持不变.记录此时电阻箱的电阻值,即为表头内阻 R_g .

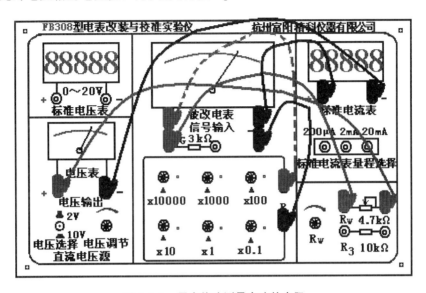

图 3.6-6　用中值法测量表头的内阻

替代法测量电路可参考图 3.6-7 接线.先将 E 调至 0 V,接通 E 和 R_w 及被改装表和标准电流表后,调节 E ,使改装表头满偏,记录标准表的读数,此值即为被改装表头的满度电流 I_g ;再断开接到改装表头的接线,转接到电阻箱 R (图中虚线所示),调节 R ,使标准电流表的电流保持刚才记录的数值.这时电阻箱 R 的数值即为被测表头内阻 R_g ,记录 R_g 的数值.

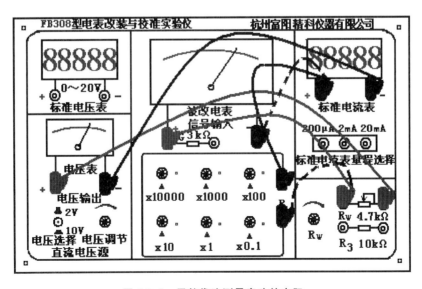

图 3.6-7　用替代法测量表头的内阻

（二）将一个量程为 $100\ \mu A$ 的表头改装成 $1\ mA$ 量程的电流表

1. 根据电路参数,估计 E 值大小,并根据式(3.6-1)计算出分流电阻值 R_2[此时公式(3.6-1)中的 n 取值为 9].

2. 参考图3.6-8接线,先将 E 调至 $0\ V$,检查接线正确后,调节 E 和滑动变阻器 R_W,使改装表指到满量程,这时记录标准表读数.注意: R_W 作为限流电阻,阻值不要调至最小值.然后每隔 $0.2\ mA$ 逐步减小读数直至零点,再按原间隔逐步增大到满量程,每次记下标准表相应的读数于表3.6-1.

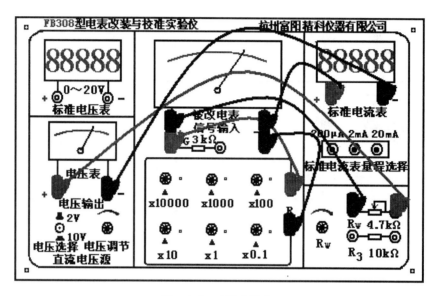

图 3.6-8　改装电流表

（三）将一个量程为 $100\ \mu A$ 的表头改装成量程为 $1.5\ V$ 的电压表

1. 根据电路参数估计 E 的大小,根据式(3.6-2)计算扩程电阻 R_M 的阻值,可用电阻箱 R_M 进行实验.按图3.6-9进行连线,先调节 R_M 值至最大值,再调节 E;用标准电压表监测到 $1.5\ V$ 时,再调节 R_M 值,使改装表指示为满度.于是 $1.5\ V$ 电压表就改装好了.

2. 用数显电压表作为标准表来校准改装的电压表.

调节电源电压,使改装表指针指到满量程($1.5\ V$),记下标准表读数.然后每隔 $0.3\ V$ 逐步减小改装读数直至零点,再按原间隔逐步增大到满量程,每次记下标准表相应的读数于表3.6-2.

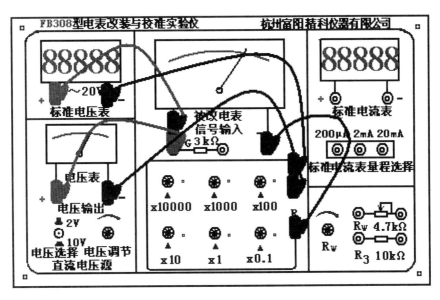

图 3.6-9　改装电压表

（四）改装欧姆表及标定表面刻度

1. 根据表头参数 I_g 和 R_g 及电源电压 E，选择 R_W 为 4.7 kΩ，R_3 为 10 kΩ.

2. 按图 3.6-10 进行连线.调节电源 $E=1.5$ V，将 a,b 两端短路，调 R_W，使表头指示为零.如此，欧姆表的调零工作即告完成.

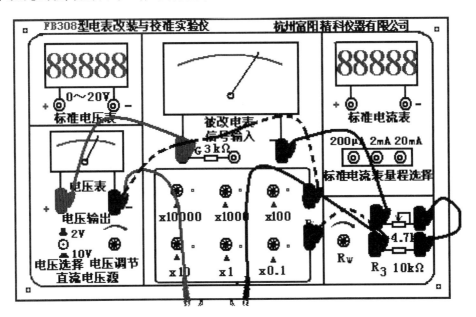

图 3.6-10　改装串联分压式欧姆表

3. 测量改装成的欧姆表的中值电阻.如图 3.6-10 中虚线所示，将电阻箱 R（即 R_x）接于欧姆表的 a,b 测量端，调节 R，使表头指示到正中，这时电阻箱 R 的数值即为中值电阻 $R_中$，记录 $R_中$ 的大小（表 3.6-3）.

4. 取电阻箱的电阻为一组特定的数值 R_m,读出相应的偏转格数,利用所得读数 R_m 和偏转格数绘制出改装欧姆表的标度盘.

5. 确定改装欧姆表的电源使用范围.将 a,b 两测量端短接,保证表头指针不满偏,慢慢降低工作电源,同时减小 R_W,当 R_W 调到最小时,调节 E,使表头满偏,记录 E_1 值;接着慢慢升高工作电源,同时增加 R_W,当 R_W 调到最大时,调节 E,使表头满偏,记录 E_2 值,$E_1 \sim E_2$ 值就是欧姆表的电源使用范围.

五、数据处理

（一）记录表头的满度电流 I_g 和内阻 R_g

$$I_g = \underline{\hspace{3cm}}, \quad R_g = \underline{\hspace{3cm}}.$$

（二）绘制改装电流表的校正曲线

根据表 3.6-1,以改装表读数为横坐标,标准表由大到小及由小到大调节时两次读数的平均值为纵坐标,在坐标纸上作出电流表的校正曲线,并根据两表最大误差的数值定出改装表的准确度等级.

表 3.6-1 实验数据（一）

改装表读数/μA	标准表读数/mA			误差 ΔI/mA
	读数减小时	读数增大时	平均值	
20				
40				
60				
80				
100				

（三）绘制改装电压表的校正曲线

根据表 3.6-2,以改装表读数为横坐标,标准表由大到小及由小到大调节时两次读数的平均值为纵坐标,在坐标纸上作出电压表的校正曲线,并根据两表最大误差的数值定出改装表的准确度等级.

表 3.6-2 实验数据（二）

改装表读数/V	标准表读数/V			示值误差 ΔU/V
	读数减小时	读数增大时	平均值	
0.3				
0.6				
0.9				
1.2				
1.5				

（四）记录改装欧姆表参数并标定表面刻度

表 3.6-3　实验数据(三)

$E = 1.5$ V，$R_{中} = $ _____ Ω

R_x/Ω	$R_{中}/5$	$R_{中}/4$	$R_{中}/3$	$R_{中}/2$	$R_{中}$	$2R_{中}$	$3R_{中}$	$4R_{中}$	$5R_{中}$
偏转格数/div									

六、注意事项

1. 接线时需注意仪器的合理分布,电表读数时需要注意规则和要求.

2. 分流电阻和分压电阻阻值不能搞错.

七、思考题

1. 测量电流计的内阻时应注意什么? 是否还有别的办法来测定电流计的内阻? 能否用欧姆定律测定? 能否用电桥测定?

2. 设计 $R_{中} = 10$ kΩ 的欧姆表,现有两块量程为 100 μA 的电流表,其内阻分别为 $2\ 500$ Ω 和 $10\ 000$ Ω,你认为选哪块较好?

3. 若要求制作一个线性量程的欧姆表,有什么方法可以实现?

实验 3.7　示波器的使用

示波器是一种能观察各种电信号波形并可测量其电压、频率等的电子测量仪器.虽然示波器是电子工业领域中常用的仪器,然而很长一段时期内高精度高频示波器都被国外品牌所垄断.期待各位同学通过本实验理解示波器的原理,掌握示波器的使用方法,将来能为高端示波器的国产制造贡献力量,使得我国的高端器件和仪器的制造不再受制于人.

一、实验目的

1. 了解示波器的结构和示波器的示波原理,掌握示波器的使用方法.

2. 学会用示波器观察各种信号的波形,学会用示波器测量直流、正弦交流信号电压.

3. 学会观察李萨如图形,学会测量正弦信号频率的方法.

二、实验仪器

示波器、函数信号发生器、直流稳压电源、多用表等.

三、实验原理

示波器是一种能观察各种电信号波形并可测量电压、频率等的电子测量仪器.示波器还能对一些能转化成电信号的非电学量进行观测,因而它还是一种应用非常广泛的、通用的电子显示器.

（一）示波器的基本结构

示波器的型号很多,但其基本结构类似.示波器主要由示波管、X 轴与 Y 轴衰减器和放大器、锯齿波发生器、整步电路和电源等几部分组成.其基本结构如图 3.7-1 所示.

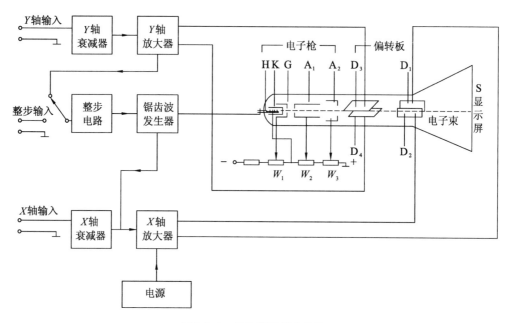

图 3.7-1　示波器的基本结构

1. 示波管.

示波管由电子枪、偏转板、显示屏组成.

（1）电子枪.电子枪由灯丝 H、阴极 K、控制栅极 G、第一阳极 A_1、第二阳极 A_2 组成.灯丝通电发热,使阴极受热后发射大量电子并经栅极孔射出.这束发散的电子经圆筒状的第一阳极 A_1 和第二阳极 A_2 所产生的电场加速后会聚于荧光屏上一点,称为聚焦.A_1 与 K 之间的电压通常为几百伏特,可用电位器 W_2 调节,A_1 与 K 之间的电压除了有加速电子的作用外,还可达到聚焦电子的目的,所以 A_1 称为聚焦阳极.W_2 即为示波器面板上的聚焦旋钮.A_2 与 K 之间的电压为 1 千多伏,可通过电位器 W_3 调节,A_2 与 K 之间的电压除了有聚焦电子的作用外,主要可达到加速电子的作用,因其对电子的加速作用比 A_1 大得多,故称 A_2 为加速阳极.在有的示波器面板上设有 W_3,称其为辅助聚焦旋钮.

在栅极 G 与阳极 K 之间加了一负电压,即 $U_K > U_G$,调节电位器 W_1,可改变它们之间的电势差.如果 G,K 间的负电压的绝对值越小,通过 G 的电子就越多,电子束打到荧光屏上的光点就越亮,调节 W_1,可调节光点的亮度.W_1 即为示波器面板上的"辉度"旋钮.

（2）偏转板.水平（X 轴）偏转板由 D_1,D_2 组成,垂直（Y 轴）偏转板由 D_3,D_4 组成.偏转板加上电压后可改变电子束的运动方向,从而可改变电子束在荧光屏上产生的亮点的位置.电子束偏转的距离与偏转板两极板间的电势差成正比.

（3）显示屏.在示波器底部玻璃内涂上一层荧光物质,高速电子打在显示屏上就会发荧光,单位时间内打在上面的电子越多,电子的速度越大,光点的辉度就越大.荧光屏上的发光能持续一段时间,称为余辉时间.按余辉的长短,示波器分为长、中、短余辉三种.

2. X 轴与 Y 轴衰减器和放大器.

示波管偏转板的灵敏度较低(约为 $0.1 \sim 1$ mm/V),当输入信号电压不大时,荧光屏上的光点偏移很小而无法观测.因而要对信号电压放大后再加到偏转板上,为此在示波器中设置了 X 轴与 Y 轴放大器.当输入信号电压很大时,放大器无法正常工作,输入信号发生畸变,甚至使仪器损坏,因此在放大器前级设置有衰减器.X 轴与 Y 轴衰减器和放大器配合使用,以满足对各种信号观测的要求.

3. 锯齿波发生器.

锯齿波发生器能在示波器本机内产生一种随时间变化类似于锯齿状、频率调节范围很宽的电压波形,称为锯齿波,作为 X 轴偏转板的扫描电压.锯齿波频率的调节可由示波器面板上的旋钮控制.锯齿波电压较低,必须经 X 轴放大器放大后,再加到 X 轴偏转板上,使电子束产生水平扫描,即使显示屏上的水平坐标变成时间坐标,来展开 Y 轴输入的待测信号.

(二)示波器的示波原理

示波器能使一个随时间变化的电压波形显示在荧光屏上,是靠两对偏转板对电子束的控制作用来实现的.如图 3.7-2(a)所示,Y 轴不加电压时,X 轴加一由本机产生的锯齿波电压 u_x,$u_x = 0$ 时电子在 E 的作用下偏至 a 点,随着 u_x 线性增大,电子向 b 偏转,经一周期时间 T_x,u_x 达到最大值 u_{xm},电子偏至 b 点.下一周期,电子将重复上述扫描,就会在荧光屏上形成一水平扫描线 ab.

如图 3.7-2(b)所示,Y 轴加一正弦信号 u_y,X 轴不加锯齿波信号,则电子束产生的光点只做上下方向上的振动,电压频率较高时则形成一条竖直的亮线 cd.

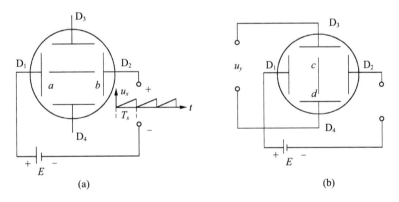

(a)　　　　　　　　　　(b)

图 3.7-2　示波器的示波原理

如图 3.7-3 所示,Y 轴加一正弦电压 u_y,X 轴加上锯齿波电压 u_x,且 $f_x = f_y$,这时光点的运动轨迹是 X 轴和 Y 轴运动的合成,最终在荧光屏上显示出一完整周期的 u_y 波形.

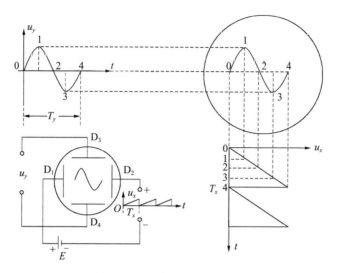

图 3.7-3　示波器的示波原理

（三）整步

从上述分析中可知,要在荧光屏上呈现稳定的电压波形,待测信号的频率 f_y 必须与扫描信号的频率 f_x 相等或是其整数倍,即 $f_y = nf_x$(或 $T_x = nT_y$),只有满足这样的条件时,扫描轨迹才是重合的,才能形成稳定的波形.通过改变示波器上的扫描频率旋钮,可以改变扫描频率 f_x,使 $f_y = nf_x$ 条件满足.但由于 f_x 的频率受到电路噪声的干扰而不稳定,$f_y = nf_x$ 的关系常被破坏,这就要用整步(或称同步)的办法来解决.即从外面引入一频率稳定的信号(外整步),或者把待测信号(内整步)加到锯齿波发生器上,使其受到自动控制来保持 $f_y = nf_x$ 的关系,从而使荧光屏上获得稳定的待测信号波形.

四、实验内容

（一）调整示波器,观察标准方波波形

1. 熟悉示波器面板上各控制器的作用,并将面板上各控制器置于表 3.7-1 中的位置.

2. 接通电源,指示灯亮.预热片刻后,仪器进入正常工作,荧光屏上会出现一亮点.

3. 通过连接线将示波器的校准方波信号接入 Y 通道,调节电平旋钮,使方波波形稳定,再微调聚焦旋钮,使波形更清晰,并将波形移至屏幕中间.此时方波在 Y 轴占 5 div,在 X 轴占 10 div.

表 3.7-1　示波器面板上各控制器的位置

控制旋钮	位置	控制旋钮	位置	控制旋钮	位置
辉度	居中	V/div	0.1 V	极性	＋
聚焦	居中	T/div	0.5 ms	内、外触发源	内
X,Y 移位	居中	AC、⊥、DC	DC	电平	自动
X,Y 微调	顺时针旋足	扫描方式	自动		

（二）观察各种信号的波形

将函数信号发生器的输出端接示波器的"Y 轴输入"端,观察正弦波、方波、三角波等的波形.调节示波器的有关旋钮,使荧光屏上出现稳定的波形.

（三）测直流电压

1. 将 Y 轴输入耦合选择开关置于"⊥","电平"置于"自动",屏幕上形成一水平扫描基线,将"V/div"与"T/div"置于适当的位置,且"Y 微调"旋钮顺时针旋足,调节 Y 轴位移,使水平扫描基线处于荧光屏上标的某一特定基准(0 V).

2. 将 Y 轴输入耦合选择开关置于"DC".将一直流信号(由直流稳压电源提供)直接或经 10∶1 衰减探极接入 Y 轴输入端,然后调节"触发电平",使信号波形稳定.

3. 观察并记录扫描线与时基线间的格数 b(div),读出 Y 轴灵敏度 a(V/div),则被测直流电压值 $U=a×b×c$,式中 c 为探极的衰减倍数,直接输入或通过 10∶1 的探极输入时 c 分别为 1 或 10,测 3 次直流电压值,取其平均值,记入表 3.7-2 中.

（四）测正弦交流电压

1. 将 Y 轴输入耦合选择开关置于"AC",根据被测交流信号适当选择"V/div"和"T/div"挡级,且"Y 微调"旋钮顺时针旋足.将被测正弦信号直接($c=1$)或通过 10∶1($c=10$)探极输入"Y 轴输入端",调节"电平",使波形稳定.

2. 根据屏幕的坐标刻度,读出被测正弦信号的峰-峰值 b(div),读出 Y 轴灵敏度 a(V/div),则被测正弦信号电压的峰-峰值为 $U_{P-P}=a×b×c$,测 3 次,取平均值 $\overline{U}_{P-P}$,计算出其有效值 $U=\dfrac{\sqrt{2}}{4}\overline{U}_{P-P}$,并记入表 3.7-3 中.

3. 用多用表测出被测正弦信号的电压值.并与示波器测得的有效值进行比较.

（五）测正弦信号的频率,观察李萨如图形

1. 测时间法(即测周期 T).

将待测正弦信号从 Y 轴输入,适当选择"T/div"扫描挡级,且将其"X 微调"旋钮顺时针旋足.调节"电平",使波形稳定.

读出荧光屏上待测正弦信号的一个波长所占的水平格数 B(div),测三次,取其平均值,记入表 3.7-4 中.为提高测量精度,应使所选的"t/div"挡级能使 B 在屏幕的有效工作面内到达最大限度.如选择的 X 轴的灵敏度为 A(t/div),则待测信号的周期为 $T=A×B$,根据公式 $f=\dfrac{1}{T}$,计算待测正弦信号的频率为

$$f=\frac{1}{A×B}$$

2. 李萨如图形法.

在示波器 X 轴和 Y 轴同时输入正弦信号时,光点的运动是两个相互垂直谐振动的合成,若它们的频率的比值 $f_x∶f_y=$ 整数时,合成的轨迹是一个封闭的图形,称为李萨如图形.李萨如图形与频率比和两信号的相位差都有关系,但李萨如图形与两信号的频率比有如下简单的关系:

$$\frac{f_y}{f_x}=\frac{n_x}{n_y}$$

n_x,n_y 分别为李萨如图形的外切水平线的切点数和外切垂直线的切点数,如图 3.7-4 所示.

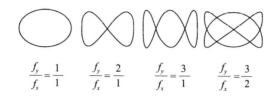

$$\frac{f_y}{f_x}=\frac{1}{1} \qquad \frac{f_y}{f_x}=\frac{2}{1} \qquad \frac{f_y}{f_x}=\frac{3}{1} \qquad \frac{f_y}{f_x}=\frac{3}{2}$$

图 3.7-4 李萨如图形

因此,如 f_x,f_y 中有一个已知且观察它们形成的李萨如图形,得到外切水平线和外切垂直线的切点数之比,即可测出另一个信号的频率.实验时,X 轴输入一频率为 100 Hz 的正弦信号作为标准信号,Y 轴输入一待测信号,调节 Y 轴信号的频率,分别得到三种不同的 $n_x:n_y$ 的李萨如图形,计算出 f_y,读出 Y 轴输入信号发生器的频率 f_y'.把它们记入表 3.7-5 中,并比较 f_y 与 f_y'.

五、数据处理

分析表 3.7-3 两种方法测量偏差产生的原因.说明哪种方法测量结果更准确.

表 3.7-2 测直流电压

物理量	次数		
	1	2	3
$a/(\text{V/div})$			
c			
b/div			
$U=a\times b\times c/\text{V}$			
$\overline{U}/\text{V}$			

表 3.7-3 测正弦交流电压

物理量	次数		
	1	2	3
$a/(\text{V/div})$			
c			
b/div			
$U_{\text{P-P}}=(a\times b\times c)/\text{V}$			
$\overline{U}/\text{V}$			
$U_{\text{P-P}}/\text{V}$			

物理量	次数		
	1	2	3
U(有效值)/V			
U(多用表测量值)/V			

表 3.7-4 时间法测频率

物理量	次数		
	1	2	3
a/(V/div)			
b/div			
T/ms			
$\overline{T}$/ms			
f/kHz			

表 3.7-5 李萨如图形法测频率

李萨如图形	f_x/Hz(标准信号)	$n_x : n_y$	f_x/Hz	f_y/Hz

六、思考题

1. 用示波器观察波形时,如荧光屏上什么也看不到,会是什么原因引起的?实验中应怎样调出其波形?

2. 用示波器观察波形时,示波器上的波形不稳定,为什么?应调节哪几个旋钮,使其稳定?

3. 测量直流电压,确定其水平扫描基线时,为什么 Y 轴输入耦合选择开关要置于"⊥"?

4. 某同学用示波器测量正弦交流电压,其与用多用表测量值比较,相差很大,试分析原因.

5. 观察利萨如图形时,若两相互垂直的正弦信号频率相同,图上的波形还在不停地转动,为什么?

实验 3.8　　霍尔效应

霍尔效应的发现已有 200 多年的历史,1879 年美国物理学家霍尔在研究金属的导电机制时发现该现象,此后众多霍尔效应被实验发现,比如整数量子霍尔效应、分数量子霍尔效应、自旋量子霍尔效应等,特别是 2013 年中国科学家首次实验发现了量子反常霍尔效应.针对霍尔效应的研究,中国科学家发挥了不可或缺的重要作用,凸显了近年来中国在基础科学研究领域取得长足的进步,这些进步也能够给予每一位大学生这样的信心,即相信我们在自然科学和工程技术领域必将走向卓越.

一、实验目的

1. 熟悉霍尔效应原理及霍尔元件有关参数的含义.

2. 测绘霍尔元件的 V_H-I_S、V_H-I_M 曲线,了解霍尔电势差 V_H 与霍尔元件工作电流 I_S、磁感应强度 B 及励磁电流 I_M 之间的关系.

3. 学习用"对称交换测量法"消除负效应产生的系统误差.

二、实验仪器

DH4512 型霍尔效应测试仪 1 台、专用连接线等.

三、实验原理

(一)霍尔效应与霍尔电压

霍尔效应从本质上讲,是运动的带电粒子在磁场中受洛仑兹力的作用而引起的偏转.当带电粒子(电子或空穴)被约束在固体材料中,这种偏转就导致在垂直电流和磁场的方向上产生正负电荷在不同侧的聚积,从而形成附加的横向电场.如图 3.8-1 所示,磁场 $\boldsymbol{B}$ 位于 Z 的正向,与之垂直的半导体薄片上沿 x 轴正向通以电流 I_S(称为工作电流),假设载流子为电子(N 型半导体材料),它沿着与电流 I_S 相反的 x 轴负向运动.

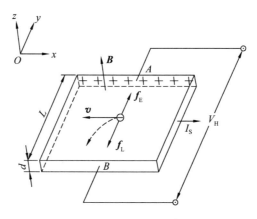

图 3.8-1　霍尔效应示意图

由于洛仑兹力 f_L 作用,电子即向图中虚线箭头所指的位于 y 轴负方向的 B 侧偏转,并使 B 侧形成电子积累,而相对的 A 侧形成正电荷积累.与此同时,运动的电子还受到由于两种积累的异种电荷形成的反向电场力 f_E 的作用.随着电荷积累的增加,f_E 增大,当两力大小相等(方向相反)时,$f_L=-f_E$,则电子积累便达到动态平衡.这时在 A,B 两端面之间建立的电场称为霍尔电场 E_H,相应的电势差称为霍尔电势 V_H.

设电子按均一速度 $\bar{v}$,向图示的 x 轴负方向运动,在磁场 $\boldsymbol{B}$ 的作用下,所受洛仑兹力为

$$f_L=-e\bar{v}B$$

式中,e 为电子电量,$\bar{v}$ 为电子漂移平均速度,B 为磁感应强度.同时,电场作用于电子的力为

$$f_E=-eE_H=-\frac{eV_H}{L}$$

式中,E_H 为霍尔电场强度,V_H 为霍尔电势,L 为霍尔元件宽度.当电子达到动态平衡时,有

$$f_L=-f_E, \quad \bar{v}B=\frac{V_H}{L} \tag{3.8-1}$$

设霍尔元件的厚度为 d,载流子浓度为 n,则霍尔元件的工作电流为

$$I_S=ne\bar{v}Ld \tag{3.8-2}$$

由式(3.8-1)和式(3.8-2),可得

$$V_H=E_HL=\frac{1}{ne}\frac{I_SB}{d}=R_H\frac{I_SB}{d} \tag{3.8-3}$$

即霍尔电压 V_H(A,B 间电压)与 I_S,B 的乘积成正比,与霍尔元件的厚度成反比,比例系数 $R_H=\frac{1}{ne}$ 称为霍尔系数(严格来说,对于半导体材料,在弱磁场下应引入一个修正因子 $A=\frac{3\pi}{8}$,从而有 $R_H=\frac{3\pi}{8}\frac{1}{ne}$),它是反映材料霍尔效应强弱的重要参数.根据材料的电导率 $\sigma=ne\mu$ 的关系,还可以得到

$$R_H=\frac{\mu}{\sigma}=\mu p \quad \text{或} \quad \mu=|R_H|\sigma \tag{3.8-4}$$

式中,μ 为载流子的迁移率,即单位电场下载流子的运动速度,一般电子迁移率大于空穴迁移率,因此制作霍尔元件时大多采用 N 型半导体材料.

当霍尔元件的材料和厚度确定时,设

$$K_H=\frac{R_H}{d}=\frac{L}{ned} \tag{3.8-5}$$

将式(3.8-5)代入式(3.8-3),得

$$V_H=K_HI_SB \tag{3.8-6}$$

式中,K_H 称为元件的灵敏度,它表示霍尔元件在单位磁感应强度和单位控制电流下的霍尔电势大小,其单位是 mV/(mA·T),一般要求 K_H 愈大愈好.由于金属的电子浓度 n 很高,所以它的 R_H 或 K_H 都不大,因此不适宜作霍尔元件.此外,元件厚度 d 越薄,K_H 越高,所以制作时,往往采用减少 d 的办法来增加灵敏度,但不能认为 d 越薄越好,因为此

时元件的输入和输出电阻将会增加,这对于实际应用是不利的.

应当注意:当磁感应强度 B 和元件平面法线成一角度时(图 3.8-2),作用在元件上的有效磁场是其法线方向上的分量 $B\cos\theta$,此时

$$V_H = K_H I_s B \cos\theta$$

所以一般在使用时应调整元件两平面方位,使 V_H 达到最大,即 $\theta=0$,这时有

$$V_H = K_H I_s B \cos\theta = K_H I_s B \qquad (3.8\text{-}7)$$

由式(3.8-7)可知,当工作电流 I_s 或磁感应强度 B 两者之一改变方向时,霍尔电势 V_H 方向随之改变;若两者方向同时改变,则霍尔电势 V_H 极性不变.

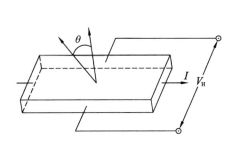

图 3.8-2　实验装置示意图

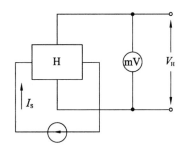

图 3.8-3　实验电路示意图

霍尔元件测量磁场的基本电路如图 3.8-3 所示,将霍尔元件置于待测磁场的相应位置,并使元件平面与磁感应强度 **B** 垂直,在其控制端输入恒定的工作电流 I_s,霍尔元件的霍尔电势输出端接毫伏表,测量霍尔电势 V_H 的值.

(二)实验系统误差及其消除

测量霍尔电势 V_H 时,不可避免地会产生一些副效应,由此而产生的附加电势叠加在霍尔电势上,形成测量系统误差,这些副效应有:

1.不等位电势 V_0.

由于制作时,两个霍尔电势不可能绝对对称地焊在霍尔片两侧[图 3.8-4(a)]、霍尔片电阻率不均匀、控制电极的端面接触不良[图 3.8-4(b)],都可能造成 A,B 两极不处在同一等位面上,此时虽未加场,但 A,B 间存在电势差 V_0,此称为不等位电势,$V_0 = I_s R_0$,R_0 是两等位面间的电阻,由此可见,在 R_0 确定的情况下,V_0 与 I_s 的大小成正比,且其正负随 I_s 的方向而改变.

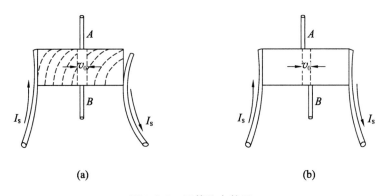

(a) (b)

图 3.8-4　不等位电势 V_0

2. 爱廷豪森效应.

如图 3.8-5 所示,当在元件 x 轴方向通以工作电流 I_S,z 轴方向加磁场 $\boldsymbol{B}$ 时,由于霍尔片内的载流子速度服从统计分布,有快有慢.在到达动态平衡时,在磁场的作用下载流子将在洛仑兹力和霍耳电场的共同作用下,沿 y 轴分别向相反的两侧偏转,这些载流子的动能将转化为热能,使两侧的温升不同,因而造成 y 方向上的两侧的温差(T_A-T_B).因为霍尔电极和元件两者材料不同,电极和元件之间形成温差电偶,这一温差在 A,B 间产生温差电动势 V_E,$V_E \propto IB$.这一效应称爱廷豪森效应,V_E 的大小与正负与 I,B 的大小和方向有关,跟 V_H 与 I,B 的关系相同,所以不能在测量中消除.

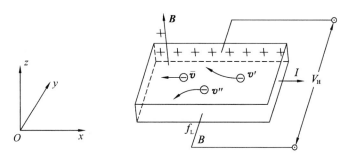

图 3.8-5 爱廷豪森效应示意图

3. 伦斯脱效应.

由于控制电流的两个电极与霍尔元件的接触电阻不同,控制电流在两电极处将产生不同的焦耳热,引起两电极间的温差电动势,此电动势又产生温差电流 Q(称为热电流),热电流在磁场作用下将发生偏转,结果在 y 方向上产生附加的电势差 V_H,且 $V_H \propto QB$,这一效应称为伦斯脱效应,由上式可知,V_H 的符号只与 B 的方向有关.

4. 里纪-杜勒克效应.

如上所述,霍尔元件在 x 方向有温度梯度 $\dfrac{\mathrm{d}T}{\mathrm{d}x}$,引起载流子沿梯度方向扩散而有热电流 Q 通过元件,在此过程中载流子受 z 方向的磁场 $\boldsymbol{B}$ 作用,在 y 方向引起类似爱廷豪森效应的温差 T_A-T_B,由此产生的电势差 $V_H \propto QB$,其符号与 B 的方向有关,与 I_S 的方向无关.

为了减少和消除以上效应的附加电势差,可利用这些附加电势差与霍尔元件工作电流 I_M、磁场 B(即相应的励磁电流 I_M)的关系,采用对称(交换)测量法进行测量.

当 $+I_S$,$+I_M$ 时,$V_1 = +V_H + V_0 + V_E + V_N + V_R$

当 $+I_S$,$-I_M$ 时,$V_2 = -V_H + V_0 - V_E + V_N + V_R$

当 $-I_S$,$-I_M$ 时,$V_3 = +V_H - V_0 + V_E - V_N - V_R$

当 $-I_S$,$+I_M$ 时,$V_4 = -V_H - V_0 - V_E - V_N - V_R$

对以上四式作如下运算,则得

$$V_H + V_E = \frac{1}{4}(V_1 - V_2 + V_3 - V_4)$$

可见,除爱廷豪森效应以外的其他副效应产生的电势差会全部消除,因爱廷豪森效应

所产生的电势差 V_E 的符号和霍尔电势 V_H 的符号,与 I_S 及 B 的方向关系相同,故无法消除,但在非大电流、非强磁场下,$V_H \gg V_E$,因而 V_E 可以忽略不计,由此可得

$$V_H \approx V_H + V_E = \frac{1}{4}(V_1 - V_2 + V_3 - V_4) \tag{3.8-8}$$

四、实验内容

(一)测量霍尔元件零位(不等位)电势 V_0 及不等位电阻 $R_0 = \dfrac{V_0}{I_S}$

1. 将测试仪两个电流源 I_S,I_M 调零,接上电源线,并将实验架上的控制电源输入端和测试仪相连.然后按仪器面板上的文字和符号提示正确接线:测试仪上的输出霍尔电流 I_S、励磁电流 I_M、V_H 和 V_o 测量端分别接实验架上的相应端(红接线柱与红接线柱对应,黑接线柱与黑接线柱对应).检查无误,确保两个电流源 I_S,I_M 调零后上电.

2. 将测试架上中间的转换开关切换至 V_H,用连接线将霍尔电压输入端短接,调节调零旋钮,使电压表显示 0 mV.

3. 调节霍尔工作电流 $I_S = 3.00$ mA,利用 I_S 换向开关改变霍尔工作电流输入方向,分别测出零位霍尔电压 V_{01},V_{02},并计算不等位电阻:

$$R_{01} = \frac{V_{01}}{I_S}, \quad R_{02} = \frac{V_{02}}{I_S} \tag{3.8-9}$$

(二)测量霍尔电压 V_H 与工作电流 I_S 的关系

1. 将 I_S,I_M 都调零,调节中间的霍尔电压表,使其显示为 0 mV.

2. 将霍尔元件移至线圈中心,调节 $I_M = 500$ mA,$I_S = 0.5$ mA,按表中 I_S,I_M 正负情况切换实验架上的换向开关,分别测量霍尔电压 V_H 值(V_1,V_2,V_3,V_4),并填入表3.8-1.以后 I_S 每次递增 0.50 mA,测量 V_1,V_2,V_3,V_4 值.

表 3.8-1　电压 V_H 与工作电流 I_S 的关系　　　　　　$I_M = 500$ mA

I_S/mA	V_1/mV	V_2/mV	V_3/mV	V_4/mV	$V_H = \dfrac{V_1 - V_2 + V_3 - V_4}{4}$ /mV
	$+I_S,+I_M$	$+I_S,-I_M$	$-I_S,-I_M$	$-I_S,+I_M$	
0.50					
1.00					
1.50					
2.00					
2.50					
3.00					

(三)测量霍尔电压 V_H 与励磁电流 I_M 的关系

1. 将 I_M,I_S 调零,调节 I_S 至 3.00 mA.

2. 调节 $I_M = 100$ mA,150 mA,200 mA,$\cdots$,500 mA(间隔为 50 mA),分别测量霍尔电压 V_H 值,并填入表 3.8-2 中.

表 3.8-2　电压 V_H 与励磁电流 I_M 的关系　　　　$I_S = 3.00$ mA

I_M/mA	V_1/mV $+I_S, +I_M$	V_2/mV $+I_S, -I_M$	V_3/mV $-I_S, -I_M$	V_4/mV $-I_S, +I_M$	$V_H = \dfrac{V_1 - V_2 + V_3 - V_4}{4}$ /mV
100					
150					
200					
...					
500					

（四）测量霍尔元件的霍尔灵敏度

如果已知 B，根据公式 $V_H = K_H I_S B \cos\theta = K_H I_S B$，可知

$$K_H = \frac{V_H}{I_S B} \tag{3.9-10}$$

五、数据处理

1. 计算霍尔元件零位电势 V_0 和不等位电阻 $R_0 = \dfrac{V_0}{I_S}$.

2. 根据表 3.8-1 数据，绘出 I_S-V_H 曲线，验证线性关系.

3. 根据表 3.8-2 数据，绘出 I_M-V_H 曲线，验证线性关系的范围，分析当 I_M 达到一定值以后，I_M-V_H 直线斜率变化的原因.

4. 计算霍尔元件的霍尔灵敏度 K_H.

六、注意事项

1. 实验仪含有电流源和大电感，开机、关机时必须确保电流为 0.三组线千万不能接错，以免烧坏元件！

2. 本实验采用的霍尔元件的厚度 d 为 0.2 mm，宽为 1.5 mm，长度 L 为 1.5 mm.本实验采用的双线圈励磁电流与中心磁感应强度对应关系参见表 3.8-3.

表 3.8-3　励磁电流 I_M 与中心磁感应强度 B 的关系

励磁电流 I_M/A	0.1	0.2	0.3	0.4	0.5
中心磁感应强度 B/mT	2.25	4.50	6.75	9.00	11.25

六、思考题

1. 测量霍尔电势时，会产生哪些副效应，哪些可以消除，哪些不可以消除？

2. 本实验为何不考虑地磁场的影响？

实验 3.9 分光计的调节与使用

光学在先进科学实验和工程技术领域有着非常重要的应用,比如光刻是半导体加工非常重要的步骤,提升光学实验的实践能力对培养学生的核心素养有着重要意义,而掌握高精度的光学观测仪器则是开展光学实验的前提.分光计是使光按波长分散兼供光学测量的仪器,可用于测量波长、棱镜角、棱镜材料的折射率和色散率等光学物理量.

一、实验目的

1. 了解分光计的结构及各组成部件的作用,掌握其调整技术.
2. 学习棱镜顶角、最小偏向角的测量方法.

二、实验仪器

分光计、三棱镜、平面反射镜、钠光灯、放大镜.

三、实验原理

分光计的构造如图 3.9-1 所示.

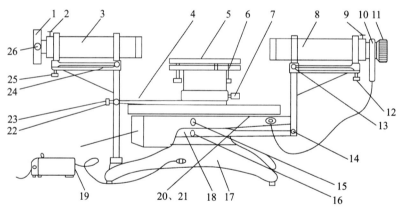

1.狭缝装置;2.狭缝装置锁紧螺丝;3.平行光管;4.制动架;5.载物台;6.载物台调节螺丝(3 只);7.载物台锁紧螺丝;8.望远镜;9.目镜锁紧螺丝;10.阿贝式自准直目镜;11.目镜调节手轮;12.望远镜仰角调节螺丝;13.望远镜水平调节螺丝;14.望远镜微调螺丝;15.转座与刻度盘止动螺丝;16.望远镜止动螺丝;17.底座;18.制动架;19.转座;20.刻度盘;21.游标盘;22.游标盘微调螺丝;23.游标盘止动螺丝;24.平行光管水平调节螺丝;25.平行光管仰角调节螺丝;26.狭缝宽度调节手轮。

图 3.9-1 分光计的构造

分光计的型号很多,其结构也有不同,但构造基本相同,总是由四个主要部件组成:平行光管、自准直望远镜、载物平台和读数装置.

1. 平行光管.

平行光管是用来获得平行光束的.它的一端是物镜,另一端装有一个可伸缩的套筒,其末端装有一可调狭缝.当狭缝位于物镜的焦平面上时,平行光管出射平行光.

2.阿贝式自准直望远镜.

自准直望远镜由目镜、分划板及物镜组成.分划板是刻有黑十字准线(十字叉丝)的透明玻璃板.在黑十字准线的竖线下方紧贴一块小棱镜,在其涂黑的端面上有一个透光的十字窗口,光线由小方孔进入小棱镜,见图3.9-2,经反射后通过刻有透光小十字窗的分划板和望远镜物镜.若在物镜前放一平面镜(或三棱镜、光栅),前后调节分划板与物镜的间距,使分划板位于物镜焦平面上时,小电珠发出透过空心十字窗口的光经物镜后成平行光射向平面镜,反射光经物镜后在分划板上形成十字窗口的像.若望远镜光轴和反射面垂直时,反射像将位于分划板中心上方的十字准线上.

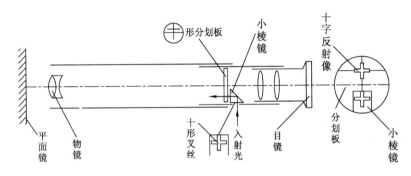

图 3.9-2 阿贝式自准直望远镜示意图

3.载物平台.

载物平台可绕主轴转动,它可用来放置棱镜、光栅或其他被测光学元件.平台下方有三个调平螺钉,用来调整平台与转轴的倾斜度,这三个螺钉呈等边三角形.

4.读数装置.

分光计一般采用角游标读角度,角游标与一般的直游标原理基本相同,它是一个沿着圆刻度盘并与圆刻度盘同心转动的小弧尺(图3.9-3).圆刻度盘的分度(即最小刻度)为 σ,角游标上刻有 n 个分度(一般为 10,30,60 分度),β 表示角游标的最小分度.

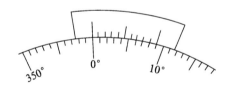

图 3.9-3 角游标示意图

角游标总的弧长与圆刻度盘上 $n-1$ 个分度的弧长相等,即

$$n\beta=(n-1)\sigma \tag{3.9-1}$$

则圆刻度盘的最小分度与游标最小分度差为

$$\alpha-\beta=\alpha-\frac{n-1}{n}\alpha=\frac{\alpha}{n} \tag{3.9-2}$$

与直游标一样,可得角游标的精度值为 $\frac{\alpha}{n}$.如果角游标的零线位于圆刻度盘刻线的 m 与 $m+1$ 刻度之间,同时角游标的第 k 条刻线与圆刻度盘的某一刻线对齐,则从圆刻度盘的零度算起的角度 θ 应为

$$\theta = mu + k \frac{\alpha}{n} \tag{3.9-3}$$

分光计中如果角游标与望远镜相连,转动望远镜,可从角游标中读出其转动的角度

读数装置由刻度圆盘和沿圆盘相隔180°对称安置的两角游标组成.按角游标读数原理,就可以读出角度值.为了消除因刻度圆盘和角游标盘中心轴不同而引起的偏心差,分光计设有两个读数窗口(M 和 N),其读数差应为180°,并按下式求平均值:

$$\varphi = \frac{1}{2}(|\theta_M' - \theta_M| + |\theta_N' - \theta_N|) \tag{3.9-4}$$

式中,φ 是望远镜转过的角度,θ_M,θ_N 为望远镜初始位置角度读数,θ_M',θ_N' 为望远镜转过 φ 角后的角度读数.

角度 θ 的读数方法如图 3.9-4(a)和(b)所示.以游标零线为准,先读出零刻线对应的度盘上的度值和分值(每格20′),再找游标上与度盘上刚好重合的刻线,在游标上读出分值和秒值(每格30″),两次数值相加,即为角度读数值 θ.由于度盘和游标的分格值不等,所以重合的刻线(即连通的亮线)只有一条或两条.若出现一条,读数如图 3.9-4(a)所示;若同时出现两条,读数如图 3.9-4(b)所示.

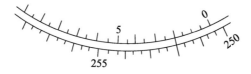

$(a)\ A = 250°20', B = 2'0'', \theta = A + B = 250°22'0''$

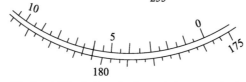

$(b)\ A = 175°40', B = 6'15'', \theta = A + B = 175°46'15''$

图 3.9-4　两个使用角游标读角度的示例

四、实验内容

(一)分光计的调节

分光计的调节包括以下三方面的要求:

① 使平行光管发射平行光.

② 使望远镜聚焦于无穷远.

③ 同时使平行光管及望远镜的光轴在同一平面,并与仪器转轴垂直.

调节的关键是先调好望远镜,而平行光管的调节则以望远镜为基准.具体调节步骤如下:

1. 粗调.

调节载物台下面的三个螺丝(B_1,B_2 及 B_3),使载物台平面与仪器转轴基本垂直(图 3.9-5);调节望远镜水平螺丝 13 和平行光管水平调节螺丝 24,使望远镜和平行光管

基本成一直线,并与分光计的转轴基本垂直.以上调节均以目测进行.

2.调节望远镜.

第一步:前后移动目镜,使分划板叉丝通过目镜形成的放大虚像最清晰.

第二步:使望远镜聚焦于无穷远.

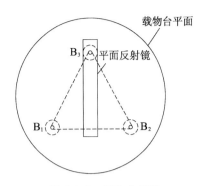

图 3.9-5　载物台螺丝

将小变压器的电源接头插上 220 V 电源,点亮望远镜目镜的小灯,光线通过目镜中的小棱镜将十字叉丝窗照亮.将一平面反射镜垂直放在载物台上,为了便于调节,使平面反射镜与平台任意两螺丝(如 B₁,B₂)的连线垂直,如图 3.9-5 所示.调节螺丝 B₁ 或 B₂,可改变镜面对望远镜的倾斜度,同时转动台盘,从望远镜中找到由镜面反射回来的绿十字像,这时调节目镜和分划板叉丝(即 B 筒)相对物镜的距离,使反射回来的绿十字像(即下十字叉丝窗的反射像)清楚,并使绿色十字刚好落在十字叉丝平面上,如图 3.9-6(a)所示.为了判别十字叉丝与绿色亮十字叉丝是否在同一平面上,可左右移动头部,如发现十字叉丝与绿色十字像无相对位移即无视差,这时望远镜已聚焦于无穷远.

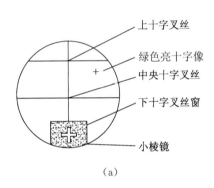

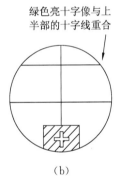

（a）　　　　　　　　　　　（b）

图 3.9-6　望远镜十字叉丝

第三步:使望远镜的光轴垂直于仪器转轴.

经第二步调节,虽已看到清晰的绿色亮十字像,但它并不一定与黑色叉丝上半部的十字线重合,如图 3.9-6(a)所示,这时可调节望远镜的水平调节螺丝 13,使两个十字距离移近一半,再调节平台的倾斜螺丝 B₁ 或 B₂,使绿色十字像与黑色叉丝上半部的十字线重合,然后转动内盘,使平台转 180°,如果绿色亮十字像与黑色叉丝不重合,重复上述调节,使它们重合,这种调节方法叫渐近法.如此反复调节,直到望远镜不论对准哪面,反射回来的绿色亮十字与黑色叉丝上部均重合为止,如图 3.9-6(b)所示.此时,望远镜轴线与仪器转轴垂直.注意这时可固定望远镜的水平位置,以后不再调整.

3.调节平行光管.

第一步:调节平行光管,使之产生平行光.

用照明灯照亮平行管的狭缝,并将已聚焦于无穷远的望远镜正对平行光管.前后移动狭缝套管,改变狭缝与平行光管物镜间的距离.当狭缝位于物镜焦平面上时,则从望远镜中将看到清晰的狭缝像,并且狭缝的像与望远镜中分划板刻线(叉丝)之间无视差,这时平行光管发出的光即为平行光.

第二步:使平行光管轴与仪器转轴垂直.

用已调好的望远镜光轴为标准,只要平行光管光轴与望远镜光轴平行,则这时平行光管光轴与仪器的转轴必定垂直.调节时,使铅直放着的狭缝经过叉丝中央交点,然后使狭缝转90°,如果狭缝仍通过叉丝中央交点,即表示平行光管光轴与望远镜光轴平行,否则调节平行光管仰角调节螺丝25,可达到此目的.

至此,分光计测量前的准备工作已全部调好,在测量中还要做些测量元件的调节工作.但必须注意,在操作时需明确调节的目的及有关调节螺丝的作用,不可盲目操作,否则将可能破坏分光计已调好的状态.

(二)三棱镜的顶角 A 的测定

1. 三棱镜的调整.

三棱镜的两个光学表面应与望远镜光轴相垂直.调整方法是:运用已调好的望远镜,根据自准直原理进行.为便于调整,三棱镜在载物台上的位置应按图3.9-7所示放置,使三棱镜的三个边分别垂直于载物台下面三个螺丝(B_1,B_2及B_3)的三条连线.转动望远镜,使之对准 AB 面,调节 B_3 螺丝,使反射回来的绿色亮十字与黑叉丝上部重合.然后,再将望远镜转至对准 AC 面,调节 B_2 螺丝,又使绿色亮十字与黑色叉丝上部重合.通常经过这两次调节,应能达到要求,但由于目测放置三棱镜时,不可能严格做到 AB 垂直于 B_1、B_3 的连线、AC 垂直于 B_1、B_2

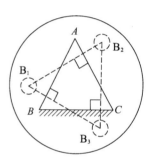

图 3.9-7　三棱镜的调整

的连线,因而要反复调节,逐步靠近,直到 AB 面及 AC 面均能与望远镜光轴垂直为止.

2. 顶角 A 的测量.

(1)自准直法.

使望远镜分别对准三棱镜的两光学表面 AB 及 AC,并仔细调节,使绿色亮十字像与黑叉丝完全重合,如图 3.9-8 所示,在两个位置处分光计读数之差为 φ,则顶角

$$A = 180° - \varphi \tag{3.9-5}$$

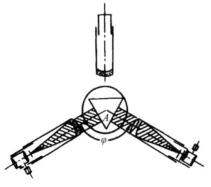

图 3.9-8　自准直法

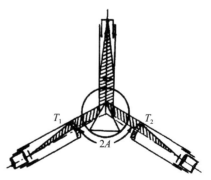

图 3.9-9　棱脊分束法

（2）棱脊分束法.

将光源置于平行光管的狭缝前，待测顶角 A 对准平行光管，如图 3.9-9 所示，则从平行光管出射的平行光束被棱镜的两表面分成两部分.固定分光计上其余可动部分，转动望远镜至 T_1 及 T_2，分别使狭缝的像与望远镜的竖直叉丝重合，设 T_1 及 T_2 位置的读数差为 φ，则顶角

$$A = \frac{1}{2}\varphi \tag{3.9-6}$$

注意：顶角 A 不要放得太前，应靠载物台中心处，否则从棱镜两光学面反射的光线不能进入望远镜.同时 φ 角的测量均应由两游标读数，并按 $\varphi = \frac{1}{2}(|\theta_1' - \theta_1| + |\theta_2' - \theta_2|)$ 计算.

实验时两种测顶角方法可任选一种，重复测量 5 次，求 A 角的平均值及其标准误差.

五、数据处理

表 3.9-1 测量三棱镜的顶角

测量次数	角度							
	θ_M	θ_N	θ_M'	θ_N'	$|\theta_M' - \theta_M|$	$|\theta_N' - \theta_N|$	A	$\overline{A}$
1								
2								
3								
4								
5								

由表 3.9-1 计算出顶角 A 的值，并计算出顶角 A 的误差.

六、注意事项

1. 实验前，松开望远镜和主刻度盘的离合控制螺丝，将主刻度盘的零刻线置于望远镜下，随后旋紧.实验中，望远镜和主刻度盘始终保持联动.

2. 分光计是精密测量角度的仪器，而刻度盘的中心 O 与仪器的转轴 O' 不会严格重合，使测量时转过的角度与两个位置读数差不等.为消除这种偏心产生的误差，在相隔 $180°$ 处设置两个游标，实际转过的角度 φ 为圆内角，$\varphi = \frac{1}{2}(|\theta_1' - \theta_1| + |\theta_2' - \theta_2|)$.

七、思考题

1. 分光计为什么要调整到望远镜光轴与分光计旋转主轴相垂直？若不垂直，对测量结果有何影响？

2. 用自准法来测量三棱镜顶角该如何进行？

3. 调节望远镜光轴垂直于分光计旋转主轴时，可能看到下列两类现象：① 由双面镜

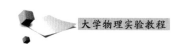

两个镜面反射的十字像都在准线的下方;② 由两个面反射的像一个在上,一个在下.分析这两种情况,其主要是由望远镜还是由载物台的倾斜而引起的? 怎样进行调节?

4. 设计一种不测最小偏向角而能测棱镜玻璃折射率的方案.(使用分光计去测)

实验 3.10 迈克耳孙干涉仪的调整与使用

迈克耳孙干涉仪是 1881 年美国物理学家迈克耳孙和莫雷合作为研究"以太"漂移而设计制造出来的精密光学仪器,其基本原理是利用分振幅法产生双光束以实现干涉.该仪器的核心原理最近也被用于引力波观测仪器的制备,实验研究者于 2016 年首次采用一个超大的迈克耳孙干涉仪观测到两个黑洞合并产生的引力波,因此证实了 1916 年爱因斯坦基于广义相对论预测的引力波.这一科学发现毋庸置疑地证实了基础科学原理在前沿研究领域的应用价值,作为大学生应在本科阶段的学习中夯实专业基础,才能为后续的科学研究和工程实践提供创新源泉.

一、实验目的

1. 了解迈克耳孙干涉仪的结构和工作原理,掌握其调整方法.
2. 调节和观察等倾干涉、等厚干涉和非定域干涉现象.
3. 测量 He-Ne 激光的波长.

二、实验仪器

迈克耳孙干涉仪、He-Ne 激光器、扩束透镜、毛玻璃、接收屏.

三、实验原理

(一)迈克耳孙干涉仪的结构

迈克耳孙干涉仪是利用半透膜分光板的反射和透射,把来自同一光源的光线用分振幅法分成两束相干光,以实现光的干涉的一种仪器,它是用来测量长度或长度变化的精密光学仪器.下面介绍其结构及测量原理.

迈克耳孙干涉仪的结构如图 3.10-1 所示,整个机械台面(包括导轨)固定在一个稳定的底座上,底座下有个调节螺丝,用以调节台面的水平.导轨内装有螺距为 1 mm 的精密丝杠,丝杠的一端与齿轮系统相连接.转动鼓轮或微调鼓轮,都可使丝杠转动,从而带动滑块及固定在滑块上的反射镜 M_1 沿着导轨移动.反射镜 M_1 的位置读数由台面一侧的毫米标尺、读数窗内的鼓轮刻度盘的读数(最小刻度为 0.01 mm)及微调鼓轮刻度盘读数(最小分度为 0.000 1 mm)读出.反射镜 M_2 固定在导轨的一侧.M_1,M_2 两镜的背面各有三个调节螺丝,用以调节镜面的方位.M_2 镜台下还装有两个方向相互垂直的微调拉簧螺丝,其松紧使 M_2 镜台产生一极小的形变,从而可对 M_2 的倾斜度做细调.分光板 G_1 和补偿板 G_2 两者严格平行放置,其材料与厚度完全相同,G_1 的内表面为半反射面,从而使入射光分成振幅和光强基本相等的反射光束和透射光束,并且 G_1 与 M_1,M_2 两镜均呈 45°角.

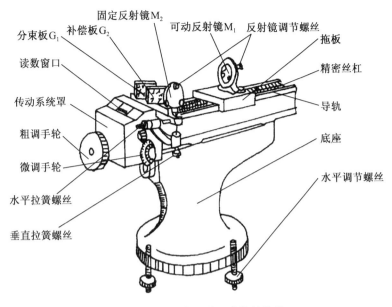

固定反射镜M₂
补偿板G₂
可动反射镜M₁　反射镜调节螺丝
分束板G₁
读数窗口
拖板
传动系统罩
精密丝杠
粗调手轮
导轨
微调手轮
底座
水平拉簧螺丝
水平调节螺丝
垂直拉簧螺丝

图 3.10-1　迈克耳孙干涉仪的结构

（二）干涉花样及波长测量原理

迈克耳孙干涉仪的原理光路如图 3.10-2 所示，从光源 S 发出的一束光经分光板 G₁ 半反半透分成相互垂直的反射光束 1 和透射光束 2,因 G₁ 与 M₁ 和 M₂ 均成 45°角,所以这两束光分别垂直射到平面镜 M₁ 和 M₂,再经 M₁ 和 M₂ 反射各自沿原路返回到 G₁,反射光 1 透过 G₁ 而到达 O 处,透射光束 2 在 G₁ 的后表面反射后到近 O 处,与光束 1 相遇而产生干涉.由于 G₂ 板的补偿作用(因为光束 2 在 G₁ 中只通过一次,而光束 1 在 G₁ 中共通过 3 次),两束光在玻璃中走的光程相等,因此计算两束光的光程差时,只需计算两束光在空气中的光程差.

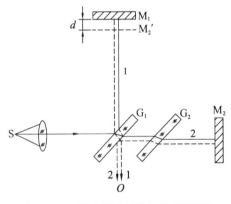

图 3.10-2　迈克耳孙干涉仪的原理光路

图 3.10-2 中的 M₂′ 是 M₂ 在半反射面 G₁ 中的虚像,显然光线 2 经 M₂ 反射到达 O 点的光程与它经 M₂′ 反射到达 O 点的光程严格相等,因此干涉仪所产生的干涉条纹和由平面 M₁ 与 M₂ 之间的空气薄膜所产生的干涉条纹是完全一样的.故在 O 处观察到的干涉条纹即是从 M₁ 与 M₂′ 之间的空气层两表面的反射光叠加所产生的.并且 M₁ 与 M₂′ 之间所夹的空气层形状可以任意调节,若调节 M₁ 与 M₂′ 平行、不平行或相交时,则在 O 处可观察到不同的干涉条纹.下面讨论常出现的三种干涉现象.

1. 等倾干涉图样.

调节 M₁ 与 M₂ 垂直,即 M₁ 与 M₂′ 相平行(夹层为空气平板),如图 3.10-3 所示.若 M₁ 与 M₂′ 相距为 d,当入射光以 θ 角入射,经 M₁,M₂′ 反射后成为 1,2 两束平行光,它们的光

程差为

$$\Delta L = AB + BC - AD = 2d\cos\theta \quad (3.10\text{-}1)$$

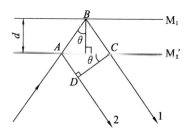

图 3.10-3　等倾干涉原理示意图

上式表明,当 M_1 与 M_2' 的间距 d 一定时,光程差随入射角 θ 的变化改变,所有倾角相同的光束具有相同的光程差,它们将在无限远处形成干涉条纹.若用透镜会聚反射光束,则干涉条纹将形成在透镜的焦平面上,这时具有相同倾角 θ 的入射光相干形成一条圆环,而不同倾角的入射光形成明暗相间的同心圆环,这种干涉称为等倾干涉,形成亮条纹的条件为

$$2d\cos\theta = k\lambda,\ k = 1,2,3,\cdots \quad (3.10\text{-}2)$$

式中,k 为条纹的级次,λ 为入射的单色光的波长.从式(3.10-2)可知:

(1) 当 d 一定时,则 θ 角越小,$\cos\theta$ 越大,光程差 ΔL 也越大,干涉条纹级次 k 也越高.但 θ 越小,形成的干涉圆环直径越小,在干涉环的圆心处 $\theta = 0$,此时两相干光束的光程差最大,即 $\Delta L = 2d = k\lambda$,对应的干涉条纹的级次(k 值)最高.随着 θ 从零开始变大,k 值由最大值起变小,则从圆心向外的干涉圆环的级次逐渐降低(这与牛顿环级次排列正好相反),并且各级条纹分布由粗而清晰变为细而模糊,条纹间距由大变小.

(2) 当 d 变化时,干涉圆环随之变化,当移动 M_1,使得 M_1 与 M_2' 的间距 d 变小时,观察干涉圆环中的某一级条纹 k_1,则有 $2d\cos\theta_1 = k_1\lambda$,为保持 $2d\cos\theta_1$ 为一常数,即条纹的级次不变(为 k_1 级),当 d 变小时,则 $\cos\theta$ 必须增大,故 θ 必须减小,随着 θ 减小,干涉圆环的直径同步减小.当 θ 小到接近 0 时,干涉圆环直径趋近于 0,从而逐渐缩近圆心处,同时整体条纹变粗、变稀;反之,当 d 增大时,θ 也随之增大,则 $\cos\theta$ 变小,会看到干涉圆环自中心处不断"冒出",环纹向外扩张,整体条纹变细、变密.因此,随着 d 的增大或减小,条纹从中心"冒出"或向中心"缩入",每变化一个条纹,相应的光程差改变了一个波长 λ,而 d 就改变 $\dfrac{\lambda}{2}$ 的距离.设 M_1 移动 Δd 时 k 的变化为 ΔN,则从式(3.10-2)得

$$\Delta d = \Delta N\,\frac{\lambda}{2} \quad (3.10\text{-}3)$$

可见,如果数出"缩入"或"冒出"的条纹数,由已知的波长 λ 就可计算出 Δd,这就是测量微小距离的变化原理;反之,由读出的 Δd 也可测定入射光的波长,这也是测定单色光波长的一种方法.

2. 等厚干涉图样.

当 M_1 与 M_2' 略偏离平行时,则 M_1 与 M_2' 的平面有一很小的夹角 θ,它们之间形成楔形空气层,如图 3.10-4 所示,这样的空气薄膜相当于楔形膜的作用,故在 M_1 镜的表面附近产生等厚干涉条纹.当 θ 角很小时,经 M_1,M_2' 反射的两束光的光程差近似为

$$\Delta L = 2d\cos i \quad (3.10\text{-}4)$$

式中,d 为观察点 B 处空气层的厚度,i 为入射角.在 M_1 与 M_2' 的相交处 $\Delta L = 0$(因 $d = 0$),即光程差为零,出现直线条纹,称为中央条纹.当入射角 i 足够小时,即在相交线附近 d 很小,$\cos i$ 近似为 1,则光程差主要取决于 d 的变化,因而看到的干涉条纹是与中央条纹

大体上平行的直条纹.由此可知:等厚干涉条纹只能出现在 i 接近于 0 的区域.在远离相交线处,d 值逐渐增大,由于光线入射角 i 的变化对光程差 ΔL 的影响不能忽略,则干涉条纹变成弧线,故离中央条纹较远处干涉条纹将发生弯曲且凸向中央条纹.

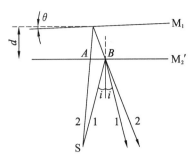

图 3.10-4　等厚干涉原理示意图

3. 点光源产生的非定域干涉图样.

激光通过短焦距透镜会聚后是一个强度很高的点光源 S,强点光源经 M_1 与 M_2' 的反射产生的干涉现象等效于沿轴向分布的两个虚点光源 S_1' 和 S_2' 发出的光的干涉.如图3.10-5所示,S_1' 和 S_2' 的距离为 M_1 与 M_2' 之间距 d 的 2 倍.因从虚点光源 S_1' 和 S_2' 发出的球面光波在相遇的空间处处相干,只要观察屏放在两点光源发出光波的重叠区域里都能看到干涉现象,故称这种干涉为非定域干涉.若将观察屏放在光波重叠区域的不同位置上,则可看到不同形状(圆、椭圆、双曲线及直线状条纹)的干涉条纹.因实验室中放置屏的空间是有限的,只有圆形、椭圆形干涉条纹容易观察到,所以通常将观察屏放于 S_1' 和 S_2' 连线上且垂直于连线轴,则屏上呈现出的干涉花样是一组同心的明暗相间的圆环.圆心在 S_1',S_2' 连线与屏交点 E 上,如图 3.10-6 所示.可以证明屏上任意点 P 的光程差,在 $z \gg 2d$ 时,有

$$\Delta L = 2d\cos i \left[1 + \frac{d}{z}\sin^2 i\right] \approx 2d\cos i \qquad (3.10-5)$$

在这种情况下,光程差表达式与面光源等倾干涉情况相同.通过 P 点的条纹为一以 E 点为圆心的圆环.该圆环是由具有同一倾角 i 的入射光相干形成的.

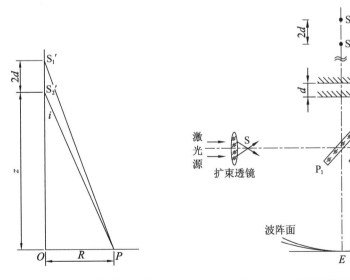

图 3.10-5　虚点光源干涉光路　　　　图 3.10-6　非定域干涉光路

与等倾干涉条纹相似,当 $i = 0$ 时,即在圆环中心处光程差最大,$\Delta L = 2d = N\lambda$,当调节 M_1 使 d 增大或减小时,也可以看到条纹从中心"冒出"或向中心"缩入"."冒出"或"缩

入"一条,d 的相应改变量也是半个波长 $\frac{\lambda}{2}$,因此也可用以计量长度或测定波长.

四、实验内容

(一)调整迈克耳孙干涉仪

1. 用水准仪校准并调节干涉仪的底座下的三个螺丝,使仪器及导轨水平.

2. 调节 He-Ne 激光器光源,使激光束与分光板等高,并使之垂直入射到 M_1,M_2 两反射镜中部.

3. 调粗调手轮,则移动动镜 M_1,使 M_1 到分光板 G_1 的距离与定镜 M_2 到 G_1 的距离接近相等.

4. 使 He-Ne 激光束基本上垂直于 M_2 时,在屏上即可看到两排激光光点,且每排都有几个光点,调节 M_2 背面的三个螺丝,使两排中两个最亮的光点重合,如果经调节两排最亮的光点难以重合,可略调一下 M_1 镜后的三个螺丝,直至完全重合为止.这时,M_1 与 M_2 处于相互垂直状态,即 M_1 与 M_2' 相互平行,至此干涉仪的光路系统调整完毕.

(二)观察激光的非定域干涉

1. 沿激光入射的方向放一短焦距的透镜 L,观察屏上的弧形条纹,改变 M_1 与 M_2' 的间距 d,根据条纹的形状、粗细和密度,判断 d 是变大还是变小,并记录条纹的变化情况.

2. 调节 M_2 的两个微动拉簧螺丝,使 M_1 与 M_2' 严格平行,观察屏上出现的圆形条纹.

(三)观察等倾干涉条纹的变化

1. 把毛玻璃放在透镜 L 的前面,使球面波经过漫反射成为扩展光源,这时屏上就可看到明暗相间的圆形干涉条纹.

2. 仔细调节 M_2 的两个微动拉簧螺丝,使干涉条纹变粗,曲率半径变大,再旋转微调手轮,改变 d 值,观察干涉环的"冒出"或"缩入"现象,记录干涉图像的特点.

(四)测量 He-Ne 激光的波长

当圆形干涉条纹的调节完成后,则选定非定域干涉圆环纹中某一清晰的区域进行测定.

1. 调节读数装置的零点,将微调手轮沿某一方向(如顺时针方向)旋转到底,然后以同方向转动粗调手轮,对齐读数窗口中某一刻度,以后测量中使用微调手轮仍以同方向移动 M_1 镜,这样才能使读数窗口中的刻度盘与微调手轮的刻度盘相互配合.为防止空程,可沿某一选定的转向多转微调手轮几圈,直到微调手轮与粗调手轮沿此方向同步转动为止,记下 M_1 镜的初始位置 d.

2. 沿上述转动方向继续转动手轮,数出每"冒出"或"缩进"50 个干涉环,记一次 M_1 镜的位置 d_{50},d_{100},d_{150},$\cdots$,连续记录 M_1 的位置 6 次(在此过程中微调手轮的转向不变),并将记录数据填入表 3.10-1 中.

(五)观察等厚干涉条纹

当 M_1 与 M_2' 非常接近,并使 M_1 与 M_2' 有一个非常小的夹角 θ 时,屏上可看到等厚干涉条纹.

1. 在完成步骤(四)的基础上,缓慢转动粗调手轮,使 M_1 与 M_2' 非常接近,观察到屏上条纹由细变粗,由密变疏,并且呈等轴双曲线形状,表明 M_1 与 M_2' 已经非常接近平行.

2. 再调节 M_2 镜的两个微调拉簧螺丝,使 M_1 与 M_2' 之间有一很小的夹角,至屏上出现直线形平行干涉条纹为止,并且此干涉条纹的间距与夹角成反比.当夹角太大时,条纹很密难分,条纹间距取 1 mm 左右为宜,移动 M_1 镜,观察条纹的特点.

五、数据处理

1. 根据表 3.10-1 中记录的 7 个数据,计算出表 3.10-2 中($\Delta N = 100$)相应的五个 Δd_i($i = 1, 2, 3, 4, 5$)的数值,并求出平均值 $\overline{\Delta d}$.

表 3.10-1　　M_1 的位置记录　　　　　　　　　　　　　　　单位:mm

d_0	d_{50}	d_{100}	d_{150}	d_{200}	d_{250}	d_{300}

表 3.10-2　　Δd_i($i = 1, 2, 3, 4, 5$)数据($\Delta N = 100$)　　　　　　单位:mm

$\Delta d_1 = d_{100} - d_0$	$\Delta d_2 = d_{150} - d_{50}$	$\Delta d_3 = d_{200} - d_{100}$	$\Delta d_4 = d_{250} - d_{150}$	$\Delta d_5 = d_{300} - d_{200}$

2. 据公式 $\Delta d = \Delta N \dfrac{\lambda}{2}$ 得 $\lambda = \dfrac{2\Delta d}{\Delta N}$.并由此式利用逐差法计算出 He-Ne 激光的波长 $\overline{\lambda}$ 值.

3. He-Ne 激光的标准波长值 $\lambda_0 = 632.8$ nm,可用测量最佳值 $\overline{\lambda}$ 与标准值 λ_0 比较,求出相对误差 $E_r = \dfrac{|\overline{\lambda} - \lambda_0|}{\lambda_0} \times 100\%$.

六、注意事项

1. 迈克耳孙干涉仪是精密光学仪器,使用前必须先熟悉使用方法,然后再动手调节.

2. 使用过程中绝对不允许用手触摸各镜面及光学玻璃器件,镜面若有浮尘,可用吹风球吹去.

3. 在调节和测量过程中,一定要非常细心,特别是转动粗、微调手轮时要缓慢、均匀.为了避免转动手轮时引起空程,在使用中必须沿同一方向旋转手轮,不得中途倒转.若需要反向测量,应重新调整零点.

4. 实验前和实验结束后,所有调节螺丝均应处于放松状态,调节时应先使它们处于中间状态,以便有双向调节的余地,调节动作要均匀缓慢.

七、思考题

1. 在迈克耳孙干涉仪中是利用什么方法产生两束相干光的?

2. 调出等倾干涉和等厚干涉条纹的条件是什么?

3. 试比较并分析等倾干涉条纹和牛顿环干涉条纹的异同.

第四章

基本测量与数据处理方法

实验4.1 三线摆测刚体的转动惯量

转动惯量是刚体转动惯性的量度,它与刚体的质量分布和转轴的位置有关.对于形状简单的均匀刚体,测出其外形尺寸和质量,就可以计算其转动惯量.对于形状复杂、质量分布不均匀的刚体,通常利用转动实验来测定其转动惯量.三线摆法和扭转摆法是其中的两种办法.为了便于与理论计算值比较,实验中的被测刚体均采用形状规则的刚体,通过该实验来熟悉如何用列表法处理实验数据.

一、实验目的

1. 加深对转动惯量概念和平行轴定理等的理解.
2. 了解用三线摆测转动惯量的原理和方法.
3. 掌握周期等量的测量方法.

二、实验仪器

三线摆及扭摆实验仪、水准仪、米尺、游标卡尺、物理天平及待测物体等.

三、实验原理

（一）三线摆法测定物体的转动惯量

机械能守恒定律:
$$mgh = \frac{1}{2}J_0\omega_0{}^2$$

简谐振动:
$$\theta = \theta_0 \sin\frac{2\pi}{T_0}t$$

$$\omega = \frac{\mathrm{d}\theta}{\mathrm{d}t} = \frac{2\pi\theta_0}{T_0}\cos\frac{2\pi}{T}t$$

通过平衡位置的瞬时角速度的大小为

$$\omega_0 = \frac{2\pi\theta_0}{T_0}$$

所以有

$$mgh = \frac{1}{2}J_0\left(\frac{2\pi\theta_0}{T_0}\right)^2$$

根据图 4.1-1 可以得到

$$h = BC - BC_1 = \frac{(BC)^2 - (BC_1)^2}{BC + BC_1}$$

$$(BC)^2 = (AB)^2 - (AC)^2 = l^2 - (R-r)^2$$

从图 4.1-2,根据余弦定律,有

$$(A_1C_1)^2 = R^2 + r^2 - 2Rr\cos\theta_0$$

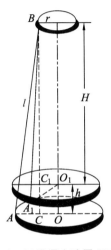

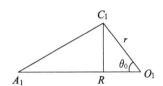

图 4.1-1　三线摆实验原理示意图　　　　图 4.1-2　三线摆几何关系

所以有

$$(BC_1)^2 = (A_1B)^2 - (A_1C_1)^2 = l^2 - (R^2 + r^2 - 2Rr\cos\theta_0)$$

整理后可得

$$h = \frac{2Rr(1-\cos\theta_0)}{BC + BC_1} = \frac{4Rr\sin^2\frac{\theta_0}{2}}{BC + BC_1}$$

$BC + BC_1 \approx 2H$,当摆角很小时,有 $\sin\frac{\theta_0}{2} = \frac{\theta_0}{2}$,故

$$h = \frac{Rr\theta_0^2}{2H}$$

整理得

$$J_0 = \frac{m_0 g R r}{4\pi^2 H}T_0^2$$

又因 $R = \frac{b}{\sqrt{3}}$,$r = \frac{a}{\sqrt{3}}$,a,b 分别为上下圆盘中对称分布的三个圆孔之间的距离,所以,

$$J_0 = \frac{m_0 g a b}{12\pi^2 H}T_0^2$$

若其上放置圆环,并且使其转轴与悬盘中心重合,重新测出摆动周期为 T,则

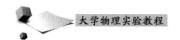
$$J_1 - \frac{(m+m_0)gab}{12\pi^2 H}T^2$$

(二)三线摆

图 4.1-3 是三线摆示意图.上下圆盘均处于水平,悬挂在横梁上.横梁由立柱和底座(图中未画出)支承着.三根对称分布的等长悬线将两圆盘相连.拨动转动杆,就可以使上圆盘小幅度转动,从而带动下圆盘绕中心轴 OO' 做扭摆运动.当下圆盘的摆角 θ 很小,并且忽略空气摩擦阻力和悬线扭力的影响时,根据能量守恒定律或者刚体转动定律,都可以推出下圆盘绕中心轴 OO' 的转动惯量 J_0 为

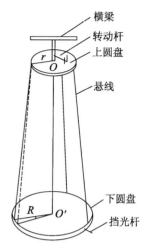

横梁
转动杆
上圆盘
悬线
下圆盘
挡光杆

$$J_0 = \frac{m_0 gRr}{4\pi^2 H}T_0^2 \qquad (4.1\text{-}1)$$

式中,m_0 为下圆盘的质量,r 和 R 分别为上下悬点离各自圆盘中心的距离,H_0 为平衡时上下圆盘间的垂直距离,T_0 为下圆盘的摆动周期,g 为重力加速度.

图 4.1-3 三线摆示意图

将质量为 m 的待测刚体放在下圆盘上,并使它的质心位于中心轴 OO' 上.测出此时的摆动周期 T 和上下圆盘间的垂直距离 H,则待测刚体和下圆盘对中心轴的总转动惯量 J_1 为

$$J_1 = \frac{(m+m_0)gRr}{4\pi^2 H}T^2 \qquad (4.1\text{-}2)$$

待测刚体对中心轴的转动惯量 J 与 J_0,J_1 的关系为

$$J = J_1 - J_0 = \frac{gRr}{4\pi^2 H}\left[(m+m_0)T^2 - m_0 T_0^2\right] \qquad (4.1\text{-}3)$$

利用三线摆可以验证平行轴定理.平行轴定理指出:如果一刚体对通过质心的某一转轴的转动惯量为 J_c,则这刚体对平行于该轴且相距为 d 的另一转轴的转动惯量 J_x 为

$$J_x = J_c + md^2 \qquad (4.1\text{-}4)$$

式中,m 为刚体的质量.

实验时,将两个同样大小的圆柱体放置在对称分布于半径为 R_1 的圆周上的两个孔上,如图 4.1-4 所示.测出两个圆柱体对中心轴 OO' 的转动惯量 J_x.如果测得的 J_x 值与由式(4.1-4)右边计算得的结果比较时,其相对误差在测量误差允许的范围内($\leqslant 5\%$),则平行轴定理得到验证.

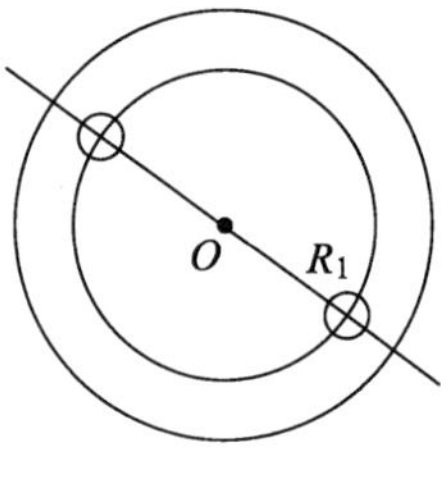

圆环对其对称轴的转动惯量 J_1 由下式计算:

$$J_1 = \frac{m_1}{8}(D_1^2 + D_2^2) \qquad (4.1\text{-}5)$$

图 4.1-4 二孔对称分布

式中,m_1 为圆环的质量,D_1 和 D_2 分别为圆环的内直径和外直径.

四、实验内容

1. 用水准器调三线摆仪底座水平及下盘水平.

2. 使下盘静止,然后朝同一方向轻转上盘,使下盘做小幅扭摆.控制摆角不超过 5°.

3. 待下盘扭摆稳定后,用秒表测出连续摆动 10 个周期的时间,重复 5 次,然后计算出周期 T_0 的平均值(表 4.1-1).

4. 将圆环同心地放置于圆盘上,重复步骤 2,3,测出周期 T 的平均值.

5. 用钢直尺在不同位置测量上下盘之间的垂直距离 5 次.用游标卡尺在不同位置分别测量上下盘悬线孔间距各 5 次.计算 H,a,b 的平均值,并由此计算出受力半径 r 与 R 的平均值.

6. 用游标卡尺沿不同方向测量圆盘直径、圆环内外径各 5 次,并记入表 4.1-2 中.计算出 $2R_0,2R_1,2R_2$ 的平均值.

7. 记录圆盘、圆环的质量 m_0,m 及本地的重力加速度 g.

五、数据处理

1. 用三线摆测定下圆盘对中心轴 OO' 的转动惯量,并记录在表 4.1-3 中.

2. 用三线摆测定圆环的转动惯量,并与理论计算值比较 $\left[\text{理论值计算公式为 } J_t = \frac{m}{8}(D_1{}^2 + D_2{}^2)\right].$

3. 用三线摆测定圆柱体对其质心轴的转动惯量.要求测得的圆柱体的转动惯量值与理论计算值 $\left(J = \frac{1}{2}mr_1{}^2, r_1 \text{ 为圆柱体的半径}\right)$ 之间的相对误差不大于 5%,从而验证平行轴定理.

表 4.1-1 三线摆法

项目	1	2	3	4	5	平均值	周期
a/cm							
b/cm							
H/cm							
悬盘 $t = 10T$/s							
圆环 $t = 10T$/s							
一对圆柱体 $t = 10T$/s							

表 4.1-2 公式法

项目	1	2	3	平均值	质量 m/g
悬盘的直径 D/cm					
圆环的内径 D_1/cm					
圆环的外径 D_2/cm					
圆柱体的直径 D/cm					
圆柱体对称轴间距 d/cm					

表 4.1-3　数据处理结果

	三线摆法	公式法	相对误差
悬盘			
圆环			
一对圆柱体			

六、注意事项

1. 测量前,根据水准泡的指示,先调整三线摆底座台面的水平,再调整三线摆下圆盘的水平.测量时,摆角 θ 应小于 $5°$,以满足小角度近似.防止三线摆在摆动时发生前后晃动或左右晃动,以免影响测量结果.

2. 测量周期时应合理选取摆动次数.对于三线摆,测得 R,r,m_0 和 H 后,由式(4.1-1)推出 J_0 的相对误差公式,使误差公式中的 $\dfrac{2\Delta T_0}{T_0}$ 项对 $\dfrac{\Delta J_0}{J_0}$ 的影响比其他误差项的影响小,作为依据来确定摆动次数.估算时,Δm_0 取 $0.02\ g$,时间测量误差 Δt 取 $0.03\ s$,$\Delta R,\Delta r$ 和 ΔH 可根据实际情况确定.

七、思考题

1. 三线摆在摆动过程中要受到空气的阻尼,振幅会越来越小,它的周期是否会随时间而变?

2. 在三线摆下圆盘上加上待测物体后的摆动周期是否一定比不加时的周期大?试根据式(4.1-1)和式(4.1-2)分析说明之.

3. 如果三线摆的三根悬线与悬点不在上下圆盘的边缘上,而是在各圆盘内的某一同心圆周上,则式(4.1-1)和式(4.1-2)中的 r 和 R 各应为何值?

4. 证明三线摆的机械能为 $\dfrac{1}{2}J_0\dot\theta^2+\dfrac{1}{2}\dfrac{m_0 gRr}{H}\theta^2$,并求出运动微分方程,从而导出式(4.1-1).

实验 4.2　金属线胀系数的测定

热膨胀是材料中最重要的基本性质之一,对于不同的材料,其热膨胀和温度的关系特性也有所不同.材料的线胀系数的数据,是工程设计所需考虑的重要参数之一.制造精密测量器具时,一般都选用线胀系数很小的材料.当两种材料焊接在一起时,就要考虑它们的线胀系数是否相等或接近.例如,钢筋混凝土中的钢筋和混凝土,两者的线胀系数也必须很接近,这样才牢固.铺设铁路钢轨时,必须考虑线胀系数决定钢轨间应留多大的缝隙等.然而线胀系数通常是非常微弱的物理量,给直接实验测量带来了困难,如何创造性地放大微小物理量也是多数实验面临的挑战.本实验示范了如何利用光学杠杆来显著放大材料热膨胀带来的微小形变,通过该实验领会放大法在实验测量中的重要意义.

一、实验目的

1. 学习尺读望远镜的使用方法.
2. 学习利用光杠杆原理测量金属的线胀系数.

二、实验仪器

固体线胀系数测量仪(电热法)、尺读望远镜、光杠杆、钢卷尺、温度计、游标卡尺.

三、实验原理

(一) 基本原理

固体的长度一般随温度的升高而增加,其长度 L 和温度 T 之间的关系为

$$L = L_0(1 + \alpha T + \beta T^2 + \cdots) \tag{4.2-1}$$

式中,L_0 为温度 $T = 0\ ℃$ 时的长度,α,β,$\cdots$ 是和被测物质有关的常数,都是很小的数值,而 β 以后各系数和 α 相比甚小,所以在常温下可忽略,则式(4.2-1)可写成

$$L = L_0(1 + \alpha T) \tag{4.2-2}$$

此处 α 就是通常所称的线胀系数,单位是 $℃^{-1}$.

设物体在温度 T_1(单位为 $0\ ℃$)时的长度为 L,温度升到 T_2(单位为 $0\ ℃$)时,其长度增加 δ,根据式(4.2-2),可得

$$L = L_0(1 + \alpha T_1)$$

$$L + \delta = L_0(1 + \alpha T_2)$$

由此二式相比消去 L_0,整理后得出

$$\alpha = \frac{\delta}{L(T_2 - T_1) - \delta T_1} \tag{4.2-3}$$

由于 δ 和 L 相比甚小,$L(T_2 - T_1) \gg \delta T_1$,所以式(4.2-3)可近似写成

$$\alpha = \frac{\delta}{L(T_2 - T_1)} \tag{4.2-4}$$

(二) 测温度变化引起长度的微小变化 δ

测量线胀系数的主要问题是怎样测准温度变化引起长度的微小变化 δ,本实验利用光杠杆测量微小长度的变化.实验时将待测金属棒插入线胀系数测定仪的金属筒中(图 4.2-1),将光杠杆的后足尖置于金属棒上端,两前足尖置于固定平台的横槽内.

设在温度 T_1 时,通过望远镜和光杠杆的平面镜,看见直尺上的刻度 a_1 刚好在望远镜中叉丝横线(或交点)处,当温度升至 T_2 时,直尺上刻度 a_2 移至叉丝横线上.则根据光杠杆原理(图 4.2-2),可得

$$\delta = \frac{(a_2 - a_1)b}{2D} \tag{4.2-5}$$

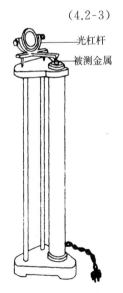

光杠杆
被测金属

图 4.2-1　实验装置示意图

式中,D 为镜面到直尺的距离,b 为光杠杆后足尖到两前足尖连线的垂直距离.将式(4.2-5)代入式(4.2-4),则

$$\alpha = \frac{(a_2 - a_1)b}{2DL(T_2 - T_1)} \tag{4.2-6}$$

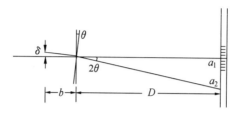

图 4.2-2　光杠杆原理

四、实验内容

1. 把被测金属棒从加热管内取出,用米尺测量其长度 L,然后把被测金属棒慢慢放入孔中,直到被测金属棒底端接触底面,调节温度计的锁紧钉,使温度计下端长度约为 1.50 m.

2. 将光杠杆放在仪器平台上,其后足尖放在金属棒的顶端上,光杠杆的镜面调在铅直方向,在光杠杆前 1.50 m 左右放置望远镜及直尺(尺在铅直方向).调节望远镜,看到平面镜中直尺的像,仔细聚焦以消除叉丝与直尺的像之间的视差.读出叉丝横线(或交点)在直尺上的位置 a_1.

3. 记下初温 T_1 后,给线胀系数测量仪通电加热,调节旋钮,顺时针增大电压,观察温度计,当温度升高到 T_2,迅速记下叉丝横线所对直尺的读数 a_2.

4. 停止加热,测出直尺到平面镜镜面间距离 D,重复测量 3 次.

5. 取下光杠杆,将光杠杆在白纸上轻轻压出三个足尖痕迹,用游标卡尺测其后足尖到两前足尖连线的垂直距离 b,重复测量 3 次.

6. 按式(4.2-6)求出金属的线胀系数,并求出测量结果的不确定度.

五、数据处理

自拟表格,记录所需要的数据,并计算线胀系数.

六、注意事项

1. 实验开始前,一定要先测量室温下金属棒的原长和放入线膨胀仪后室温下标尺的读数,千万不可急于升温,否则将不易补测.

2. 在测量过程中,要注意保持光杠杆及望远镜位置的稳定.

3. 测量光杠杆后足尖到两前足尖连线的垂直距离 b 时,要轻轻地在纸上压一下,以免移位带来测量误差.

4. 使用固体线胀系数测量仪时,应可靠接地.

七、思考题

1. 利用光杠杆测量金属棒线胀系数的原理是什么?

2. 本实验为什么测量伸长量 δ,而不直接测量温度 T_2 时的长度 L_2?

3. 本实验有哪些注意事项? 为什么?

4. 测量微小长度变化,除了用光杠杆法之外,试设计出一种测量微小长度变化的方案.

5. 实验中碰动了望远镜或光杠杆,对实验是否有影响? 在数据上将有何表现? 是否要从头开始测量?

实验 4.3 金属杨氏模量的测量(拉伸法)

杨氏模量(亦称杨氏弹性模量)是描述固体材料抵抗弹性形变能力大小的物理量,是选定机械构件的依据之一,是工程材料的一个重要物理参数.本实验所涉及的微小长度变化量的测量方法——光杠杆法,其原理广泛应用于许多测量技术中.光杠杆装置还被许多高灵敏的测量仪器(如冲击电流计和光电检流计等)所采用.通过本实验的学习,还需掌握和领会逐差法在数据处理中的应用方法和意义.

一、实验目的

1. 学会用拉伸法测量金属丝的杨氏模量.
2. 掌握用螺旋测微器和尺读望远镜的使用方法.
3. 学习用光杠杆法测量微小长度变化的原理和调节方法.
4. 学会运用逐差法、作图法处理数据.

二、实验仪器

杨氏模量测量仪、光杠杆、望远镜和标尺系统(尺读望远镜)、米尺、螺旋测微器、游标卡尺、水准仪、砝码等.

三、实验原理

(一)拉伸法测量金属丝的杨氏模量

在外力作用下固体所发生的形状变化称为形变,外力撤去后能完全恢复原状的形变称为弹性形变.最简单的形变是棒状物体受外力后的伸长和缩短.如果长为 L、横截面积为 S 的金属丝(或棒),受到沿长度方向的外力 F 作用后伸长 ΔL,根据胡克定律,在弹性限度内,伸长应变 $\dfrac{\Delta L}{L}$ 与外应力 $\dfrac{F}{S}$ 成正比,有

$$\frac{\Delta L}{L} = \frac{1}{E}\frac{F}{S} \tag{4.3-1}$$

由此可得

$$E = \frac{F}{S}\frac{L}{\Delta L} \tag{4.3-2}$$

E 被称为材料的杨氏模量,它是表征材料性质的一个物理量,仅与材料的结构、化学成分及其加工制造方法有关.某种材料发生一定应变所需要的力大,该材料的杨氏模量也就大.杨氏模量的大小标志了材料的刚性.在国际单位制中 E 的单位为 N/m²(即 Pa),式中 F,S,L 都较易测量,而 ΔL 是很小的长度变化,用普通方法很难测量准确.

(二)光杠杆镜尺法测量 ΔL

为解决上述问题,可用光杠杆(镜尺组)放大法进行非接触放大测量.

整个实验装置如图 4.3-1 所示,其中左侧仪器为杨氏模量测量仪,右侧为附有标尺的望远镜.图 4.3-2 为光杠杆放大原理图.

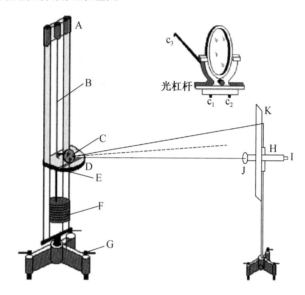

图 4.3-1　实验装置示意图

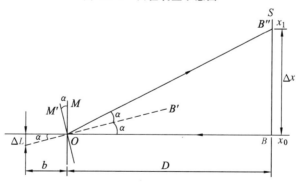

图 4.3-2　光杠杆放大原理图

光杠杆由一圆形小平面镜及固定在框架 A 上的三个脚尖 c_1,c_2,c_3 构成,c_3 到 c_1,c_2 连线的垂线段长度 b 称为光杠杆常数.测量时,两前脚尖 c_1,c_2 放在平台的沟槽 J 内,后脚尖 c_3 放在圆柱体夹子 E 的上面,如图 4.3-1 所示的放大部分.待测钢丝上端夹紧于横梁上的夹子 E 中间,下端夹紧于可上下滑动的夹子中,夹子的下端有一挂钩,可以挂砝码 F.调节平面镜,使之大致铅直,在镜面正前方竖放一标尺,尺旁安置一架望远镜.适当调节后,从望远镜中可以看清楚由小镜反射的标尺像,并可读出与望远镜叉丝横线相重合的标尺刻度数值(图 4.3-3).

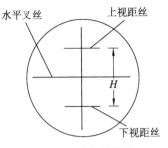

图 4.3-3　望远镜叉丝

设未增加砝码时,从望远镜中读得标尺读数为 x_0,当增加砝码时,金属丝伸长为 ΔL,光杠杆后脚尖 c_3 随之下降 ΔL,这时平面镜转过 α 角,镜面法线也转过 α 角.根据光的反射定律,反射线将转过 2α 角,即此时标尺上 x_i 刻度经镜面反射后可从望远镜中看到,则有

$$\tan 2\alpha = \frac{|x_i - x_0|}{D} = \frac{\Delta x_i}{D}$$

式中,D 为光杠杆镜面到标尺之间的距离.但从图 4.3-2 中可以看出

$$\tan \alpha = \frac{\Delta L}{b}$$

因为 ΔL 是微小的长度变化,而 $\Delta L \ll b$,α 角很小,所以近似有

$$\tan 2\alpha \approx 2\alpha,\ \tan \alpha \approx \alpha \approx \frac{\Delta L}{b}$$

由此可得

$$2\frac{\Delta L}{b} = \frac{\Delta x_i}{D}$$

$$\Delta L = \frac{b\Delta x_i}{2D} \tag{4.3-3}$$

由式(4.3-3)可知,光杠杆镜尺法的作用在于将微小的长度变化量经光杠杆转变为微小的角度变化.同时,再经望远镜和标尺把它转变为直尺上较大的读数变化量 Δx_i.

对同样的 ΔL,D 越大,Δx_i 越大,测量的相对误差就越小,比值

$$\beta = \frac{\Delta x_i}{\Delta L} = \frac{2D}{b}$$

就是光杠杆的放大倍数.当 b 为 $6 \times 10^{-2} \sim 8 \times 10^{-2}$ m,D 为 1.6~1.8 m 时,放大倍数 β 为 40~60 倍.

把式(4.3-3)代入式(4.3-2),并用 $S = \frac{1}{4}\pi d^2$ 代入,则有

$$E = \frac{2FLD}{Sb\Delta x_i} = \frac{8FLD}{\pi d^2 b\Delta x_i} \tag{4.3-4}$$

测出 L,D,b,d 各量和一定力 F 作用下的 Δx,由式(4.3-4),即可间接测得金属丝的杨氏模量.

四、实验内容

(一)仪器的调整

1. 为了使金属丝处于铅直位置,调节杨氏模量测量仪三脚架的底角螺丝 G(图 4.3-1),

使两支柱铅直.(试想一下如何来判断?)

2.在砝码托盘上先挂上 2 kg 砝码,使金属丝拉直(此砝码不计入所加作用力 F 之内).

3.将光杠杆放在平台上,前脚尖 c_1,c_2 放在平台的沟槽 J 内,后脚尖 c_3 放在圆柱体夹子 E 的上面,使镜面大致铅直.望远镜和标尺放在光杠杆镜面前 1.5～2 m 处.调节望远镜上下位置,使它和光杠杆处于同一高度上.调节望远镜三角支架的底角螺丝,使望远镜大致水平,标尺大致铅直.

4.调节望远镜,直到能看清标尺读数为止.这包括下面三个环节的调节:

(1)调节目镜,看清十字叉丝.可通过旋转目镜来实现.

(2)调节物镜,看清标尺读数.先将望远镜对准光杠杆镜面,然后在望远镜的外侧沿镜筒方向看过去,观察光杠杆镜面中是否有标尺像.若有,就可以从望远镜中观察;若没有,则要微动光杠杆或望远镜,直到在望远镜中看到标尺像后,调节目镜和物镜间的距离,看清晰标尺读数.

(3)消除视差.仔细调节目镜、物镜间的距离,直至当人眼做上下微小移动时,标尺像与叉丝无相对移动为止.

(二)测量

1.仪器全部调整好以后,记下开始时望远镜中标尺上的读数 x_0 并填入表 4.3-1 中,以后每加 1.000 kg 砝码(注意砝码应交错放置整齐),在望远镜中观察标尺指示值的变化,逐次测量并记录标尺读数 $x_i(i=0,1,\cdots,6,7)$,然后逐次减少 1.000 kg 砝码,每减少一次,相应地记录标尺上的读数 $x_i{}'(i=7,6,\cdots,1,0)$.取同一荷重下两读数的平均值,有

$$\overline{x_i}=\frac{x_i+x_i{}'}{2}(i=0,1,\cdots,6,7)$$

2.用米尺测量长度 L 及平面镜到标尺的距离 D(测量 3 次),并填入表 4.3-2.

3.用游标卡尺测量后脚尖 c_3 到两前脚尖 c_1,c_2 的垂直距离 b(可将光杠杆放在纸上,压出 c_1,c_2,c_3 的痕迹后量取,测量 3 次).

4.用螺旋测微器测量金属丝的直径 d(测量 6 次),并填入表 4.3-3.

五、数据处理

实验采用两种方法处理数据,分别求出金属丝的杨氏模量.

(一)用逐差法处理数据

把 x_i 实验数据分为数目相等的前后两组,一组是 x_0,x_1,x_2,x_3,另一组是 x_4,x_5,x_6,x_7,每隔 4 项相减,得到相当于每加 4.000 kg 砝码($F=39.2$ N)的 4 次测量数据:

$$\Delta x_i=\Delta x_{i+4}-\Delta x_i,i=1,2,3,4$$

最后求出其平均值 $\overline{\Delta x}$.

按间接测量工作流程图的要求,分别算出两次测量所得的钢丝的杨氏模量并进行误差估算,写出测量结果.

(二)用作图法处理数据

由式(4.3-4),有

$$\Delta x_i = \frac{8FLD}{\pi d^2 bE} = k'F \tag{4.3-5}$$

式中 $k' = \frac{8LD}{\pi d^2 bE}$,在给定的实验条件下,k' 为常量.若以 $\Delta x_i = \overline{x_i} - x_0, (i = 0, 1, \cdots, 7)$ 为纵坐标,F 为横坐标作图,可得一直线,求出该直线的斜率,即可得到待测金属丝的杨氏模量.

$$E = \frac{8LD}{\pi d^2 bk'} \tag{4.3-6}$$

表 4.3-1 测金属丝的杨氏模量

砝码重量/kg	标尺读数		
	加砝码时	减砝码时	平均值
2.000	$x_0 =$	$x_0' =$	$\overline{x_0} =$
3.000	$x_1 =$	$x_1' =$	$\overline{x_1} =$
4.000	$x_2 =$	$x_2' =$	$\overline{x_2} =$
5.000	$x_3 =$	$x_3' =$	$\overline{x_3} =$
6.000	$x_4 =$	$x_4' =$	$\overline{x_4} =$
7.000	$x_5 =$	$x_5' =$	$\overline{x_5} =$
8.000	$x_6 =$	$x_6' =$	$\overline{x_6} =$
9.000	$x_7 =$	$x_7' =$	$\overline{x_7} =$

表 4.3-2 测量金属丝的长度、光杠杆的长度、平面镜与标尺的距离

次数	1	2	3	平均值
金属丝的长度 L/mm				
光杠杆的长度 b/mm				
平面镜与标尺的距离 D/mm				

表 4.3-3 测量金属丝的直径

次数	上		中		下		平均值
	1	2	1	2	1	2	
金属丝的直径 d/mm							

六、注意事项

1. 调整望远镜时,必须注意消除视差,否则将会影响读数的正确性.

2. 实验过程中,不得碰撞仪器,更不得移动光杠杆主杆支脚的位置.加减砝码时必须轻拿轻放,待系统稳定后才可读数.

3. 待测钢丝不得弯曲,加挂初载砝码仍不能将其拉直和严重腐蚀的钢丝必须更换.

4. 光杠杆平面镜是易碎物品,不得用手触摸,也不得随意擦拭,更不得将其跌落在地,

以免打碎镜面.

5. 光杠杆后脚尖必须立于夹紧钢丝的柱形轧头上;否则,增减钢丝负荷时,望远镜中将看到标尺指示值的变化.

6. 应经常注意平面镜是否松动,若已松动,读数会不正确,应重新调整后再开始测量,原测量数据无效.

7. 光杠杆、望远镜和标尺所构成的光学系统一经调节好后,在实验过程中就不可再移动,否则所测数据无效,实验应从头做起.

七、思考题

1. 本实验中哪些量的测量误差对结果影响较大? 实验中采取了什么措施?

2. 光杠杆镜尺法利用了什么原理? 有什么优点? 怎样提高测量微小长度变化量的灵敏度?

3. 加挂初载砝码的作用是什么?

4. 用逐差法处理数据有什么好处? 你能否根据实验数据判断金属丝有无超过弹性限度?

5. 用误差分析说明为什么 ΔL 要用光杠杆测量? 为什么 d 要用螺旋测微器测量? 为什么 b 要用游标卡尺测量? 为什么 L,D 要用米尺测量?

6. 能否根据实验所测得的实验数据,计算出所用光杠杆的放大倍数? 如何增大光杠杆的放大倍数以提高光杠杆测量微小长度变化量的灵敏度? 在所做的实验中,光杠杆的分度值是多少?

7. 若望远镜的光轴与水平面的夹角为 α,平面镜和铅直面的夹角为 β,那么对微小长度变化量的测量有无影响?

8. 你能否利用光杠杆测量微小长度变化量的原理测量微小的角度变化、薄片厚度? 若可以,请写出测量原理.

实验 4.4   制流电路与分压电路

电流和电压是电学中最为常见的两个物理量,当实验和实践中可用电源的电流和电压与所需要的物理量范围不匹配时,就需要通过控制电路来变换输出电流和电压的范围.本实验着重理解绘图法在处理实验数据中的应用,掌握科学绘图的方法.

一、实验目的

1. 了解基本仪器的性能和使用方法.

2. 掌握制流与分压两种电路的连接方法、性能和特点,学习检查电路故障的一般方法.

3. 熟悉电磁学实验的操作规程和安全知识.

二、实验仪器

毫安计、电压表、多用表、直流电源、滑动变阻器、电阻箱、开关、导线.

三、实验原理

电路可以千变万化,但一个电路一般可以分为电源、控制和测量三个部分.测量电路是先根据实验要求而确定好的.例如,要校准某一电压表,需选一标准的电压表和它并联,这就是测量线路,它可等效于一个负载,这个负载可以是容性的、感性的或简单的电阻,以R_Z表示其负载.根据测量的要求,负载的电流值I和电压值U在一定范围内变化,这就要求有一个合适的电源.控制电路的任务就是控制负载的电流和电压,使其数值和范围达到预定的要求.常用的是制流电路或分压电路.控制元件主要使用滑动变阻器或电阻箱.

（一）制流电路

制流电路如图 4.4-1 所示,图中 E 为直流电源,R_0 为滑动变阻器,A 为电流表,R_Z 为负载,K 为电源开关.将滑动变阻器的滑动头 C 和任一固定端(如 A 端)串联在电路中,作为一个可变电阻,移动滑动头的位置,可以连续改变 AC 之间的电阻 R_{AC},从而改变整个电路的电流 I.

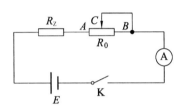

图 4.4-1　制流电路图

1.调节范围.

由

$$I = \frac{E}{R_Z + R_{AC}} \tag{4.4-1}$$

当 C 滑至 A 点时,$R_{AC} = 0$,$I_{max} = \dfrac{E}{R_Z}$,负载处 $U_{max} = E$.

当 C 滑至 B 点时,$R_{AC} = R_0$,$I_{min} = \dfrac{E}{R_Z + R_0}$,$U_{min} = \dfrac{R_Z}{R_Z + R_0}E$.

电压调节范围为 $\dfrac{R_Z}{R_Z + R_0}E \sim E$,相应的电流变化范围为 $\dfrac{E}{R_Z + R_0} \sim \dfrac{E}{R_Z}$.

2.制流特性曲线.

一般情况下负载 R_Z 中的电流为

$$I = \frac{E}{R_Z + R_{AC}} = \frac{\dfrac{E}{R_0}}{\dfrac{R_Z}{R_0} + \dfrac{R_{AC}}{R_0}} = \frac{I_{max}K}{K + X} \tag{4.4-2}$$

式中,$K = \dfrac{R_Z}{R_0}$,$X = \dfrac{R_{AC}}{R_0}$.

图 4.4-2 表示不同 K 值的制流特性曲线,从曲线可以清楚地看到制流电路有以下几个特点:

① K 越大,电流调节范围越小.

② $K \geqslant 1$ 时,调节的线性较好.

③ K 较小时(即 $R_0 \gg R_Z$),X 接近 0 时电流变化很大,细调程度较差.

④ 不论 R_0 大小如何,负载 R_Z 上通过的电流都不可能为零.

3. 细调程度.

制流电路的电流是靠滑动变阻器滑动端位置移动来改变的,最少位移是一圈,因此一圈电阻 ΔR_0 的大小就决定了电流的最小改变量.

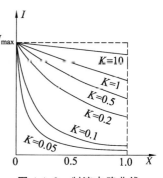

图 4.4-2　制流电路曲线

因为 $I = \dfrac{E}{R_Z + R_{AC}}$,对 R_{AC} 微分,得

$$\Delta I = \frac{\partial I}{\partial R_{AC}} \Delta R_{AC} = \frac{-E}{(R_Z + R_{AC})^2} \Delta R_{AC}$$

$$\Delta I_{\min} = \frac{I^2}{E} \Delta R_0 = \frac{I^2}{E} \frac{R_0}{N} \qquad (4.4-3)$$

式中,N 为变阻器的总圈数.从上式可见,当电路中的 E,R_Z,R_0 确定后,ΔI 与 I^2 成正比,故电流越大,细调越困难.假如负载的电流在最大时能满足细调要求,而小电流时也能满足要求,这就要使 $|\Delta I|_{\max}$ 变小,而 R_0 不能太小,否则会影响电流的调节范围,所以只能使 N 变大,由于 N 大而使变阻器体积变得很大,故 N 又不能增得太多,因此经常再串一变阻器,采用二级制流,如图 4.4-3 所示,其中 R_{10} 阻值大,作粗调用,R_{20} 阻值小,作细调用,一般 R_{20} 取 $R_{10}/10$,但 R_{10},R_{20} 的额定电流必须大于电路中的最大电流 $I_{\max}$.

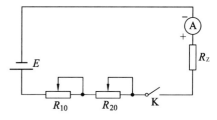

图 4.4-3　二级制流电路图

(二) 分压电路

1. 调节范围.

分压电路如图 4.4-4 所示,滑动变阻器两个固定端 A,B 与电源 E 相接,负载 R_Z 接滑动端 C 和固定端 A(或 B)上,当滑动头 C 由 A 端滑至 B 端,负载上电压由 0 变至 E,调节的范围与变阻器的阻值无关.

2. 分压特性曲线.

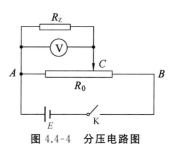

图 4.4-4　分压电路图

当滑动头 C 在任一位置时,AC 两端的分压值 U 为

$$U = \frac{E}{\dfrac{R_Z R_{AC}}{R_Z + R_{AC}} + R_{BC}} \cdot \frac{R_Z R_{AC}}{R_Z + R_{AC}} = \frac{E R_Z R_{AC}}{R_{BC}(R_Z + R_{AC}) + R_Z R_{AC}}$$

$$= \frac{E R_Z R_{AC}}{R_Z R_0 + R_{AC} R_{BC}} = \frac{\dfrac{R_Z}{R_0} R_{AC} E}{R_Z + \dfrac{R_{AC}}{R_0} R_{BC}} = \frac{K R_{AC} E}{R_Z + X R_{BC}} \qquad (4.4-4)$$

式中，$R_0 = R_{AC} + R_{BC}$，$K = \dfrac{R_Z}{R_0}$，$X = \dfrac{R_{AC}}{R_0}$.

由实验可得不同 K 值的分压特性曲线，如图 4.4-5所示，从曲线可以清楚地看出分压电路有如下几个特点：

① 不论 R_0 的大小，负载 R_Z 的电压调节范围均可从 $0 \to E$.

② K 越小，电压调节越不均匀.

③ K 越大，电压调节越均匀，因此，要使电压 U 在 $0 \sim U_{max}$ 整个范围内均匀变化，则取 $K > 1$ 比较合适，实际 $K = 2$ 那条线可近似作为直线，故取 $R_0 \leqslant \dfrac{R_Z}{2}$ 即可认为电压调节已达到一般均匀的要求了.

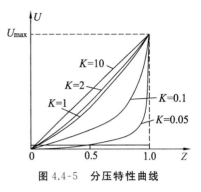

图 4.4-5　**分压特性曲线**

3. 细调程度.

当 $K \ll 1$ 时（即 $R_Z \ll R_0$），略去式(4.4-4)分母项中的 R_Z，近似有

$$U = \frac{R_Z}{R_{BC}}E$$

经微分，可得

$$|\Delta U| = \frac{R_Z E}{R_{BC}^2}\Delta R_{BC} = \frac{U^2}{R_Z E}\Delta R_{BC}$$

最小的分压量即滑动头改变一圈位置所改变的电压量，所以

$$|\Delta U|_{min} = \frac{U^2}{R_Z E}\Delta R_0 = \frac{U^2}{R_Z E}\frac{R_0}{N} \tag{4.4-5}$$

式中，N 为变阻器的总圈数，R_Z 越小，调节越不均匀.

当 $K \gg 1$ 时（即 $R_Z \gg R_0$），略去式(4.4-4)中的 XR_{BC}，近似有

$$U = \frac{R_{AC}}{R_0}E$$

对上式微分，得 $\Delta U = \dfrac{E}{R_0}\Delta R_{AC}$，细调最小的分压值莫过于一圈对应的分压值，所以

$$(\Delta U)_{min} = \frac{E}{R_0}\Delta R_0 = \frac{E}{N} \tag{4.4-6}$$

从上式可知，当变阻器选定后 E，R_0，N 均为定值，故当 $K \gg 1$ 时 $(\Delta U)_{min}$ 为一个常数，它表示在整个调节范围内调节的精细程度处处一样.从调节的均匀度考虑，R_0 越小越好，但 R_0 上的功耗也将变大.因此，还要考虑到功耗不能太大，则 R_0 不宜取得过小.取 $R_0 = \dfrac{R_Z}{2}$ 即可兼顾两者的要求.与此同时，应注意流过变阻器的总电流不能超过它的额定值.若一般分压不能达到细调要求，可以按图 4.4-6 所示，将两个电阻 R_{10} 和 R_{20} 串联进行

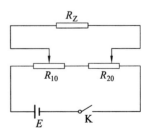

图 4.4-6　**二段分压电路图**

分压,其中大电阻用于粗调,小电阻用于细调.

（三）制流电路与分压电路的差别与选择

1. 调节范围.

分压电路的电压调节范围大,可从 $0 \to E$;而制流电路电压调节范围较小,只能从

$$\frac{R_Z}{R_Z + R_0} E \to E.$$

2. 细调程度.

当 $R_0 \leqslant \dfrac{R_Z}{2}$ 时,分压电路在整个调节范围内调节基本均匀,但制流电路可调范围小;当 R_0 较大时,分压电路和制流电路的调节变得不均匀.当负载电压较小时,滑动变阻器改变,引起的电压、电流调节也较小.当负载电压较大时,滑动变阻器微小改变,可引起电压、电流较大的变化.

3. 功率损耗.

使用同一变阻器,分压电路消耗电能比制流电路要大.基于以上的差别,当负载电阻较大,调节范围较宽时,选分压电路;反之,当负载电阻较小,调节范围不太大的情况下,选用制流电路.若一级电路不能达到细调要求,则可采用二级制流(或二段分压)的方法以满足细调要求.

四、实验内容

1. 仔细观察电表和多用表的度盘,记录度盘下侧的符号及数字,说明其意义和所用电表的最大引用误差.

2. 记下所用电阻箱的级别,如果该电阻箱的示值是 $400\ \Omega$ 时,求其最大容许电流.

3. 用多用表测一下所用滑动变阻器的全电阻.检查一下滑动端移动时 R_{AC} 的变化是否正常.

4. 制流电路特性的研究.

按图 4.4-1 所示电路进行实验,电阻箱作为负载 R_Z,取 K(即 R_Z/R_0)为 0.1,确定 R_Z.根据所用的毫安计的量程和 R_Z 的最大容许电流,确定实验时的最大电流 I_{max} 及电源电压 E 值.注意:I_{max} 值应小于 R_Z 最大容许电流.

连接电路(注意电源电压及 R_Z 取值,R_{AC} 取最大值),经指导教师复查电路无误后,方可闭合电源开关 K(如发现电流过大要立即切断电源),移动 C 点,观察电流值的变化是否符合设计要求.

移动变阻器滑动头 C,在电流从最小到最大的过程中,测量 8~10 次电流值及相应 C 在标尺上的位置 l,并记下变阻器绕线部分的长度 l_0(表 4.4-1),以 $\dfrac{l}{l_0}$ $\left(\text{即} \dfrac{R_{BC}}{R_0}\right)$ 为横坐标,电流 I 为纵坐标来作图.

注意,电流最小时 C 的标尺读数为测量 l 的零点.

测一下在 I 最小和最大时,C 移动一小格时电流值的变化 ΔI.

取 $K=1$,重复上述测量并绘图.

5. 分压电路特性的研究.

按图 4.4-4 电路进行实验,用电阻箱作为负载 R_Z,取 $K=2$,确定 R_Z 值,参照变阻器的额定电流和 R_Z 的容许电流,确定电源电压 E 值.

如图 4.4-7 所示,变阻器 BC 段的电流是 I_Z 和 I_{CA} 之和,确定 E 值时,特别要注意 BC 的电流是否大于额定电流.

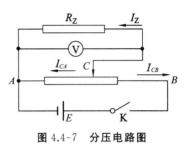

图 4.4-7　分压电路图

移动变阻器滑动头 C,使加到负载 R_Z 上的电压从最小变到最大,在此过程中,测量 8~10 次电压值 U 及 C 点在标尺上的位置 Z(表 4.4-2),以 $\dfrac{l}{l_0}$ 为横坐标,I 为纵坐标来作图.

测一下当电压值最小和最大时,C 移动一小格时电压值的变化 ΔU.

取 $K=0.1$,重复上述测量并绘图.

五、数据处理

1. 制流电路特性研究.

表 4.4-1　制流电路

物理量	测量次数									
	1	2	3	4	5	6	7	8	9	10
I/A										
$\dfrac{l}{l_0}$										

2. 分压电路特性研究.

表 4.4-2　分压电路

物理量	测量次数									
	1	2	3	4	5	6	7	8	9	10
U/V										
$\dfrac{l}{l_0}$										

（1）为测量某元件的伏安特性设计控制电路.已知元件的阻值 $R<200\ \Omega$,要求测量范围为 0.01~0.1 A.

（2）为校准电压表安排控制电路.已知负载电阻(待校表与标准表内阻的关联) $R=1\ 500\ \Omega$,电压表量程为 15 V,等分 100 格.

（3）实验要求在一个电容器上加 10 V 电压,误差不大于 0.1 V,试为它设计控制电路.

（4）从制流和分压特性曲线求出电流值(或电压值)呈线性变化时滑动电阻器的阻值.

六、注意事项

1. 为保护电源及电表,在制流电路中,首先将滑动变阻器打到最大阻值(此时整个电路电流最小).

2. 分压电路中,首先将滑动变阻器调到最小(此时负载分得的电压最小),要注意变阻器 BC 段的电流是 I_Z 和 I_{CA} 之和,并在确定 E 值时,特别注意 BC 段的电流是否大于额定电流.

七、思考题

1. 现有一只量程为 1 V 的 1.0 级电压表,最小分度为 0.01 V,指针指在正中.试问该电表如何读数? 其误差又为多少?

2. ZX21 型电阻箱的准确度为 0.1 级,若示值为 9 563.5 Ω,试计算它的误差、额定电流值;若示值改为 0.8 Ω,试计算它的误差;若改为 A,B 端输出,试计算它的误差、最大额定电流.

3. "制流电路是用来控制电路的电流,分压电路是用来控制电路的电压",这种说法对吗?

4. 下列电路正确吗(图 4.4-8)? 若有错误,试说明原因,并改正之.

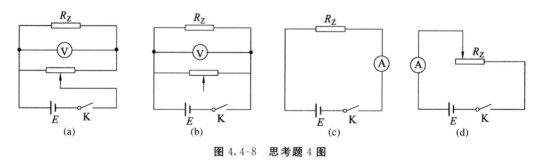

图 4.4-8　思考题 4 图

实验 4.5　气垫上的实验——简谐运动

振动是自然界常见的现象,在生产实践和科学研究中有着广泛的应用,比如可以通过振动现象的观测来测量物理量,或者依据振动原理来消除和减小有害振动.本实验通过绘图法来处理实验观测数据,掌握曲线改直的方法,进而掌握简谐运动的运动原理.

一、实验目的

1. 用实验方法考察弹簧振子的振动周期与系统参量的关系,并测定弹簧的劲度系数和有效质量.

2. 观察简谐运动的运动学特征.

3. 测量简谐运动的能量.

4. 掌握曲线改直的方法.

二、实验仪器

气轨、弹簧、滑块、骑码、数字频率计、物理天平、米尺等.

三、实验原理

（一）弹簧振子的简谐运动方程

本实验中所用的弹簧振子是这样的：两个劲度系数同为 k_1 的弹簧，如图 4.5-1 所示系住一个质量为 m_1 的物体，在光滑的水平面上振动，弹簧的另外两端是固定的，当 m_1 处于平衡位置时，每个弹簧的伸长量为 x_0.如果略去阻尼，则当 m_1 距平衡点 x 时，m_1 只受弹性回复力 $-k_1(x+x_0)$ 与 $-k_1(x-x_0)$ 的作用，根据牛顿第二定律，其运动方程为

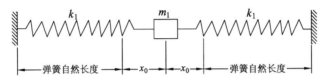

图 4.5-1 实验原理示意图

$$-k_1(x+x_0)-k_1(x-x_0)=m\ddot{x} \tag{4.5-1}$$

令 $k=2k_1$，则有

$$-kx=m\ddot{x} \tag{4.5-2}$$

方程(4.5-2)的解为

$$x=A\sin(\omega_0 t+\varphi_0) \tag{4.5-3}$$

即物体做简谐运动.

其中

$$\omega_0=\sqrt{\frac{k}{m}} \tag{4.5-4}$$

是振动系统的固有角频率.$m=m_1+m_0$ 是振动系统的有效质量，m_0 是弹簧的有效质量，A 是振幅，φ_0 是初相，ω_0 由系统本身决定，A 和 φ_0 由起始条件决定.系统的振动周期为

$$T=\frac{2\pi}{\omega_0}=2\pi\sqrt{\frac{m}{k}}=2\pi\sqrt{\frac{m_1+m_0}{k}} \tag{4.5-5}$$

本实验通过改变 m_1 测出相应的 T，来考察 T 和 m 的关系，从而求出 k 和 m_0.

（二）简谐运动的运动学特征

把式(4.5-3)对时间求导数，有

$$v=\frac{\mathrm{d}x}{\mathrm{d}t}=A\omega_0\cos(\omega_0 t+\varphi_0) \tag{4.5-6}$$

由式(4.5-3)和式(4.5-6)可见，m_1 的运动速度 v 随时间的变化关系也是一个简谐运动，其角频率为 ω_0，振幅为 $A\omega_0$，而且 v 的相位比 x 超前 $\frac{\pi}{2}$.

由式(4.5-3)和(4.5-6)消去 t,有

$$v^2 = \omega_0{}^2(A^2 - x^2) \tag{4.5-7}$$

式(4.5-7)说明:当 $x = A$ 时,$v = 0$;当 $x = 0$ 时,$v = \pm\omega_0 A$,这时 v 的数值最大,即

$$v_{\max} = \omega_0 A \tag{4.5-8}$$

本实验中,可以观测 x 和 v 随时间的变化规律及 x 和 v 之间的相位关系,并检验式(4.5-7).

从式(4.5-4)和式(4.5-8)也可以求出 k:

$$k = m\omega_0{}^2 = m\frac{v_{\max}{}^2}{A^2} \tag{4.5-9}$$

(三)简谐运动的能量

本实验中,任何时刻系统的振动动能为

$$E_k = \frac{1}{2}mv^2 = \frac{1}{2}(m_1 + m_0)v^2 \tag{4.5-10}$$

系统的弹性势能为两个弹簧的弹性势能之和(以弹簧处于自然长度时的势能为零),即

$$E_p = \frac{1}{2}k_1(x + x_0)^2 + \frac{1}{2}k_1(x - x_0)^2 = \frac{1}{2}k_1(2x^2 + 2x_0{}^2) = \frac{1}{2}kx^2 + \frac{1}{2}kx_0{}^2 \tag{4.5-11}$$

利用式(4.5-9)、式(4.5-10)和式(4.5-11),得系统的总机械能为

$$E = E_k + E_p = \frac{1}{2}m\omega_0{}^2 A^2 + \frac{1}{2}kx_0{}^2 = \frac{1}{2}kA^2 + \frac{1}{2}kx_0{}^2 \tag{4.5-12}$$

其中,k,A,x_0 均不随时间变化,式(4.5-12)说明简谐运动系统的机械能守恒.本实验通过测定在不同位置 x 上滑块的运动速度 v,从而求得 E_k 及 E_p,观测它们之间的相互转换并验证机械能守恒.

(四)实验仪器介绍

在水平的气垫导轨上,两个相同的弹簧中间系一滑块做往返振动,如图 4.5-2 所示,由于空气阻尼及其他能量损耗很小,可以看作系统做简谐运动.滑块上装有挡光刀片,用来测振动周期、滑块的瞬时速度及运动时间.

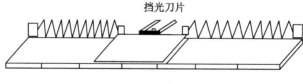

图 4.5-2 实验装置示意图

四、实验内容

(一)测量滑块的振动周期

把光电门放在滑块的平衡位置,使用平板形挡光片(图 4.5-3).将滑块拉至某一位置(即选一定振幅),放手让滑块振动,测出它往返通过平衡位置的时间(即振动的半周期).从左面通过平衡位置开

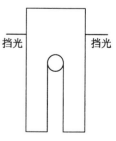

图 4.5-3 挡光片

始计时,测出的为左半周期 $\left(\dfrac{T}{2}\right)_{左}$,从右面通过平衡位置开始计时,测出的为右半周期

$\left(\dfrac{T}{2}\right)_{右}$,则弹簧的振动周期为

$$T=\left(\frac{T}{2}\right)_{左}+\left(\frac{T}{2}\right)_{右} \tag{4.5-13}$$

也可以这样测周期,即当刀片第一次挡光后,将光电门移开,待计时结束时(一个或几个周期,刀片同方向运动时)再将光电门放回原来位置让刀片再次挡光,有些计时器也可以直接记下周期.

改变振幅,观察周期 T,说明测量结果.

(二)考察简谐运动的周期 T 与 m 的关系

在滑块上逐渐增加砝码个数以改变滑块的总质量,并测量相应的周期.

(三)测量滑块运动的瞬时速度 v,考察 v 与 x 的关系

用带有平行槽的挡光片测量 v.固定振幅 A,将光电门放在平衡位置处,测出 $v_{\max}$,再移动光电门的位置,测出不同 x 处的 v,x 是滑块距平衡位置的距离.取 x 在平衡位置左右两边得到的 v 的平均值,v 与 x 的关系应满足式(4.5-7).

五、数据处理

(一)测量滑块的振动周期

改变振幅,观察周期 T,说明测量结果.

(二)考察简谐运动周期 T 与 m 的关系,并求 k 及 m_0

改变 m,即在滑块上加砝码,令 $m=m_1+m_0,m_2+m_0,m_3+m_0,\cdots$,则根据式(4.5-5),有

$$\begin{cases} T_1{}^2=\dfrac{4\pi^2}{k}(m_1+m_0) \\[2mm] T_2{}^2=\dfrac{4\pi^2}{k}(m_2+m_0) \\[1mm] \qquad\cdots \\[1mm] T_i{}^2=\dfrac{4\pi^2}{k}(m_i+m_0) \\[2mm] T_{i+1}{}^2=\dfrac{4\pi^2}{k}(m_{i+1}+m_0) \\[1mm] \qquad\cdots \end{cases} \tag{4.5-14}$$

1.用作图法处理数据.

以 $T_i{}^2$ 为纵坐标,m_i 为横坐标,作 $T^2\text{-}m$ 图,如果 T 与 m 的关系确如式(4.5-5)所示,则 $T^2\text{-}m$ 图应为一直线,其斜率为 $\dfrac{4\pi^2}{k}$,截距为 $\dfrac{4\pi^2 m_0}{k}$,并由此可求出 k 及 m_0.

2.用计算法处理数据.

将式(4.5-14)隔 i 项相减,有

$$\begin{cases} T_i{}^2 - T_1{}^2 = \dfrac{4\pi^2}{k}(m_i - m_1), & k = \dfrac{4\pi^2(m_i - m_1)}{T_i{}^2 - T_1{}^2} \\ T_{i+1}{}^2 - T_2{}^2 = \dfrac{4\pi^2}{k}(m_{i+1} - m_2), & k = \dfrac{4\pi^2(m_{i+1} - m_2)}{T_{i+1}{}^2 - T_2{}^2} \\ \qquad\qquad\qquad \cdots \end{cases} \quad (4.5\text{-}15)$$

如果所得到的 k 的数值一样(在测量误差范围之内),即说明式(4.5-5)中 T 与 m 的关系成立,并可求出 k,将由几组数据求得的 k 的平均值 $\bar{k}$ 代入式(4.5-14),得

$$m_0 = \frac{\bar{k}\,T_i{}^2}{4\pi^2} - m_i \qquad\qquad (4.5\text{-}16)$$

以 m_0 的平均值 $\overline{m_0}$ 作为弹簧的有效质量.

(三)测量滑块运动的瞬时速度 v,考察 v 与 x 的关系

1. 作图法.

作 v^2-x^2 图,看它是不是一条直线,斜率是不是 $\omega_0{}^2$,截距是不是 $\omega_0{}^2 A^2$,其中 $\omega_0 = \dfrac{2\pi}{T}$,利用 T 可以测出 m_0.

2. 计算法.

根据测得的 A,T 及 x,v,看式(4.5-7)左、右两边是否相等.或根据(4.5-7),有

$$\begin{cases} \dfrac{v_1{}^2}{\omega_0{}^2} = A^2 - x_1{}^2 \\ \dfrac{v_2{}^2}{\omega_0{}^2} = A^2 - x_2{}^2 \\ \qquad \cdots \\ \dfrac{v_i{}^2}{\omega_0{}^2} = A^2 - x_i{}^2 \\ \dfrac{v_{i+1}{}^2}{\omega_0{}^2} = A^2 - x_{i+1}{}^2 \\ \qquad \cdots \end{cases} \qquad (4.5\text{-}17)$$

隔 i 项相减,有

$$\begin{cases} \dfrac{v_i{}^2 - v_1{}^2}{\omega_0{}^2} = x_1{}^2 - x_i{}^2, & \dfrac{v_i{}^2 - v_1{}^2}{x_1{}^2 - x_i{}^2} = \omega_0{}^2 \\ \dfrac{v_{i+1}{}^2 - v_2{}^2}{\omega_0{}^2} = x_2{}^2 - x_{i+1}{}^2, & \dfrac{v_{i+1}{}^2 - v_2{}^2}{x_2{}^2 - x_{i+1}{}^2} = \omega_0{}^2 \\ \qquad\qquad\qquad \cdots \end{cases} \quad (4.5\text{-}18)$$

看 ω_0 是否与测量结果 $\omega_0 = \dfrac{2\pi}{T}$ 求得的一样.

(四)由 $v_{\max}$ 计算 R

根据式(4.5-9)由 $v_{\max}$ 求 k,与上面的结果比较.

(五)测量系统的机械能

根据不同的 x 及对应的 v,算出 $\dfrac{1}{2}mv^2$ 及 $\dfrac{1}{2}kx^2$,考察 $\dfrac{1}{2}mv^2$ 与 $\dfrac{1}{2}kx^2$ 有什么关系,即验

证 E_k+E_p 是否为恒量.

（六）作图验证关系

测出滑块从平衡位置运动到位移为 x 的时间（保持振幅一定），作 $x\text{-}t,v\text{-}t$ 图，观察 x 与 t,v 与 i,a 与 i 之间的关系及 x 与 v 之间的相位关系.

六、注意事项

1. 气垫导轨需要调整到水平.

2. 测量周期时，以 10 个周期为一计时单元，记录数据时换算成一个周期的时间.

3. 计时计数光电门不一定放在平衡位置.

4. 气源工作时间不宜过长.

七、思考题

1. 为什么在测量对应于不同 x 的 v 时要取左右两边的平均值？

2. 在测量周期时，滑块的挡光距离的大小（即挡光片的宽度）对测量结果有什么影响？影响的大小与什么有关？在本实验条件下你能实际估计其影响的大小吗？

3. 如果 $T^2\text{-}m$ 图是一条直线，说明什么？能否说这已经验证了式(4.5-5)？

4. 比较本实验中用作图法及计算法处理数据的优缺点.

5. 你能写出弹簧的实际运动方程吗（即确定振幅和初相）？

6. 如果两个弹簧 k_1 和 k_2，有 $k_1=2k_2$，这在实验上如何实现？这样的振动是不是简谐运动？在这种情况下进行本实验，相应的测量会有哪些改变？结果怎样？

实验 4.6　固体导热系数的测定

导热系数是表征物质热传导性质的物理量.材料结构的变化与所含杂质等因素都会对导热系数产生明显的影响，因此，材料的导热系数常常需要通过实验来具体测定.测量导热系数的方法比较多，但可以归并为两类基本方法：一类是稳态法，另一类为动态法.用稳态法时，先用热源对测试样品进行加热，并在样品内部形成稳定的温度分布，然后进行测量；而在动态法中，待测样品中的温度分布是随时间变化的，如按周期性变化等.本实验采用稳态法进行测量.

一、实验目的

1. 测定不良导体的导热系数.

2. 测定金属的导热系数.

3. 测定空气的导热系数.

二、实验仪器

TC-3 型导热系数测定仪、金属铝棒、硅橡胶、热电偶传感器.

三、实验原理

根据傅立叶导热方程式,在物体内部,取两个垂直于热传导方向,彼此间相距为 h,温度分别为 T_1,T_2 的平行平面(设 $T_1 > T_2$),若平面面积均为 S,在 Δt 时间内通过面积 S 的热量 ΔQ 满足下述表达式:

$$\frac{\Delta Q}{\Delta t} = \lambda S \frac{T_1 - T_2}{h} \qquad (4.6\text{-}1)$$

式中,$\dfrac{\Delta Q}{\Delta t}$ 为热流量;λ 为该物质的热导率(又称作导热系数),λ 在数值上等于相距单位长度的两平面的温度相差 1 个单位时,单位时间内通过单位面积的热量,其单位是 W/ (m·K);h 为物体的厚度.本实验仪器如图 4.6-1 所示.

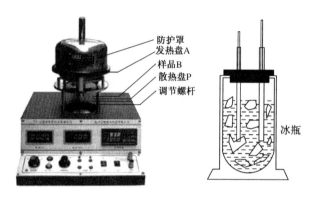

防护罩
发热盘A
样品B
散热盘P
调节螺杆

冰瓶

图 4.6-1　稳态法测定固体导热系数实验装置

在支架上先放上散热圆铜盘 P,在 P 的上面放上待测样品 B(圆盘形的不良导体),再把带发热器的圆铜盘 A 放在 B 上,发热器通电后,热量从 A 传到 B,再传到 P,由于 A,P 都是良导体,其温度即可以代表 B 上下表面的温度 T_1,T_2,它们可分别由插入 A,P 边缘小孔的热电偶 E 来测量.热电偶的冷端则浸在杜瓦瓶中的冰水混合物中,通过"传感器切换"开关 G,切换 A,P 中的热电偶与数字电压表的连接回路.由式(4.6-1)可知,单位时间内通过待测样品 B 任一圆截面的热流量为

$$\frac{\Delta Q}{\Delta t} = \lambda \cdot \frac{(T_1 - T_2)}{h_B} \cdot \pi R_B{}^2 \qquad (4.6\text{-}2)$$

式中,R_B 为样品的半径,h_B 为样品的厚度.当热传导达到稳定状态时,T_1 和 T_2 的值不变,于是通过 B 上表面的热流量与由散热盘 P 向周围环境散热的速率相等,因此,可通过散热盘 P 在稳定温度 T_2 时的散热速率来求出热流量 $\dfrac{\Delta Q}{\Delta t}$.实验中,在读得稳定时的 T_1 和 T_2 后,即可将 B 移去,而使加热盘 A 的底面与散热盘 P 直接接触.当散热盘 P 的温度上升到高于稳定时的 T_2 值若干摄氏度后,再将加热盘 A 移开,让散热盘 P 自然冷却.观察其温度 T 随时间 t 变化的情况,然后由此求出圆铜盘在 T_2 的冷却速率 $\dfrac{\Delta T}{\Delta t}\Big|_{T=T_2}$,而

$$mC\frac{\Delta T}{\Delta t}\Big|_{T=T_2} = \frac{\Delta Q}{\Delta t}$$(m 为散热盘 P 的质量,C 为铜材的比热容),就是散热盘 P 在温度为

T_2 时的散热速率.但要注意,这样求出的 $\dfrac{\Delta T}{\Delta t}$ 是圆铜盘的全部表面暴露于空气中的冷却速率,其散热表面积为 $2\pi R_P^2 + 2\pi R_P h_P$(其中 R_P 与 h_P 分别为散热盘 P 的半径与厚度).然而,在观察测试样品的稳态传热时,散热盘 P 的上表面(面积为 πR_P^2)是被样品覆盖着的.考虑到物体的冷却速率与它的表面积成正比,则稳态时圆铜盘散热速率的表达式应作如下修正:

$$\frac{\Delta Q}{\Delta t} = mC\,\frac{\Delta T}{\Delta t}\,\frac{\pi R_P^2 + 2\pi R_P h_P}{2\pi R_P^2 + 2\pi R_P h_P} \tag{4.6-3}$$

将式(4.6-3)代入式(4.6-2),得

$$\lambda = mC\,\frac{\Delta T}{\Delta t}\,\frac{(R_P + 2h_P)h_B}{(2R_P + 2h_P)(T_1 - T_2)}\,\frac{1}{\pi R_B^2} \tag{4.6-4}$$

四、实验内容

（一）几何参数测量

在测量导热系数前应先对散热盘 P 和待测样品的直径、厚度进行测量.

1. 用游标卡尺测量待测样品的直径和厚度,各测 5 次,并记入表 4.6-1.

2. 用游标卡尺测量散热盘 P 的直径和厚度,并记入表 4.6-2,测 5 次,按平均值计算散热盘 P 的质量.也可直接用天平称出 P 盘的质量.

（二）不良导体导热系数的测量

1. 实验时,先将待测样品(例如,硅橡胶盘)放在散热盘 P 的上面,然后将发热盘 A 放在样品盘 B 上方,并用固定螺母固定在机架上,再调节三个螺旋头,使样品盘的上下两个表面与发热盘和散热盘紧密接触.

2. 在杜瓦瓶中放入冰水混合物,将热电偶的冷端(黑色)插入杜瓦瓶中.将热电偶的热端(红色)分别插入加热盘 A 和散热盘 P 侧面的小孔中,并分别将其插入加热盘 A 和散热盘 P 的热电偶接线连接到仪器面板的传感器Ⅰ、Ⅱ上.分别用专用导线将仪器机箱后部分与加热组件圆铝板上的插座连接起来.

3. 接通电源,在"温度控制"仪表上设置加温的上限温度(具体操作见附录 2 第三点).将加热选择开关由"断"打向"1～3"任意一挡,此时指示灯亮,当打向"3"挡时,加温速度最快.设置 PID 的上限温度为 100 ℃时.当传感器Ⅰ的温度读数 V_{T_1} 为 4.2 mV 时,可将开关打向"2"或"1"挡,降低加热电压.

4. 大约加热 40 min 后,传感器Ⅰ、Ⅱ的读数不再上升时,说明已达到稳态,每隔 5 min 记录 V_{T_1} 和 V_{T_2} 的值,并填入表 4.6-3.

5. 在实验中,如果需要掌握用直流电位差计和热电偶来测量温度的内容,可将"传感器切换"开关转至"外接",在"外接"两接线柱上接上 UJ36a 型直流电位差计的"未知"端,即可测量散热铜盘上热电偶在温度变化时所产生的电势差(具体操作方法见附录 2 第三点).

6. 测量散热盘在稳态值 T_2 附近的散热速率$\left(\dfrac{\Delta Q}{\Delta t}\right)$.移开加热盘 A,取下橡胶盘,并使加热盘 A 的底面与散热盘 P 直接接触,当散热盘 P 的温度上升到高于稳定态的 V_{T_2} 值若

干值(0.2 mV左右)后,再将加热盘 A 移开,让散热盘 P 自然冷却,每隔 30 s(或自定)记录此时的 T_i 值,并记入表 4.6-4 中,根据测量值,计算出散热速率 $\dfrac{\Delta Q}{\Delta t}$.

（三）金属导热系数的测量

1. 将圆柱体金属铝棒(厂家提供)置于发热盘与散热盘之间.

2. 当发热盘与散热盘达到稳定的温度分布后,T_1,T_2 值为金属样品上下两个面的温度,此时 P 的温度为 T_3 值.因此,测量 P 的冷却速率为 $\dfrac{\Delta Q}{\Delta t}\bigg|_{T_1=T_3}$.

由此得到导热系数为

$$\lambda = mC\left.\frac{\Delta Q}{\Delta t}\right|_{T_1=T_3}\frac{h}{T_1-T_2}\frac{1}{\pi R^2}$$

测 T_3 值时可在 T_1,T_2 达到稳定时,将插在发热盘与散热盘中的热电偶取出,分别插入金属圆柱体的上下两孔中进行测量.

（四）空气导热系数的测量

当测量空气的导热系数时,通过调节三个螺旋头,使发热盘与散热盘的距离为 h,并用塞尺进行测量(即塞尺的厚度),此距离即为待测空气层的厚度.注意:由于存在空气对流,所以此距离不宜过大.

五、数据处理

1. 实验数据记录(铜的比热容 $C=0.385\,0$ J/(g・℃),密度 $\rho=8.9$ g/cm³)

表 4.6-1 硅橡胶盘的直径和厚度

硅橡胶盘:半径 $R_B=\dfrac{D_B}{2}=$ _____ cm

次数	1	2	3	4	5
D_B/cm					
h_B/cm					

表 4.6-2 散热盘的直径和厚度

散热盘 P:质量 $m=$ _____ g,半径 $R_P=\dfrac{D_P}{2}=$ _____ cm

次数	1	2	3	4	5
D_P/cm					
h_P/cm					

表 4.6-3 V_{T1} 和 V_{T2} 的值

稳态时 T_1,T_2 的值(转换见附录 2 中附表 2-3 的分度表)$T_1=$ _____ $T_2=$ _____

次数	1	2	3	4	5
V_{T1}/mV					
V_{T2}/mV					

表 4.6-4 散热速率测量

时间/s	30	60	90	120	150	180	210	240
V_{T3}/mV								

2.根据实验结果,计算出不良导热体的导热系数,并求出相对误差.

六、注意事项

1.使用前将加热盘与散热盘面擦干净.样品两端面擦干净后,可涂上少量硅油,以保证接触良好.

2.放置热电偶的发热盘和散热盘侧面的小孔应与杜瓦瓶处在同一侧,避免热电偶线相互交叉.

3.实验中,抽出被测样品时,应先旋松加热圆盘侧面的固定螺钉.样品取出后,小心将加热圆筒降下,使发热盘与散热盘接触,注意防止高温烫伤.

4.实验结束后,切断电源,保管好测量样品,不要使样品两端面划伤,以致影响实验精确度.

七、思考题

1.为什么实验中要求系统达到稳态时才能记录传感器的读数?

2.试定性分析实验误差产生的原因,如何才能减小实验误差?

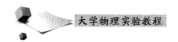

第五章

基本物理量的测量

实验 5.1　用惯性秤测量质量

物理天平和分析天平是用来测量质量的仪器,但它们的原理都是基于引力平衡,因此测出的都是引力质量.为进一步加深对惯性质量概念的了解,本实验使用动态的方法,测量物体的惯性质量,以期与引力质量做比较.

一、实验目的

1. 掌握用惯性秤测定物体质量的原理和方法.
2. 了解仪器的定标和使用方法.

二、实验仪器

惯性秤、周期测定仪、定标用标准质量块(共 10 块)、待测圆柱体.

三、实验原理

根据牛顿第二定律 $F = ma$,有 $m = \dfrac{F}{a}$,把同一个力作用在不同物体上,并测出各自的加速度,就能确定物体的惯性质量.

常用惯性秤测量惯性质量,其结构如图 5.1-1 所示.惯性秤由平台(8)和秤台(1)组成,它们之间用两条相同的金属弹簧片(9)连接起来.平台由管制器(10)水平地固定在支撑杆上,秤台用来放置砝码和待测物(5),此台开有一圆柱孔,该孔和砝码底座(包括小砝码和已知圆柱体)一起用以固定砝码组和待测物的位置.

当惯性秤水平固定后,将秤台沿水平方向拨动 1 cm 左右的距离,松开手后,秤台及其上面的物体将做水平的周期性振动,它们虽同时受到重力和秤臂的弹性恢复力的作用,但重力垂直于运动方向,对此运动不起作用,起作用的只有秤臂的弹性恢复力.在秤台上的负荷不大,且秤台位移很小的情况下,可以近似地认为秤台的运动是沿水平方向的简谐运动.

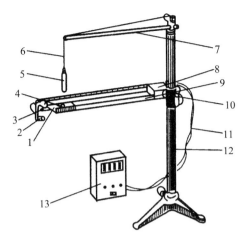

1. 秤台；2. 光电门；3. 挡光片；4. 砝码架；5. 待测物；6. 悬线；7. 吊杆；8. 平台；
9. 金属弹簧片；10. 管制器；11. 光电门与周期测定仪的连线；12. 支撑杆；13. 周期测定仪

图 5.1-1　惯性秤示意图

设秤台上的物体受到秤臂的弹性恢复力 $F=-kx$，根据牛顿第二定律，物体的运动方程为

$$(m_0+m_i)\frac{\mathrm{d}^2x}{\mathrm{d}t^2}=-kx \tag{5.1-1}$$

式中，m_0 为空秤的惯性质量，m_i 为秤台上插入的砝码的惯性质量，k 为秤臂的劲度系数，x 为秤台水平偏离平衡位置的距离.

其振动周期 T 由下式决定：

$$T=2\pi\sqrt{\frac{m_0+m_i}{k}} \tag{5.1-2}$$

将式(5.1-2)两侧平方，改写成

$$T^2=\frac{4\pi^2}{k}m_0+\frac{4\pi^2}{k}m_i \tag{5.1-3}$$

当秤台上负荷不大时，k 可看作常数，则上式表明惯性秤的水平振动周期 T 的平方和附加质量呈线性关系. 当测出已知附加质量 m_i 所对应的周期值 T_i，可作 T^2-m 曲线图(图 5.1-2)，这就是该惯性秤的定标曲线.

实验中为避免计算，通常采用作图法. 直接从 T^2-m 曲线图中查出待测物的惯性质量. 方法如下：先测出空秤(其惯性质量 m_0)的水平振动周期 T_0，然后将具有相同惯性质量的砝码依次增加放在秤台上，测得一组对应的振动周期 $T_1,T_2,\cdots,T_i$，画出相应的 T^2-m 曲

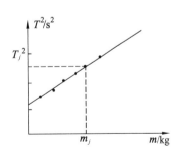

图 5.1-2　惯性秤的 T^2-m 曲线

线图，如图 5.1-2 所示，测量某待测物的质量 m_j 时，只要将它放在砝码所在的位置上，测出其振动周期 T_j，从 T^2-m 曲线上即可找出对应于 T_j 的质量 m_j，至于 m_j 中包括的 m_0，

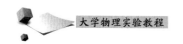

它是惯性秤空秤的惯性质量,是一个常数,在绘制 T^2-m 曲线时,取 m_0 作为横坐标的原点,这样作图或用图时就可以不必考虑 m_0 了.

惯性秤必须严格水平放置,才能得到正确的结果;否则,秤的水平振动将受到重力的影响,这时秤台除受到秤臂的弹性恢复力外,还要受到重力在水平方向的分力的作用.为研究重力对惯性秤的影响,可以分两种情况考虑:

惯性秤仍水平放置,将圆柱体用长为 L 的线吊在秤台的圆孔内,如图 5.1-3 所示,此时圆柱体重量由悬线所平衡,不再铅直地作用于秤臂上,若再让秤振动起来,由于被测物在偏离平衡位置后,其重力的水平分力作用于秤台上,从而使秤的振动周期有所变化,在位移 x 与悬线长 L(由悬点到圆柱体中心的距离)相比较小,而且圆柱体与秤台圆孔间的摩擦阻力可以忽略时,作用于振动系统上的恢复力为 $\left(kx+\dfrac{mgx}{L}\right)$,此时振动周期为

$$T'=2\pi\sqrt{\frac{m_0+m_i}{k+\dfrac{m_ig}{L}}} \tag{5.1-4}$$

由式(5.1-2)和式(5.1-4)两式可见,后一种情况下秤臂的振动周期 T 比前一种要小一些,两者比值为

$$\frac{T}{T'}=\sqrt{\frac{k+\dfrac{m_ig}{L}}{k}}=\sqrt{1+\frac{m_ig}{kL}} \tag{5.1-5}$$

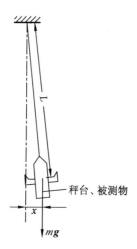
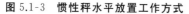

图 5.1-3　惯性秤水平放置工作方式

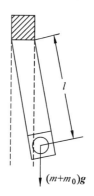

图 5.1-4　秤臂铅直安装工作方式

当秤臂铅直放置时,秤台的砝码(或被测物)的振动亦在铅直面内进行,由于重力的影响,其振动周期也会比水平放置小.若秤台中心至台座的距离为 l(图 5.1-4),则振动系统的运动方程可以写成

$$(m_0+m_i)\frac{d^2x}{dt^2}=-\left(k+\frac{m_0+m_i}{l}g\right)x \tag{5.1-6}$$

相应地周期可以写成

$$T''=2\pi\sqrt{\frac{m_0+m_i}{k+\frac{m_0+m_i}{l}g}} \tag{5.1-7}$$

将式(5.1-7)与式(5.1-2)比较,有

$$\frac{T}{T''}=\sqrt{\frac{k+\frac{m_0+m_i}{l}g}{k}}=\sqrt{1+\frac{m_0+m_i}{kl}g} \tag{5.1-8}$$

通过以上讨论可以看出重力对实验结果的影响.

四、实验内容

（一）测定惯性秤水平放置时的定标曲线

1. 用水准仪校准惯性秤秤臂的水平,接好周期测定仪的连线,把周期测定仪的周期选择开关拨在 10 个周期的位置上,然后接通电源.

2. 将惯性秤的秤台沿水平方向稍稍拉开一小距离（约 1 cm）,任其振动,测定空秤即 $m=m_0$ 时的周期 T_0,然后依次加上砝码 m_i,测定 $m=m_0+m_i$ 所对应的周期 T_i,直到将 10 个砝码加完为止,将所测数据记入表 5.1-1 中.注意加砝码时应对称地加入,并且砝码应插到盒底,使得砝码的重心一直位于秤台中心（重复测 3 次）.

（二）待测圆柱体惯性质量的测定

取下 10 个砝码,分别将大圆柱体、小圆柱体放入秤台圆孔中,测定惯性秤周期 $T_{大}$、$T_{小}$（重复测 3 次）,记入表 5.1-2 中,并将它们的引力质量也记入表 5.1-2 中.

（三）研究重力对惯性秤测量精度的影响

1. 水平放置惯性秤,待测物（大圆柱体）通过长约 50 cm 的细线铅直悬挂在秤台的圆孔中（注意应使圆柱体悬空,又尽量使圆柱体重心与秤台中心重合）,此时圆柱体的重量由吊线承担,当秤台振动时,带动圆柱体一起振动,测定其振动周期 $T_{大}'$,将测量数据记入表 5.1-2 中.

2. 垂直放置惯性秤,使秤在铅直面内左右振动,依次插入砝码,测定相应质量 m_i 所对应的周期 T_i',将测量数据记入表 5.1-3 中.

五、数据处理

1. 根据表 5.1-1 数据,绘出惯性秤水平放置的 T^2-m 定标曲线,分别由该直线的斜率 $\frac{4\pi^2}{k}$、截距 $\frac{4\pi^2 m_0}{k}$ 求出惯性秤的劲度系数 k 和空秤的有效质量 m_0.

2. 根据表 5.1-2 数据,用内插法从 T^2-m 定标曲线中查出大、小圆柱体的惯性质量,并与它们的引力质量进行比较,求出它们的相对误差.

3. 研究重力对惯性秤测量精度的影响.

（1）将所测周期 $T_{大}$ 与 $T_{大}'$ 进行比较,说明二者为何不同.

（2）根据表 5.1-3 的数据,绘出惯性秤竖直放置的 $T_i'^2$-m_i 曲线（与 T_i^2-m_i 定标曲线绘在同一坐标上）,将 $T_i'^2$-m_i 曲线与 T_i^2-m_i 曲线进行比较,说明二者为何不同.

4. 研究惯性秤的线性测量范围.

$T_i{}^2$ 与 m_i 保持线性关系所对应的质量变化区域称为惯性秤的线性测量范围.由式(5.1-2)可知,只有在悬臂水平方向的劲度系数保持为常数时才成立.当惯性秤上所加质量太大时,悬臂将发生弯曲,k 值也将发生明显变化,$T_i{}^2$ 与 m_i 的线性关系自然受到破坏.

按上述分析,根据惯性秤水平放置的 $T_i{}^2$-m_i 曲线,确定所用惯性秤的线性测量范围.

表 5.1-1　惯性秤定标

i	1	2	3	4	5	6	7	8	9	10
m_i/g										
T_i/s										

表 5.1-2　待测圆柱体的惯性质量的确定

引力质量 $m_大$ = _____ g,$m_小$ = _____ g

测量次数	$T_大/s$(大圆柱体)	$T_小/s$(小圆柱体)	$T_大{}'/s$
1			
2			
3			

表 5.1-3　竖直放置惯性秤时惯性质量的测量

i	1	2	3	4	5	6	7	8	9	10
m_i/g										
$T_i{}'/s$										

六、注意事项

1. 要严格水平放置惯性秤,以避免重力对振动的影响.

2. 必须使砝码和待测物的质心位于通过秤台圆孔中心的垂直线上以保证在测量时有一固定不变的臂长.

3. 秤台振动时,摆角要尽量小些(5°以内),秤台的水平位移为 1～2 cm,并使各次测量秤台的水平位移都相同.

4. 测量周期时,应先让秤振动起来,再按下周期测量按钮.

七、思考题

1. 处在失重状态的某一个空间有两个质量完全不同的物体,你能用天平区分它们引力质量的大小吗？若用惯性秤,能区分它们的惯性质量的大小吗？

2. 说明惯性秤称衡质量的特点.

3. 如何由 T_i^2-m_i 曲线求出惯性秤的劲度系数 k 和空秤的有效质量 m_0？可否用逐差法求出 k 和 m_0？

4. 在测量惯性秤周期时,为什么特别强调惯性秤秤台要调水平及振动时摆幅不得太大？

5. 能否设想出其他测量惯性质量的方案？

6. 由式(5.1-2)可以得到 $\dfrac{\mathrm{d}T}{\mathrm{d}m_i} = \dfrac{\pi}{\sqrt{k(m_0+m_i)}}$,我们称之为惯性秤的灵敏度,$\dfrac{\mathrm{d}T}{\mathrm{d}m_i}$ 越大,秤的灵敏度越高,分辨微小质量差 Δm_i 的能力越强,不难看出,$\dfrac{\mathrm{d}T}{\mathrm{d}m_i}$ 实际上就是 T_i^2-m_i 曲线的斜率.试问:为了提高惯性秤的灵敏度,应注意哪几点？

实验 5.2　扭摆法测定物体的转动惯量

转动惯量是刚体转动时惯性大小的量度,是表明刚体特性的一个物理量,与物体的质量、转轴的位置和质量分布(即形状、大小和密度分布)有关.如果刚体形状简单,且质量分布均匀,可以直接计算出它绕特定转轴的转动惯量.对于形状复杂、质量分布不均匀的刚体(如机械器件、电动机转子和枪炮的弹丸等),计算较复杂,通常采用实验方法来测定.测量转动惯量,一般使刚体以一定形式运动,通过表征这种运动特征的物理量与转动惯量的关系,进行转换测量.本实验使物体做扭转摆动,由摆动周期及其他参数的测定计算出物体的转动惯量.

一、实验目的

1. 熟悉扭摆的构造、使用方法和转动惯量测试仪的使用方法.

2. 利用塑料圆柱体和扭摆测定不同形状物体的转动惯量 I 和扭摆弹簧的扭摆常数 K.

3. 验证转动惯量平行轴定理.

二、实验仪器

扭摆、数字计时仪或电子秒表、游标卡尺、米尺、天平、各种待测转动惯量的物体(空心和实心的塑料或金属圆柱体、木球)、验证平行轴定理的圆盘或带有可移动滑块的金属杆、转动恒量测试仪.

三、实验原理

扭摆的构造如图 5.2-1 所示,在垂直轴(1)上有一根薄片状的螺旋弹簧(2),用以产生恢复力矩.轴上可以装有各种待测物体.垂直轴与支座间装有轴承,以降低摩擦力矩.底座上的三螺钉和水平仪(3)用以调节仪器的顶面,使之水平.

(一) 不规则物体的转动惯量

将物体在水平面内转动一角度 θ 后,在弹簧的恢复力矩作用下,物体就开始绕垂直轴做反复扭转运动.根据胡克定律,得

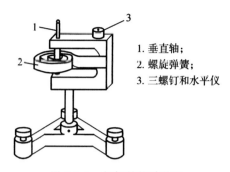

1. 垂直轴;
2. 螺旋弹簧;
3. 三螺钉和水平仪

图 5.2-1　扭摆的构造简图

$$M = -k\theta \qquad (5.2\text{-}1)$$

式中,M 为弹簧扭转而产生的恢复力矩,k 为弹簧的扭转常数,θ 为扭转角度.根据转动定律,得

$$M = J\beta$$

即

$$\beta = \frac{M}{J} \qquad (5.2\text{-}2)$$

式中,J 为物体绕转轴的转动惯量,β 为角加速度.令

$$\omega^2 = \frac{k}{J} \qquad (5.2\text{-}3)$$

若忽略轴承的摩擦力矩,由式(5.2-2)、式(5.2-3),得

$$\beta = \frac{\mathrm{d}^2\theta}{\mathrm{d}t^2} = -\frac{k}{J}\theta = -\omega^2\theta \qquad (5.2\text{-}4)$$

式(5.2-4)表示扭摆运动具有角简谐运动的特性,角加速度 β 与角位移 θ 成正比,且方向相反.方程(5.2-4)的解为

$$\theta = A\cos(\omega t + \varphi) \qquad (5.2\text{-}5)$$

式中,A 为谐振动的角振幅,ω 为角速度,φ 为初相位角.此简谐运动的周期为

$$T = \frac{2\pi}{\omega} = 2\pi\sqrt{\frac{J}{k}} \qquad (5.2\text{-}6)$$

由式(5.2-6)可知,如果实验测得物体扭摆的摆动周期 T,并且转动惯量 J 和弹簧的扭转常数 k 两个量中其中一个量为已知,则可得到另一个量.

实验中用一个几何形状规则的物体(塑料圆柱体),其转动惯量为 J,可根据质量和几何尺寸用理论公式直接计算得到,再由实验数据计算出仪器的弹簧扭转常数 k.为得到其他形状物体的转动惯量,只需测得它们在仪器顶部卡具上的摆动周期,由式(5.2-6)即可算出该物体绕转动轴的转动惯量.

具体方法:

(1) 测出载物盘的摆动周期为 T_0,由式(5.2-6),得到它的转动惯量为

$$J_0 = \frac{T_0^2 k}{4\pi^2}$$

(2) 将塑料圆柱体放在载物盘上,测出摆动周期 T_1,由式(5.2-6),得到总转动惯量为

$$J_0 + J_1' = \frac{T_1^2 k}{4\pi^2}$$

(3) 塑料圆柱体的转动惯量为

$$J_1' = \frac{(T_1{}^2 - T_0{}^2)k}{4\pi^2} = \frac{1}{8}mD^2$$

即可得到 k，再将 k 代入 J_0，则载物盘的转动惯量为

$$J_0 = \frac{J_1'T_0{}^2}{T_1{}^2 - T_0{}^2}$$

（二）转动惯量的平行轴定理

理论分析证明，若质量为 m 的物体绕质心轴的转动惯量为 J_0，当转轴平行移动距离 x 时，则此物体对新轴线的转动惯量变为

$$J' = J_0 + mx^2 \tag{5.2-7}$$

（三）转动惯量测试仪（计数精度 0.001 s）介绍

主机用于测量物体转动或摆动的周期、旋转体的转速，其功能有自动记录数据、存储多组数据、计算多组数据的平均值.光电传感器由红外发射管和红外接收管组成光电门，将光信号转换为脉冲电信号，送入主机.检验仪器时，可以用遮光物体往返遮光，检查计数器能否正常计数，并且达到预定周期数时是否停止计数.注意，光线不要过强.其使用方法如下：

（1）调节光电传感器在固定支架上的高度，使挡光杆自由往返通过光电门.

（2）开启电源开关，"摆动"状态，显示为"P1…'————'".

（3）设定测试仪周期为 10 次，参照仪器说明可以改动周期次数，一旦"复位"，仍为 10 次.

（4）按下"执行"按钮，显示"000.0"，表示仪器处于等待测量状态，当挡光杆通过光电门时，计数和计时开始，达到设定周期数时，计时自动停止，并在 C1 中储存，以供查询和多次测量后求平均值.至此 P1（第一次）测量结束.

（5）按下"执行"按钮，"P1"变为"P2"，测量过程同上，最多为 5 次.

（6）按下"查询"按钮，$C_i(i=1,2,3,4,5)$ 为各自周期值，C_A 为平均值.

四、实验内容

1. 用游标卡尺、钢尺和高度尺分别测定各物体的外形尺寸，用电子天平测出相应质量，并记入表 5.2-1.

2. 根据扭摆上水泡，调整扭摆的底座螺钉，使顶面水平.

3. 将金属载物盘卡紧在扭摆垂直轴上，调整挡光杆位置和测试仪光电接收探头中间小孔，测出其摆动周期 T_0.

4. 将塑料圆柱体放在载物盘上，测出摆动周期 T_1.已知塑料圆柱体的转动惯量理论值为 J_1'，根据 T_0，T_1，可求出 k 及金属载物盘的转动惯量 J_0.

5. 取下塑料圆柱体，在载物盘上放上金属筒测摆动周期 T_2.

6. 取下载物盘，装上木球，测定木球及支架的摆动

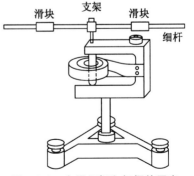

图 5.2-2　金属细杆和扭摆的固定

周期 T_3.

7. 取下木球,将金属细杆和支架中心固定,如图5.2-2所示,测定其摆动周期 T_4,外加两滑块卡在细杆上的凹槽内,在其对称(选做:不对称)时测出各自的摆动周期,将数据记入表5.2-2中验证平行轴定理.凹槽与细杆中心的距离依次为 5.00 cm,10.00 cm,15.00 cm,20.00 cm,25.00 cm.此时,由于周期较长,可将摆动次数减少(计算转动惯量时,要考虑支架的转动惯量,可以按圆柱体近似处理,不必再单独测量).将滑块不对称时平行轴定理验证数据记入表 5.2-3 中.

五、数据处理

表 5.2-1　各种物体转动惯量的测量

物体名称	质量 m/kg	几何尺寸 /$(10^{-2}$m)	平均几何尺寸 /$(10^{-2}$m)	周期 T_i/s	平均周期 $\overline{T}$/s	转动惯量实验值 J/$(10^{-2}$kg·m^2)	不确定度 /%	转动惯量理论值 J'/$(10^{-2}$kg·m^2)
金属载物盘	—	—	—			$J_0 = \dfrac{J_1' \overline{T_0^2}}{T_1^2 - T_0^2}$		
塑料圆柱体		D_1				$J_1 = \dfrac{k\overline{T_1^2}}{4\pi^2} - J_0$		$J_1' = \dfrac{1}{8}mD^2$
金属圆筒		$D_外$				$J_2 = \dfrac{k\overline{T_2^2}}{4\pi^2} - J_0$		$J_2' = \dfrac{1}{8}m \cdot$ $(D_外^2 + D_内^2)$
		$D_内$						
木球		$D_直$				$J_3 = \dfrac{k\overline{T_3^2}}{4\pi^2}$		$J_3' = \dfrac{1}{10}mD^2$
金属细杆		L				$J_4 = \dfrac{k\overline{T_4^2}}{4\pi^2}$		$J_4' = \dfrac{1}{12}mL^2$

$$k = 4\pi^2 \frac{J_1'}{\overline{T_1^2} - \overline{T_0^2}} = \underline{\quad\quad\quad} \text{ N·m}$$

表 5.2-2　验证平行轴定理

滑块位置 x/cm	5.00	10.00	15.00	20.00	25.00
摆动周期 T/s					
平均周期 $\overline{T}/\text{s}$					
转动惯量的实验值$/(10^{-2}\ \text{kg}\cdot\text{m}^2)$ $J=\dfrac{k\overline{T}^2}{4\pi^2}$					
不确定度$/\%$					
转动惯量的理论值$/(10^{-2}\ \text{kg}\cdot\text{m}^2)$ $J'=J_4+2mx^2+J_5$					

J_4 为金属细杆的转动惯量;滑块的总转动惯量为 $J_5=2\left[\dfrac{1}{16}m_{滑}\left(D_{滑块外}{}^2+D_{滑块内}{}^2\right)+\right.$

$\left.\dfrac{1}{12}m_{滑}\ L_{滑块}{}^2\right]=$_____.

表 5.2-3　滑块不对称时平行轴定理的验证(利用 T^2-$x_2{}^2$ 曲线图)

一滑块位置 x/cm	5.00				10.00			15.00		20.00
另一滑块位置 x_2/cm	10.00	15.00	20.00	25.00	15.00	20.00	25.00	20.00	25.00	25.00
摆动周期 T/s										

六、注意事项

1. 由于弹簧的扭摆常数 k 不是固定常数,与摆角有关,所以实验中测周期时使摆角在 90°左右.

2. 光电探头宜放置在挡光杆平衡位置处,挡光杆不能和它相接触,以免增大摩擦力矩.

3. 安装支架要全部套入扭摆主轴,并将止动螺丝锁紧,否则记时会出现错误.

4. 机座应保持水平状态.

5. 在用天平称金属细杆和木球的质量时,必须将支架取下,否则会带来较大误差.

6. 为了降低实验时由于摆动角度变化过大带来的系统误差,在测定各种物体的摆动周期时,摆角不宜太小,摆幅也不宜变化太大.

七、思考题

1. 推导各形状物体的转动惯量理论计算公式.

2. 举例计算某个待测物体的转动惯量,写出详细过程,并将理论值与实验值结果比较.

3. 根据各仪器参数计算并分析实测值的不确定度.

实验 5.3 　液体表面张力系数的测定

液体表面层分子所处的环境与内部分子不同,表面层如紧张的弹性薄膜,具有尽量缩小其表面积的趋势,即存在表面张力.表面张力能说明液态物质所特有的许多现象,如泡沫的形成、润湿和毛细现象等.常用测定液体表面张力系数的方法有拉脱法、毛细管升高法、液滴测重法和最大气泡压力法等.

一、实验目的

1. 学习传感器的定标方法,计算传感器的灵敏度.
2. 观察拉脱法测液体表面张力的物理过程和现象,测量纯水和其他液体的表面张力系数.

二、实验仪器

液体表面张力系数测定仪(FD-NST-I)、定标用砝码、游标卡尺、玻璃器皿、待测液体(酒精、纯水)、小毛巾、温度计等.

三、实验原理

通过测量一个已知周长的金属片从待测液体表面脱离时需要的力,求得该液体表面张力系数的实验方法称为拉脱法.若金属片为环状吊片时,考虑一级近似,可以认为脱离力为表面张力系数乘上脱离表面的周长,即

$$F = \alpha\pi(D_1 + D_2) \tag{5.3-1}$$

式(5.3-1)中,F 为脱离力,D_1,D_2 分别为圆环的外径和内径,α 为液体的表面张力系数.

硅压阻式力敏传感器由弹性梁和贴在梁上的传感器芯片组成,其中芯片由四个硅扩散电阻集成一个非平衡电桥,当外界压力作用于金属梁时,在压力作用下,电桥失去平衡,此时将有电压信号输出,输出电压大小与所加外力成正比,即

$$\Delta U = KF \tag{5.3-2}$$

式(5.3-2)中,F 为外力的大小,K 为硅压阻式力敏传感器的灵敏度,ΔU 为传感器输出电压的大小.

图 5.3-1 为实验装置图,其中液体表面张力系统测定仪包括硅扩散电阻、非平衡电桥、电源和数字电压表,其他装置包括铁架台、微调升降台、装有力敏传感器的固定杆、盛液体的玻璃皿和圆环形吊片.数字电压表用于测量电桥失去平衡时输出的电压.实验证明,当环的直径在 3 cm 附近而液体和金属环接触的接触角近似为零时,运用式(5.3-1)测量各种液体的表面张力系数的结果较为正确.

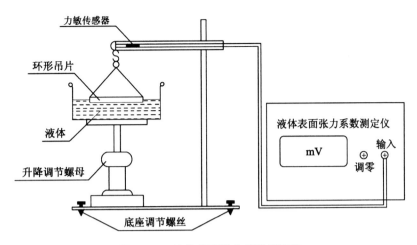

力敏传感器

环形吊片

液体

升降调节螺母

底座调节螺丝

液体表面张力系数测定仪

mV

调零

输入

图 5.3-1　**液体表面张力系数测定仪**

四、实验内容

1. 开机预热约 15 min.

2. 力敏传感器的定标.

每个力敏传感器的灵敏度都有所不同,在实验前,应先将其定标,步骤如下:

(1) 打开仪器的电源开关,将仪器预热.

(2) 在传感器梁端头小钩中挂上砝码盘,调节电子组合仪上的补偿电压旋钮,使数字电压表显示为零.

(3) 砝码盘上分别加 0.5 g,1.0 g,1.5 g,2.0 g,2.5 g,3.0 g 等质量的砝码,相应地记录这些力 F 作用下数字电压表的读数值 U_i.

(4) 用最小二乘法作直线拟合,求出传感器灵敏度 K.

3. 金属圆环的测量与清洁.

(1) 用游标卡尺测量金属圆环的外径 D_1 和内径 D_2.

(2) 金属圆环的表面状况与测量结果有很大的关系.实验前应将金属环状吊片放在 NaOH 溶液中浸泡 20~30 s,然后用净水洗净并用电热吹风烘干(或用酒精棉球擦拭并用电热吹风烘干).

4. 测量液体的表面张力系数.

(1) 将金属环状吊片挂在传感器的小钩上,调节升降台,将液体升至靠近环片的下沿,观察环状吊片下沿与待测液面是否平行.如果不平行,将金属环状吊片取下后,调节吊片上的细丝,使吊片与待测液面平行.

(2) 调节容器下的升降台,使其渐渐上升,将环片的下沿部分全部浸没于待测液体中,然后反向调节升降台,使液面逐渐下降.这时,金属环片和液面间形成一环形液膜,继续下降液面,测出环形液膜即将拉断前一瞬间数字电压表读数 U_1 和液膜拉断后数字电压表读数 U_2,重复测量 6 次(先反复操作,观察电压表读数的变化,当数值由最大值减小到某一数值时,液柱将被拉断.在这之前转动螺帽时动作一定要轻,并粗略地记下一些数据,这样才能比较准确地记下液柱被拉断前一瞬间的数据).

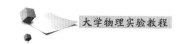

*5. 测出其他待测液体,如酒精、乙醚、丙酮等在不同浓度时的表面张力系数.

五、数据处理

数据表格自拟,并用最小二乘法求出传感器灵敏度 K,并根据拉断前一瞬间数字电压表读数 U_1 和液膜拉断后数字电压表读数值 U_2 以及式(5.3-1)和式(5.3-2)求出表面张力系数.

六、注意事项

1. 旋转升降台时,应尽量使液体的波动要小.

2. 操作室不宜有风,以免吊环摆动,致使零点波动,所测系数不正确.

3. 若液体为纯净水,在使用过程中要防止灰尘和油污及其他杂质污染.特别注意手指不要接触被测液体.

4. 使用结束后请将传感器保护好,以免损坏.

5. 实验结束须将吊环用清洁纸擦干,用清洁纸包好,放入干燥缸内.

七、思考题

1. 在测量液体的表面张力系数之前为什么要给传感器定标?怎样为传感器定标?

2. 在测量液体的表面张力系数之前,吊环和盛待测液体的玻璃器皿为什么要清洗干净?如果未清洗干净,会给测量结果带来什么影响?

3. 试分析吊环从浸入液体、慢慢将其拉出水面到液柱被拉断的全过程中传感器的受力情况.

4. 怎样才能做到既快又准确地记下液柱被拉断前一瞬间数字电压表的读数值 U_1?

实验 5.4 空气、液体及固体介质的声速测量

声波是一种在弹性媒质中传播的机械波,频率低于 20 Hz 的声波被称为次声波;频率在 20 Hz～20 kHz 的声波可以被人听到,被称为可闻声波;频率在 20 kHz 以上的声波被称为超声波.超声波在媒质中的传播速度与媒质的特性及状态因素有关.因而通过对媒质中声速的测定,可以了解媒质的特性或状态变化.例如,测量氯气(气体)、蔗糖(溶液)的浓度、氯丁橡胶乳液的比重及输油管中不同油品的分界面,等等,这些问题都可以通过测定这些物质中的声速来解决.可见,声速测定在工业生产上具有一定的实用意义.同时,通过对液体中声速的测量,了解水下声呐技术的应用.

一、实验目的

1. 了解压电换能器的功能.

2. 加深对驻波及振动合成等理论知识的理解.

3. 学习用共振干涉法、相位比较法和时差法测定超声波的传播速度.

4. 通过用时差法对多种介质的测量,了解声呐技术的原理及其重要的实用意义.

二、实验仪器

声速测量装置（包括两个压电换能器和游标卡尺）、低频信号发生器、数字频率仪、示波器等.

三、实验原理

在波动过程中波速 v、波长 λ 和频率 f 之间存在着下列关系：$v = f\lambda$，实验中可通过测定声波的波长 λ 和频率 f 来求得声速 v. 常用的方法有共振干涉法与相位比较法.

声波传播的距离 L 与传播的时间 t 存在下列关系：$L = vt$，只要测出 L 和 t，就可测出声波传播的速度 v，这就是时差法测量声速的原理.

（一）共振干涉法（驻波法）测量声速

当两束幅度相同、方向相反的声波相交时，产生干涉现象，出现驻波. 当波束 1 $F_1 = A\cos\left(\omega t - \dfrac{2\pi x}{\lambda}\right)$ 和波束 2 $F_2 = A\cos\left(\omega t + \dfrac{2\pi x}{\lambda}\right)$ 相交会时，叠加后的波形成波束 3 $F_3 = 2A\cos\left(\dfrac{2\pi x}{\lambda}\right)\cos(\omega t)$，这里 ω 为声波的角频率，t 为经过的时间，x 为经过的距离. 由此可见，叠加后的声波幅度随距离按 $\cos\left(\dfrac{2\pi x}{\lambda}\right)$ 变化，如图 5.4-1 所示. 一个振动系统，当激励频率接近系统的固有频率时，系统的振幅达到最大，通常称为共振. 当驻波系统偏离共振状态时，驻波的形状不稳定，且声波波腹的振幅比最大值要小得多.

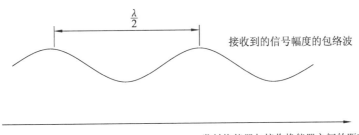

图 5.4-1 声波示意图

压电陶瓷换能器 S_1 作为声波发射器，它由信号源供给频率为数千周的交流电信号，由逆压电效应发出一平面超声波；而换能器 S_2 则作为声波的接收器，正压电效应将接收到的声压转换成电信号，将该信号输入示波器，我们在示波器上可看到一组由声压信号产生的正弦波形. 声源 S_1 发出的声波，经介质传播到 S_2，在接收声波信号的同时反射部分声波信号，如果接收面（S_2）与发射面（S_1）严格平行，入射波即在接收面上垂直反射，入射波与发射波相干涉形成驻波. 我们在示波器上观察到的实际上是这两个相干波合成后在声波接收器 S_2 处的振动情况. 移动 S_2 位置（即改变 S_1 与 S_2 之间的距离），从示波器显示器上会发现当 S_2 在某些位置时振幅有最小值或最大值. 根据波的干涉理论可以知道：任何两相邻的振幅最大值的位置之间（或两相邻的振幅最小值的位置之间）的距离均为 $\dfrac{\lambda}{2}$.

可以在一边观察示波器上声压振幅值的同时,一边缓慢地改变 S_1 和 S_2 之间的距离,示波器上就可以看到声压振幅不断地由最大变到最小再变到最大,两相邻的振幅最大之间 S_2 移动的距离亦为 $\frac{\lambda}{2}$.超声换能器 S_2 至 S_1 之间的距离的改变可通过转动螺杆的鼓轮来实现,而超声波的频率又可由声波测试仪信号源频率显示窗口直接读出.在连续多次测量相隔半波长的 S_2 的位置变化及声波频率 f 以后,我们可运用测量数据计算出声速,用逐差法处理测量数据.

（二）相位法测量声速

声源 S_1 发出声波后,在其周围形成声场,声场在介质中任一点的振动相位是随时间而变化的,但它和声源的振动相位差 $\Delta\varphi$ 不随时间变化.从 S_1 发出的超声波通过介质到达接收器 S_2,在发射波和接收波之间产生相位差 $\Delta\varphi = \frac{\omega X}{Y}$,因此,可以通过测量 $\Delta\varphi$ 来求得声速.

$\Delta\varphi$ 的测定可用相互垂直振动合成的李萨如图形来进行.输入 S_1 的信号通过衰减器而接入示波器 X 轴,S_2 接收到的信号则直接接入示波器 Y 轴.

设输入 X 轴的入射波的振动方程为

$$x = A_1\cos(\omega t + \varphi_1) \tag{5.4-1}$$

输入 Y 轴而由 S_2 接收到的波动,其振动方程为

$$y = A_2\cos(\omega t + \varphi_2) \tag{5.4-2}$$

则合振动方程为

$$\frac{x^2}{A_1^2} + \frac{y^2}{A_2^2} - \frac{2xy}{A_1 A_2}\cos(\varphi_2 - \varphi_1) = \sin^2(\varphi_2 - \varphi_1) \tag{5.4-3}$$

此方程轨迹为椭圆,椭圆长短轴和方位由相位差 $\Delta\varphi = \varphi_2 - \varphi_1$ 决定.当 $x = n\lambda$,即 $\Delta\varphi = 2n\pi$ 时,合振动为一斜率为正的直线;当 $x = \frac{(2n+1)\lambda}{2}$,即 $\Delta\varphi = (2n+1)\pi$ 时,合振动为一斜率为负的直线;当 x 为其他值时,合成振动为椭圆（图 5.4-2）.随着 S_2 的移动,$\Delta\varphi$ 随之在 $0 \sim \pi$ 内变化,李萨如图形也随之作从图 5.4-2(b)到图 5.4-2(f)的变化,若 $\Delta\varphi$ 每变化 π,就会出现如图 5.4-2 所示的重复图形.所以由图形的变化可测出 $\Delta\varphi$.与这种图形

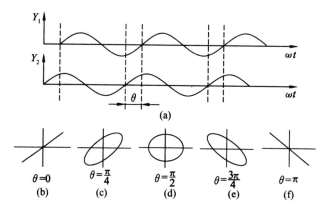

图 5.4-2　李萨如图形

重复变化相应的 S_2 的移动距离为 $\frac{\lambda}{2}$.

（三）时差法测量声速

以上两种方法测声速,都是用示波器观察波谷和波峰,或观察两个波间的相位差,存在读数误差.要较精确地测量声速,可用时差法.时差法在工程中得到了广泛的应用.它是将经脉冲调制的电信号加到发射换能器上,声波在介质中传播,经过 t 时间后,到达 L 距离处的接收换能器,所以可以用以下公式求出声波在介质中传播的速度:

$$v = \frac{L}{t}$$

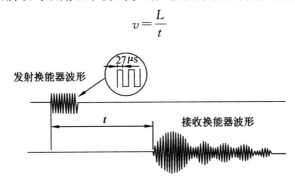

图 5.4-3　时差法声速测定波形图

四、实验内容

（一）声速测量系统的连接

声速测量时,专用信号源、测试仪、示波器连接方法见图 5.4-4.

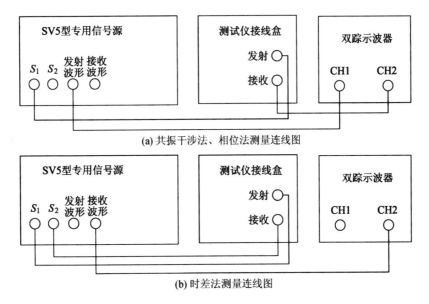

(a) 共振干涉法、相位法测量连线图

(b) 时差法测量连线图

图 5.4-4　测量连线图

（二）谐振频率的调节

根据测量要求初步调节好示波器.将专用信号源输出的正弦信号频率调节到换能器

的谐振频率,以使换能器发射出较强的超声波,能较好地进行声能与电能的相互转换,从而得到较好的实验效果,方法如下:

1. 将专用信号源的"发射波形"端接至示波器,调节示波器,能清楚地观察到同步的正弦波信号.

2. 调节专用信号源上的"发射强度"旋钮,使其输出电压在 20 V_{P-P} 左右,然后将换能器的接收信号接至示波器,调整信号频率(25~45 kHz),观察接收波的电压幅度变化,在某一频率点处(34.5~39.5 kHz,因不同的换能器或介质而异)电压幅度最大,此频率即是压电换能器 S_1,S_2 相匹配频率点,记录此频率 f_i.

3. 改变 S_1,S_2 的距离,使示波器的正弦波振幅最大,再次调节正弦信号的频率,直至示波器显示的正弦波振幅达到最大值.共测 5 次,取平均频率 f.

(三)用共振干涉法、相位法、时差法测量声速

1. 用共振干涉法(驻波法)测量波长.

将测试方法设置到连续波方式.按前面实验内容(二)的方法,确定最佳工作频率.观察示波器,找到接收波形的最大值,记录幅度为最大时的距离,由数显尺上直接读出或在机械刻度上读出,记下 S_2 位置 x_0.然后,向着同方向转动距离调节鼓轮,这时波形的幅度会发生变化(同时在示波器上可以观察到来自接收换能器的振动曲线波形发生相移),逐个记下振幅最大的 x_0,x_1,x_2,…,x_9 共 10 个点,单次测量的波长 $\lambda_i = 2|x_i - x_{i-1}|$.用逐差法处理这 10 个数据,即可得到波长 λ.

2. 用相位比较法(行波法)测量波长.

将测试方法设置到连续波方式.确定最佳工作频率,将单踪示波器接收波形接到"y",发射波形接到"EXT"外触发端;将双踪示波器接收波形接到"CH1",发射波形接到"CH2",打到"x-y"显示方式,适当调节示波器,出现李萨如图形.转动距离调节鼓轮,观察波形为一定角度的斜线,记下 S_2 的位置 x_0,再向前或者向后(必须是一个方向)移动距离,使观察到的波形又回到前面所说的特定角度的斜线,这时来自接收换能器 S_2 的振动波形发生了 2π 相移.依次记下示波器显示屏上斜率负、正变化的直线出现的对应位置 x_0,x_1,x_2,…,x_9.单次波长 $\lambda_i = 2|x_i - x_{i-1}|$.多次测定用逐差法处理数据,即可得到波长 λ.

3. 干涉法、相位法的声速的计算.

已知波长 λ 和平均频率 f(频率由声速测试仪信号源频率显示窗口直接读出),则声速 $v = f\lambda$.由于声速还与介质温度有关,故请记下介质温度 t ℃.

(四)用时差法测量声速

1. 空气介质.

测量空气声速时,将专用信号源上"声速传播介质"置于"空气"位置,发射换能器(带有转轴)用紧定螺钉固定,然后将话筒插头插入接线盒中的插座中.

将测试方法设置到脉冲波方式.将 S_1 和 S_2 之间的距离调到一定距离(≥50 mm).开启数显表头电源,并置 0,再调节接收增益,使示波器上显示的接收波信号幅度为 300~400 mV(峰-峰值),以使计时器工作在最佳状态.然后记录此时的距离值和显示的时间值 L_{i-1},t_{i-1}(时间由声速测试仪信号源时间显示窗口直接读出);移动 S_2,记录下这时的距离值和显示的时间值 L_i,t_i.则声速 $v_1 = \dfrac{L_i - L_{i-1}}{t_i - t_{i-1}}$.同时记录介质温度 t ℃.

需要说明的是,由于声波的衰减,移动换能器使测量距离变大(这时时间也变大)时,如果测量时间值出现跳变,则应顺时针方向微调"接收放大"旋钮,以补偿信号的衰减;反之,当测量距离变小时,如果测量时间值出现跳变,则应逆时针方向微调"接收放大"旋钮,以使计时器能正确计时.

2. 液体介质.

当使用液体介质测试声速时,先小心地将金属测试架从储液槽中取出,取出时应用手指稍稍抵住储液槽,再向上取出金属测试架.然后向储液槽中注入液体,直至液面线处,但不要超过液面线.注意:在注入液体时,不能将液体淋在数显表头上,然后将金属测试架装回储液槽.

将专用信号源上"声速传播介质"置于"液体"位置,换能器的连接线接至测试架上的"液体"专用插座上,即可进行测试,步骤与上面的相同.同时记录介质温度 t ℃.

3. 固体介质.

测量非金属(有机玻璃棒)、金属(黄铜棒)固体介质中的声速时,可按以下步骤进行实验:

(1) 将专用信号源上的"测试方法"置于"脉冲波"位置,"声速传播介质"按测试材质的不同,置于"非金属"或"金属"位置.

(2) 先拔出发射换能器尾部的连接插头,将待测的测试棒的一端面小螺柱旋入接收换能器中心螺孔内,再将另一端面的小螺柱旋入能旋转的发射换能器上,使固体棒的两端面与两换能器的平面可靠、紧密地接触.注意:旋紧时,应用力均匀,不要用力过猛,以免损坏螺纹,拧紧程度要求两只换能器端面与被测棒两端紧密接触即可.调换测试棒时,应先拔出发射换能器尾部的连接插头,然后旋出发射换能器的一端,再旋出接收换能器的一端.

(3) 把发射换能器尾部的连接插头插入接线盒的插座中,按图 5.4-4(b)所示接线,即可开始测量.

(4) 记录信号源的时间读数,单位为 μs.测试棒的长度可用游标卡尺测量得到并记录.

(5) 用以上方法调换第二长度及第三长度被测棒,重新测量并记录数据.

(6) 用逐差法处理数据,根据不同被测棒的长度差和测得的时间差计算出被测棒中的声速.

五、数据处理

1. 自拟表格,记录所有的实验数据,表格要便于用逐差法求相应位置的差值和计算 λ.

2. 以空气介质为例,计算出共振干涉法和相位法测得的波长平均值 $\bar{\lambda}$ 及其标准偏差 S_λ,同时考虑仪器的示值读数误差限为 0.01 mm.经计算可得波长的测量结果 $\lambda=\bar{\lambda}\pm\Delta\lambda$.

3. 按理论值公式 $v_s=v_0\sqrt{\dfrac{T}{T_0}}$,算出理论值 v_s.式中,$v_0=331.45$ m/s 为 $T_0=273.15$ K 时的声速,$T=(t+273.15)$ K.

4. 计算出通过两种方法测量的 v 及 Δv 值,其中 $\Delta v=v-v_s$.

将实验结果与理论值比较,计算百分比误差并分析误差产生的原因.在室温为

_____℃时,用共振干涉法(相位法)测得超声波在空气中的传播速度 $v =$ _____ $\pm$

_____ m/s, $\delta = \dfrac{\Delta v}{v_s} =$ _____ %.

5. 列表记录用时差法测量非金属棒及金属棒的实验数据.

(1) 三根材质相同,但长度不同的待测棒的长度.

(2) 每根待测棒所测得相对应的声速.

(3) 用逐差法求相应的差值,然后通过计算,与理论声速传播测量参数进行比较,并计算百分误差.

六、注意事项

1. 使用时,应避免声速测试仪信号源的功率输出端短路.

2. 在液体(水)作为传播介质测量时,应避免液体(水)接触到其他金属件,以免金属物件被腐蚀.每次使用完毕后,用干燥清洁的抹布将测试架及螺杆清洁干净.

七、思考题

1. 声速测量中共振干涉法、相位法、时差法有何异同?

2. 为什么要在谐振频率条件下进行声速测量? 如何调节和判断测量系统是否处于谐振状态?

3. 为什么发射换能器的发射面与接收换能器的接收面要保持互相平行?

4. 声音在不同介质中传播有何区别? 声速为什么会不同?

实验 5.5　　冷却法测量金属的比热容

根据牛顿冷却定律,用冷却法测定金属或液体的比热容是量热学中常用的方法之一. 若已知标准样品在不同温度的比热容,通过作冷却曲线,可测得各种金属在不同温度时的比热容.本实验以铜样品为标准样品,测定铁、铝样品在 100 ℃时的比热容,了解金属的冷却速率和它与环境之间温差的关系.热电偶数字显示测温技术是当前生产实际中常用的测试方法,它与一般的温度计测温相比,有着测量范围广、计值精度高、可以自动补偿热电偶的非线性因素等优点.另外,它将温度数字化,还可以对工业生产自动化中的温度量直接起着监控作用.

一、实验目的

1. 用冷却法测定金属的比热容.
2. 学习用热电偶测量温度的原理及方法.

二、实验仪器

冷却法金属比热容测量仪、铜-康铜热电偶、停表、冰块等.

三、实验原理

单位质量的物质,其温度升高 1 K(或 1 ℃)所需的热量称为该物质的比热容,其值随温度的变化而变化.将质量为 M_1 的金属样品加热后,放到较低温度的介质(如室温的空气)中,样品将会逐渐冷却.其单位时间的热量损失 $\dfrac{\Delta Q}{\Delta t}$ 与温度下降的速率成正比,于是得到下述关系式:

$$\frac{\Delta Q}{\Delta t} = c_1 M_1 \frac{\Delta \theta_1}{\Delta t} \tag{5.5-1}$$

式中,c_1 为该金属样品在温度 θ_1 时的比热容,$\dfrac{\Delta \theta_1}{\Delta t}$ 为金属样品在 θ_1 的温度下降速率,根据冷却定律,有

$$\frac{\Delta Q}{\Delta t} = \alpha_1 S_1 (\theta_1 - \theta_0)^m \tag{5.5-2}$$

式中,α_1 为热交换系数,S_1 为该样品外表面的面积,m 为常数,θ_1 为金属样品的温度,θ_0 为周围介质的温度.由式(5.5-1)和式(5.5-2),可得

$$c_1 M_1 \frac{\Delta \theta_1}{\Delta t} = \alpha_1 S_1 (\theta_1 - \theta_0)^m \tag{5.5-3}$$

同理,对质量为 M_2、比热容为 c_2 的另一种金属样品,可有同样的表达式:

$$c_2 M_2 \frac{\Delta \theta_2}{\Delta t} = \alpha_2 S_2 (\theta_2 - \theta_0)^m \tag{5.5-4}$$

由式(5.5-3)和式(5.5-4),可得

$$\frac{c_2 M_2 \dfrac{\Delta \theta_2}{\Delta t}}{c_1 M_1 \dfrac{\Delta \theta_1}{\Delta t}} = \frac{\alpha_2 S_2 (\theta_2 - \theta_0)^m}{\alpha_1 S_1 (\theta_1 - \theta_0)^m} \tag{5.5-5}$$

所以

$$c_2 = c_1 \frac{M_1 \dfrac{\Delta \theta_1}{\Delta t} \alpha_2 S_2 (\theta_2 - \theta_0)^m}{M_2 \dfrac{\Delta \theta_2}{\Delta t} \alpha_1 S_1 (\theta_1 - \theta_0)^m} \tag{5.5-6}$$

假设两样品的形状、尺寸都相同(如细小的圆柱体),即 $S_1 = S_2$;两样品的表面状况也相同(如涂层、色泽等),而周围介质(空气)的性质当然也不变,则有 $\alpha_1 = \alpha_2$.于是当周围介质温度不变(即室温 θ_0 恒定),两样品又处于相同温度 $\theta_1 = \theta_2 = \theta$ 时,上式可以简化为

$$c_2 = c_1 \frac{M_1 \left(\dfrac{\Delta \theta}{\Delta t}\right)_1}{M_2 \left(\dfrac{\Delta \theta}{\Delta t}\right)_2} \tag{5.5-7}$$

如果已知标准金属样品的比热容 c_1、质量 M_1、待测样品的质量 M_2 及两样品在温度 θ 时冷却速率之比,就可以求出待测金属材料的比热容 c_2.

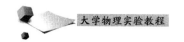

几种金属材料的比热容见表 5.5-1.

表 5.5-1 金属材料的比热容

温度	比热容		
	$C_{Fe}/[J/(g \cdot K)]$	$C_{Al}/[J/(g \cdot K)]$	$C_{Cu}/[J/(g \cdot K)]$
100 ℃	0.460	0.963	0.393

本实验装置由加热仪和测试仪组成(图 5.5-1).加热仪的加热装置可通过调节手轮自由升降.被测样品安放在有较大容量的防风圆筒即样品室内的底座上,测温热电偶放置于被测样品内的小孔中.当加热装置向下移动到底后,对被测样品进行加热;样品需要降温时则将加热装置向上移动.仪器内设有自动控制限温装置,防止因长期不切断加热电源而引起温度不断升高.

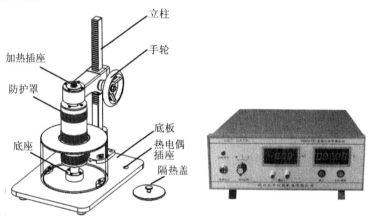

图 5.5-1 DH4603 型冷却法金属比热容测量仪

测量试样温度采用常用的铜-康铜做成的热电偶(其热电势约为 0.042 mV/℃),测量扁叉接到测试仪的"输入"端.热电势差的测量仪表由高灵敏、高精度、低漂移的放大器和满量程为 20 mV 的三位半数字电压表组成.实验仪内部装有冰点补偿电器,数字电压表显示的毫伏数可直接查表,换算成对应待测温度值.

四、实验内容

开机前先连接好加热仪和测试仪,共有加热四芯线和热电偶线两组线.

1. 选取长度、直径、表面光洁度尽可能相同的三种金属样品(铜、铁、铝),用物理天平或电子天平称出它们的质量 M_0.再根据 $M_{Cu} > M_{Fe} > M_{Al}$ 这一特点,把它们区别开来.

2. 使热电偶端的铜导线(即红色接插片)与数字表的正端相连,康铜导线(即黑色接插片)与数字表的负端相连.当样品加热到 150 ℃(此时热电势显示约为 6.7 mV)时,切断电源,移去加热源,样品继续安放在与外界基本隔绝的有机玻璃圆筒内自然冷却(筒口须盖上盖子),记录样品的冷却速率 $\left(\dfrac{\Delta\theta}{\Delta t}\right)_{\theta=100}$.具体做法是:记录数字电压表上示值约从 $E_1 = 4.36$ mV 降到 $E_2 = 4.20$ mV 所需的时间 Δt(因为数字电压表上的显示数字是跳跃性的,

所以 E_1,E_2 只能取附近的值),从而计算 $\left(\dfrac{\Delta E}{\Delta t}\right)_{E=4.28\text{ mV}}$.按铁、铜、铝的次序,分别测量其温度下降速度,每一样品应重复测量 6 次.因为热电偶的热电动势与温度的关系在同一小温差范围内可以看成线性关系,即 $\dfrac{\left(\frac{\Delta\theta}{\Delta t}\right)_1}{\left(\frac{\Delta\theta}{\Delta t}\right)_2}=\dfrac{\left(\frac{\Delta E}{\Delta t}\right)_1}{\left(\frac{\Delta E}{\Delta t}\right)_2}$,式(5.5-7)可以简化为

$$c_2=c_1\frac{M_1(\Delta t)_2}{M_2(\Delta t)_1} \tag{5.5-8}$$

3. 仪器的加热指示灯亮,表示正在加热;如果连接线未连好或加热温度过高(超过 200 ℃)导致自动保护时,指示灯不亮.升到指定温度后,应切断加热电源.

五、数据处理

样品质量:$M_{Cu}=$ _____ g,$M_{Fe}=$ _____ g,$M_{Al}=$ _____ g,热电偶冷端温度:_____ ℃.

表 5.5-1　样品由 4.36 mV 下降到 4.20 mV 所需时间　　　　单位:s

样品	次数						
	1	2	3	4	5	6	平均值 Δt
Fe							
Cu							
Al							

以铜为标准:$C_1=C_{Cu}=0.393$ J/(g·K)

铁:$c_2=c_1\dfrac{M_1(\Delta t)_2}{M_2(\Delta t)_1}=$ _____ J/(g·K)

铝:$c_3=c_1\dfrac{M_1(\Delta t)_3}{M_3(\Delta t)_1}=$ _____ J/(g·K)

六、注意事项

1. 取换样品时,用镊子操作,避免烫伤.
2. 测量降温时间时,按"计时"或"暂停"按钮应迅速准确,以减小人为计时误差.
3. 向下移动加热装置时,动作要慢,被测量金属样品应竖直放置,以使加热装置能完全套入被测样品.

七、思考题

1. 为什么实验应该在防风筒(即样品室)中进行?
2. 测量三种金属的冷却速率,并在图纸上绘出冷却曲线,如何求出它们在同一温度点的冷却速率?

实验5.6 电阻元件伏安特性的测量

伏安特性曲线是表征一个元器件电学特性最直接的方法之一,通过测量元器件的伏安特性曲线,可以获得该器件电学特性中蕴含的丰富物理内涵,了解器件的工作原理.

一、实验目的

1. 验证欧姆定律.
2. 掌握测量伏安特性的基本方法.
3. 学会直流电源、电压表、电流表、电阻箱等仪器的正确使用方法.

二、实验仪器

FB321型电阻元件伏安特性实验仪1台,专用连接线10根,电源线1根,保险丝(1A,已在电源插座中)2根,待测二极管,稳压二极管,小灯泡各2只.

三、实验原理

(一)电学元件的伏安特性

在某一电学元件两端加上直流电压,在元件内就会有电流通过,通过元件的电流与端电压之间的关系称为电学元件的伏安特性.在欧姆定律 $U=IR$ 式中,电压 U 的单位为伏特,电流 I 的单位为安培,电阻 R 的单位为欧姆.一般以电压为横坐标,电流为纵坐标,作出元件的电压-电流关系曲线,称为该元件的伏安特性曲线.

对于碳膜电阻、金属膜电阻、线绕电阻等电学元件,通常情况下,通过元件的电流与加在元件两端的电压成正比,即其伏安特性曲线为一直线,这类元件称为线性元件,如图5.6-1所示.至于半导体二极管、稳压管等元件,通过元件的电流与加在元件两端的电压不成线性关系变化,其伏安特性为一曲线,这类元件称为非线性元件,如图5.6-2所示.

在设计测量电学元件伏安特性的线路时,必须了解待测元件的规格,使加在它上面的电压和通过的电流均不超过额定值.此外,还必须了解测量时所需其他仪器的规格(如电源、电压表、电流表、滑动变阻器等的规格),也不得超过其量程或使用范围.根据这些条件所设计的线路,可以将测量误差减到最小.

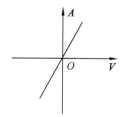

图5.6-1 线性元件的伏安特性曲线

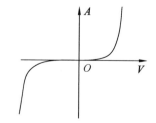

图5.6-2 非线性元件的伏安特性曲线

（二）实验线路的比较与选择

在测量电阻 R 的伏安特性的线路中，常有两种接法，即图 5.6-3(a) 中电流表内接法和图 5.6-3(b) 中电流表外接法.电压表和电流表都有一定的内阻（分别设为 R_V 和 R_A）.简化处理时直接用电压表读数 U 除以电流表读数 I 来得到被测电阻值 R，即 $R = \dfrac{U}{I}$，这样会引进一定的系统性误差.

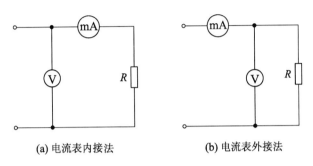

(a) 电流表内接法　　　　　　　(b) 电流表外接法

图 5.6-3　**电流表的内、外接线路**

当电流表内接时，电压表读数比电阻端电压值大，即有

$$R = \frac{U}{I} - R_A \tag{5.6-1}$$

当电流表外接时，电流表读数比电阻 R 中流过的电流大，这时应有

$$\frac{1}{R} = \frac{I}{U} - \frac{1}{R_V} \tag{5.6-2}$$

在式 (5.6-1) 和式 (5.6-2) 中，R_A 和 R_V 分别代表电流表和电压表的内阻.比较电流表的内接法和外接法，显然，如果简单地用 $\dfrac{U}{I}$ 值作为被测电阻值，电流表内接法的结果偏大，而电流表外接法的结果偏小，都有一定的系统性误差.在需要做这样简化处理的实验场合，为了减少上述系统性误差，测量电阻的线路方案可以粗略地按下列办法来选择：

（1）当 $R \ll R_V$，且 R 较 R_A 大得不多时，宜选用电流表外接法.

（2）当 $R \gg R_A$，且 R 和 R_V 相差不多时，宜选用电流表内接法.

（3）当 $R \gg R_A$，且 $R \ll R_V$ 时，则必须先用电流表内接法和外接法测量，然后再比较电流表的读数变化大还是电压表的读数变化大，根据比较结果再决定采用内接法还是外接法.

如果要得到待测电阻的准确值，则必须测出电表内阻并按式 (5.6-1) 和式 (5.6-2) 进行修正，本实验不进行这种修正.

四、实验内容

（一）测定线性电阻的伏安特性，并作出伏安特性曲线，从图上求出电阻值

1. 按图 5.6-4 接线，其中 $R_1 = 1\ \text{k}\Omega$.

2. 选择电源的输出电压挡为 10 V，电流表和电压表的量程分别为 20 mA 和 20 V，分

压输出滑动端 C 置于 B 端(为什么? 注意本实验中 B 端皆指接于电源负极的公共端).然后复核电路无误后,请教师检查.

3. 选择测量线路.按图 5.6-4(a)连接线路并合上 K_1,调节分压输出滑动端 C,使电压表(可设置电压值 $U_1 = 2.00\ \text{V}$)和电流表有一合适的指示值,记下这时的电压值 U_1 和电流值 I_1,并记录在表 5.6-1 中然后按图 5.6-4(b)连接线路并合上 K_1,调节分压输出滑动端 C,使电压表值不变,记下 U_2 和 I_2.将 U_1,I_1 与 U_2,I_2 进行比较,若电流表示值有显著变化(增大),R 即为高阻(相对电流表内阻而言),则采用电流表内接法;若电压表有显著变化(减小),R 即为低阻(相对电压表内阻而言),则采用电流表外接法.按照系统误差较小的连接方式接通电路(即确定电流表内接还是外接).若电流表无论是内接还是外接,电流表示值和电压表示值均没有显著变化,则采用任何一种连接方式均可.(为什么会产生这样的现象?)

4. 选定测量线路后,取合适的电压变化值(如变化范围 $3.00 \sim 10.00\ \text{V}$,变化步长为 $1.00\ \text{V}$),改变电压,测量 8 个测量点,将对应的电压与电流值列表记录(表 5.6-2),以便作图.

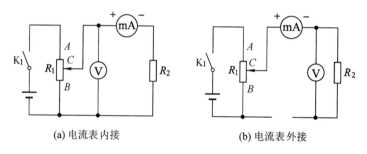

(a) 电流表内接   (b) 电流表外接

图 5.6-4 判断电流表的内、外接线路

(二)测定二极管正向伏安特性,并画出伏安特性曲线

1. 连接线路前,先记录所用晶体管型号和主要参数(即最大正向电流和最大反向电压).然后根据二极管元件上的标志来判断其正反向(正负极).

2. 测量晶体二极管的正向特性.

因为二极管正向电阻小,可用图 5.6-5 所示的电路,图中 $R = 100\ \Omega$ 为保护电阻,用以限制电流,避免电压达到二极管的正向导通电压值时,电流太大,损坏二极管或电流表.接通电源前,应调节电源 E,使其输出电压为 3 V 左右,并将分压输出滑动端 C 置于 B 端(与图 5.6-4 一样).然后缓慢地增加电压,如取 $0.00\ \text{V},0.10\ \text{V},0.20\ \text{V},\cdots$(到电流变化大的地方,如硅管约 $0.6 \sim 0.8\ \text{V}$,可适当减小测量间隔),读出相应的电流值,将数据记入表 5.6-3 中.最后关断电源(此实验硅管电压范围在 $1.0\ \text{V}$ 以内,电流应小于最大正向额定电流,可据此选用电表量程.表格上方应注明各电表量程及相应误差).

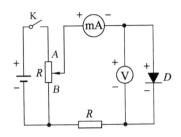 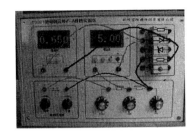

图 5.6-5　测量二极管正向特性与实验接线图

五、数据处理

1. 线性电阻伏安特性的测定.

2. 测量线路的选择及误差分析.

电压表准确度等级 $K=$ _____，量程 $U_m=$ _____ V.

电流表准确度等级 $K=$ _____，量程 $I_m=$ _____ A.

表 5.6-1　测量线路的选择及误差分析

电流表内接	U_1	I_1	$R_1=\dfrac{U_1}{I_1}$	$\dfrac{\Delta_{R_1}}{R_1}$	$R_1\pm\Delta_{R_1}$
电流表外接	U_2	I_2	$R_2=\dfrac{U_2}{I_2}$	$\dfrac{\Delta_{R_2}}{R_2}$	$R_2\pm\Delta_{R_2}$

表 5.6-1 中 Δ_R，Δ_U，Δ_I 的计算公式如下：

$$\frac{\Delta_R}{R}=\sqrt{\left(\frac{\Delta_U}{U}\right)^2+\left(\frac{\Delta_I}{I}\right)^2}$$

其中，$\Delta_U=K\%\times U_m$，U 为测得值；$\Delta_I=K\%\times I_m$，I 为测得值.

由此可见，使电表读数尽可能接近满量程时，测量电阻的准确度高.

将 U_1，I_1 与 U_2，I_2 进行直接比较，可以确定电流表是内接还是外接.本实验可以做进一步分析.

3. 电阻伏安特性的测定.

表 5.6-2　电阻伏安特性的测定

测量序数	1	2	3	4	5	6	7	8
U/V								
I/mA								

（1）按表 5.6-2 数据进行等精度作图（复习等精度作图规则）.以自变量 U 为横坐标，因变量 I 为纵坐标，且据等精度原则选取作图比例尺.例如，电压表准确度 $K=0.5$，$U_m=$

10 V,则 $\Delta U = 10\ \text{V} \times 0.5\% = 0.05\ \text{V}$,即测量的电压值中小数点后第一位(十分位)是可信值,而百分位为可疑数,故作图时横轴的比例尺应为 1 mm 代表 0.1 V.同理,可定出纵轴 1 mm 代表多少毫安.

(2) 从 U-I 图上求电阻 R 值.在 U-I 图上选取两点 A 和 B(不要选与测量数据相同的点,且 A,B 点尽可能相距远一些,请思考为什么?),由下式求出 R 值:

$$R = \frac{U_B - U_A}{I_B - I_A}$$

4. 二极管正、反向伏安特性曲线的测定.

表 5.6-3　二极管正、反向伏安特性的测定

测量序数	1	2	3	4	5	6	7	8
U/V								
I/mA								

按表 5.6-3 中数据进行等精度作图,画出二极管正向伏安特性曲线.

六、注意事项

1. 为保护直流稳压电源,接通与断开电源前均需先使其输出为零,然后再接通或断开电源开关.调节输出调节旋钮时动作必须轻、缓.

2. 更换测量内容前,必须使电源输出为零,然后再逐渐增加至需要值,否则元件将会损坏.

3. 测定稳压管的伏安特性时,不应超过其最大稳定电流 $I_{\max}$.

4. 测定小电珠的伏安特性时,注意所加的电压不得超过其额定电压和额定功率.

七、思考题

1. 电流表或电压表面板上的符号各代表什么意义? 电表的准确度等级是怎样定义的? 怎样确定电表读数的示值误差和读数的有效数字?

2. 滑动变阻器在电路中主要有几种基本接法? 它们的功能分别是什么? 在图 5.6-4 和图 5.6-6 的线路中滑动变阻器各起什么作用? 在图 5.6-6 中,当滑动端 C 移至 A 端或 B 端时,电压表读数的变化与图 5.6-4 中移动 C 点时的变化是否相同?

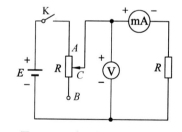

图 5.6-6　变阻器的限流接法

3. 1.5 级 0~3 V 的电压表表面共有 60 分格,如以 V 为单位,它的读数应读到小数点后第几位? 2.5 级 0~10 mA 的毫安表表面共有 50 分格,如以 mA 为单位,它的读数又应读到小数点后第几位?

4. 有一个 0.5 级、量限为 100 mA 的电流表,它的最小分度值一般应是多少? 最大绝对误差是多少? 当读数为 50.0 mA,此时的相对误差是多少? 若电表还有 200 mA 的量程,上列各项分别是多少?

5. 用量程为 1.5/3.0/7.5/15 V 的电压表和 50/500/1 000 mA 的电流表测量额定电压为 6.3 V、额定电流为 300 mA 的小电珠的伏安特性,电压表和电流表应选哪一量程? 若欲测另一额定电压为 12 V 的小电珠,额定电流不知道,这时如何选取电压表和电流表的量程?

6. 提供下列仪表:0～6 V 可调直流稳压电源;滑动变阻器 $R_0 = 100$ Ω(2 A)及 1 kΩ (0.5 A)各一只;0.5 级多量程电流表;0.5 级多量程电压表;待测电阻 1 只;待校 1.5 级电压表 1 只.已知电表内阻如下:

电流表
量程/mA	7.5	15	30	75
内阻 R_A/Ω	3.43	2.31	1.26	0.4

电压表
量程/V	3	7.5	15
内阻 R_V/Ω	500		

(1) 设计一个伏安法测电阻的控制电路,待测电阻 200 Ω,电流表内接,电流调节范围为 20～30 mA,画出电路,并注明电路中各元件的参数.

(2) 设计一个校正电压表的控制电路,待校表量程为 5 V,内阻为 50 kΩ,画出电路,并注明电路中各元件的参数.

实验 5.7 霍尔效应法测量亥姆霍兹线圈的磁场

霍尔效应的发现已有 200 多年的历史,1879 年美国物理学家霍尔在研究金属的导电机制时发现该现象,此后众多霍尔效应被实验发现,比如整数量子霍尔效应、分数量子霍尔效应、自旋量子霍尔效应等,特别是 2013 年中国科学家首次实验发现了量子反常霍尔效应.针对霍尔效应的研究,中国科学家发挥了不可或缺的重要作用,凸显了近年来中国在基础科学研究领域取得的长足进步.

一、实验目的

1. 熟悉圆电流线圈、亥姆霍兹线圈的磁场分布.
2. 了解霍尔效应原理及霍尔元件有关参数的含义.
3. 测绘圆电流线圈轴线上的磁场分布,亥姆霍兹线圈轴线轴向、径向的磁场分布.

二、实验仪器

DH4501A 型亥姆霍兹线圈磁场测试仪、专用连接线等.

三、实验原理

(一) 载流圆线圈与亥姆霍兹线圈的磁场

1. 载流圆线圈的磁场.

半径为 R、通以电流 I 的圆线圈,轴线上的磁场为

$$B = \frac{\mu_0 N_0 I R^2}{2(R^2 + x^2)^{3/2}} \tag{5.7-1}$$

式中,N_0 为圆线圈的匝数,x 为轴上某一点到圆心 O 的距离,$\mu_0 = 4\pi \times 10^{-7}$ H/m.磁场分布图如图 5.7-1 所示.本实验取 $N_0 = 500$ 匝,$I = 500$ mA,$R = 110$ mm,圆心 O 处 $x = 0$,可算得载流圆线圈中心处的磁感应强度 $B = 1.43$ mT.

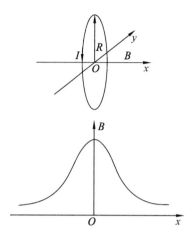

图 5.7-1　单个载流圆线圈的磁场分布

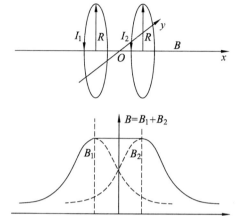

图 5.7-2　亥姆霍兹线圈的磁场分布

2.亥姆霍兹线圈的磁场.

所谓亥姆霍兹线圈,即指两个相同线圈彼此平行且共轴,使线圈上通以同方向的电流 I.理论计算证明:当线圈间距 a 等于线圈半径 R 时,两线圈合磁场在轴上(两线圈圆心连线)附近较大范围内是均匀的,如图 5.7-2 所示.这种均匀磁场在工程运用和科学实验中应用十分广泛.

亥姆霍兹线圈的磁感应强度为

$$B = \frac{\mu_0 N_0 I}{2R} \times \frac{16}{5^{3/2}} = 1.43 \times 1.431 \text{ mT} \approx 2.05 \text{ mT}$$

(二)利用霍尔效应法测磁场

1.霍尔效应法测量磁场的原理.

将通有电流 I_s 的导体置于磁场中,则在垂直于电流 I_s 和磁场 B 的方向上(图 5.7-3 中 y 方向)将产生一个附加电位差 E_H,相应地在导体横向两端产生的电势差 U_H 称为霍尔电压.

根据实验 3.8 的实验原理可知,霍尔电压 U_H(图 5.7-3 中 A、B 两端之间的电压)与霍尔元件的灵敏度 K_H、电流 I_s 和磁感应强度 B 的乘积成正比,即

$$V_H = K_H I_s B \qquad (5.7\text{-}2)$$

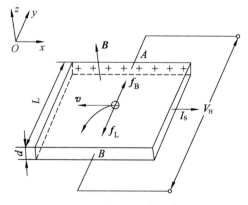

图 5.7-3　霍尔效应示意图

当 I 为常数时,有 $V_H = K_H I B = k_0 B$.因此,通过测量霍尔电压 V_H,就可计算出未知磁场强度 B.

2. 集成霍尔传感器(特斯拉计).

一般霍尔元件的灵敏度较低,测量弱磁场时霍尔电压值较低.为此将霍尔元件和放大电路集成化,从而提高霍尔电压的输出值,这样就扩大了霍尔法测磁场的应用范围.

本实验使用的 SS495A 型集成霍尔传感器,集成有霍尔元件、放大器和薄膜电阻剩余电压补偿器.典型的灵敏度为 31.25 mV/mT,最大线形测量磁场范围为 $-67\sim67$ mT.采用直流 5 V 供电时,零磁感应强度的输出为 2.500 V.

由于有地磁场和大楼建筑等的影响,当亥姆霍兹线圈没有电流流过时,显示值也不为零.因此,在进行亥姆霍兹线圈磁场测量实验时,需要对这个固定偏差值进行修正,即在数据处理中扣除这个初始偏差值,否则的话,测量出的值是在线圈产生的磁场上面叠加上了一个偏差值,会引起较大的测量误差.为此测量仪内,设计有一个零位偏差值自动修正电路,能将这个偏差值记忆在仪器中,自动补偿地磁场引起的固定偏差值.具体使用方法如下:

将测量仪与测试架连线按图 5.7-4 所示连好.打开电源,将测量仪的励磁电流电位器逆时针旋到底,电流表显示为零,线圈没有产生磁场.但这时由于存在地磁场,以及内部电路的失调电压,毫特计的显示往往不为 0.预热 $10\sim20$ min 后,按下测量仪面板上的"零位调节"按钮,直到数码管上的显示从 1111 变到 3333 再放开按钮.这个过程大约需要 2 s.此时毫特计表头应显示 0,如果不是 0,请重复上述过程.

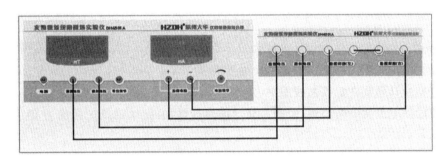

图 5.7-4　DH4501A 型亥姆霍兹线圈磁场实验仪接线示意图

调零完毕后,即可进入正常亥姆霍兹线圈磁场测量过程.

四、实验内容

1. 测量圆电流线圈轴线上磁场的分布.

选择左边的励磁线圈为实验对象.将测量仪偏置电压、霍尔电压、励磁电流分别与测试架的对应端相连.此时只给左边的励磁线圈通电.

调节励磁电流为零,将磁感应强度清零.

调节磁场测量仪的励磁电流调节电位器,使表头显示值为 500 mA,此时毫特计表头应显示一对应的磁感应强度 B 值.

以圆电流线圈中心为坐标原点,每隔 10.0 mm 测一磁感应强度 B 的值,测量过程中注意保持励磁电流值不变.将数据记录于表 5.7-1.

将励磁电流调到零.

表 5.7-1　实验数据（一）

轴向距离 x/mm	…	−20	−10	0	10	……	
B/mT							

2. 测量亥姆霍兹线圈轴线上的磁场分布.

按图 5.7-4 接线,然后在励磁电流为零的情况下将磁感应强度清零.

调节磁场测量仪的励磁电流调节电位器,使表头显示值为 500 mA,此时毫特计表头应显示一对应的磁感应强度 B 值.

以亥姆霍兹线圈中心为坐标原点,每隔 10.0 mm 测一磁感应强度 B 的值,测量过程中注意保持励磁电流值不变.将数据记录于表 5.7-2、表 5.7-3.

将励磁电流调到零.

表 5.7-2　实验数据（二）

轴向距离 x/mm	…	−20	−10	0	10	20	……
B/mT							

表 5.7-3　实验数据（三）

径向距离 X/mm	…	−20	−10	0	10	20	……
B/mT							

3. 励磁电流大小对磁场强度的影响.

在励磁电流为零的情况下将磁感应强度清零.

将特斯拉计移到亥姆霍兹线圈中心.

调节励磁电流调节电位器,使表头显示值逐渐增加,记录磁感应强度 B 值.将数据记录于表 5.7-4.

将励磁电流调到零.

表 5.7-4　实验数据（四）

励磁电流/mA	100	200	300	400	500
B/mT					

五、数据处理

根据表 5.7-1,在同一坐标纸上画出实验曲线与理论曲线.表 5.7-2 和表 5.7-3 的数据要求处理同上,并分析误差产生的原因.

六、注意事项

1. 实验仪含有电流源和大电感,开机、关机时必须确保励磁电流为零.
2. 实验前需开机预热 10 min.
3. 严格遵守操作规程.

七、思考题

1. 单线圈轴线上磁场的分布规律如何？亥姆霍兹线圈是怎样组成的？其基本条件有哪些？它的磁场分布有何特点？

2. 用霍尔效应测量磁场时，为何励磁电流为零时，显示的磁场值不为零？

3. 分析载流圆线圈磁场分布的理论值与实验值的误差产生的原因？

实验5.8　光路调整与薄透镜焦距的测定

透镜是最常用的光学元器件,通过实验来理解和掌握透镜的成像规律是学习几何光学最为直观的方法.透镜焦距是器件的基本参数之一,测量焦距的方法有很多,通过本实验掌握一些常用的测量透镜焦距的方法,熟悉器件光学特性,掌握光路调整方法.

一、实验目的

1. 学习光具座上各元件的共轴调节方法,研究透镜成像的基本规律.
2. 掌握测定薄透镜焦距的几种基本方法.

二、实验仪器

光具座、凸透镜、凹透镜、平面反射镜、物屏、像屏、光源.

三、实验原理

透镜分为两类:一类是凸透镜(或称正透镜或会聚透镜),对光线起会聚作用,焦距越短,会聚本领越大;另一类是凹透镜(或称负透镜或发散透镜),对光线起发散作用,焦距越短,发散本领越大.

在近轴光线的条件下,将透镜置于空气中,透镜成像的高斯公式为

$$\frac{1}{s'} - \frac{1}{s} = \frac{1}{f'} \tag{5.8-1}$$

式中,s'为像距,s为物距,f'为第二焦距(或称像方焦距).对薄透镜,因透镜的厚度比球面半径小得多,因此透镜的两个主平面与透镜的中心面可看作是重合的.s,s',f'皆可视为物、像、焦点与透镜中心(即光心)的距离,如图5.8-1所示.

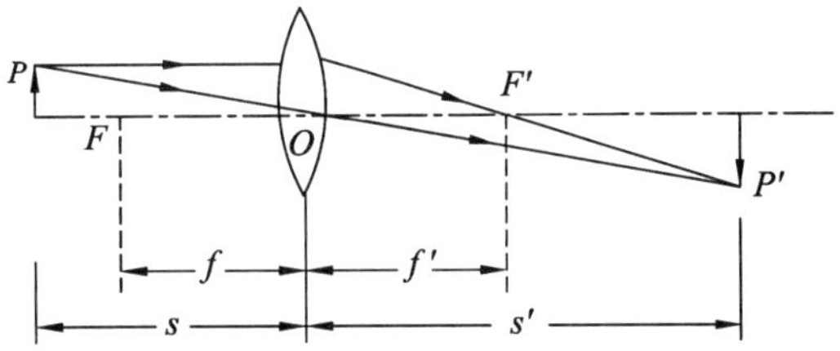

图5.8-1　凸透镜成像光路图

对于式(5.8-1)中的各物理量的符号,我们规定:光线自左向右传播,以薄透镜中心为原点量起,若其方向与光的传播方向一致者为正,反之为负.运算时,已知量需添加符号,未知量则根据求得结果中的符号判断其物理意义.

测定薄透镜焦距的方法有多种,它们均可以由式(5.8-1)导出,至于选用什么方法和仪器,应根据测量所要求的精度来确定.

(一)测凸透镜的焦距

1. 用物距-像距法求焦距.

当实物经凸透镜成实像于像屏上时,通过测定 s,s',利用式(5.8-1),即可求出凸透镜的焦距 f'.

若 $s \to \infty$,则 $s' \to f'$.也就是说,可把远处的物体作为物,经透镜成像后,透镜光心到像平面的距离就等于焦距.此法多用于粗略估测,误差较大.

2. 用贝塞尔法(又称透镜二次成像法)求焦距.

如图 5.8-2 所示,AB 为物,L 为待测透镜,H 为白屏,若物与屏之间的距离 $D>4f'$,且当 D 保持不变时,移动透镜,则必然在屏上两次成像.当物距为 s_1 时,得放大像;当物距为 s_2 时,得缩小像.透镜在两次成像之间的位移为 Δ,根据光线可逆性原理,可得

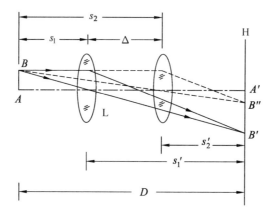

图 5.8-2　凸透镜二次成像光路图

$$-s_1 = s_2{'}$$
$$-s_2 = s_1{'}$$
$$D - \Delta = -s_1 + s_2{'} = 2s_2{'}$$
$$-s_1 = s_2{'} = \frac{D-\Delta}{2}$$
$$s_1{'} = D - (-s_1) = D - \frac{D-\Delta}{2} = \frac{D+\Delta}{2}$$

将此结果代入式(5.8-1)后,整理得

$$f' = \frac{D^2 - \Delta^2}{4D} \tag{5.8-2}$$

上式表明,只要测出 Δ 和 D 值,就可算出 f'.由这种方法得到的焦距值较为准确,因为用这种方法可以不考虑透镜本身的厚度.

3. 由自准直法求焦距.

如图 5.8-3 所示,L 为待测凸透镜,平面反射镜 M 置于透镜后方的一适当距离处.若物体 AB 正好位于透镜的前焦面处,那么物体上各点发出的光束经透镜折射后成为不同

方向的平行光,然后被反射镜反射回来,再经透镜折射后,成一与原物大小相同的、倒立的实像 $A'B'$,且与原物在同一平面,即成像于该透镜的前焦面上,此时物与透镜间的距离就是透镜的焦距,其数值可直接由光具座导轨标尺读出,故此法迅速.这种方法利用调节实验装置本身使之

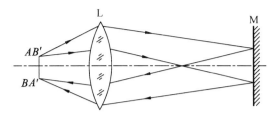

图 5.8-3　**凸透镜自准直法成像光路图**

产生平行光以达到调焦的目的,故称为自准直法.它不仅用于测透镜的焦距,还常常用于光学仪器的调节,如平行光管的调节和分光计中望远镜的调节等.

（二）测凹透镜的焦距

1. 用物距-像距法测凹透镜的焦距.

如图 5.8-4 所示,凸透镜 L_1 将实物 A 成像于 B,把被测凹透镜 L_2 插入 L_1 与像 B 之间,然后调整 L_2 与 B 的距离,使光线的会聚点向右移至 B',即虚物 B(对 L_2 而言)经 L_2 成一实像于 B',测定物距 s、像距 s',代入式(5.8-1),即可求出凹透镜的焦距 f'.

2. 用自准法测凹透镜的焦距.

如图 5.8-5 所示,将物点 A 放在凸透镜 L_1 的主光轴上,由物点 A 发出的光线经过 L_1 后将成像于 F 点,测出 F 点的位置.固定凸透镜 L_1,并在 L_1 和 F 点之间插入待测的凹透镜 L_2 和一平面反射镜 M,不断移动 L_2,总可使由平面镜 M 反射回去的光线经 L_2、L_1 后,仍然成像于物点 A.此时,从凹透镜射到平面镜上的光将是一束平行光,F 点就是凹透镜 L_2 的焦点.测出 L_2 的位置,则间距 O_2F 即为被测凹透镜的焦距.

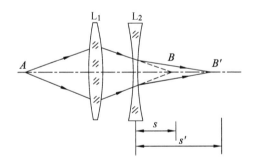

图 5.8-4　**凹透镜辅助成像光路图**

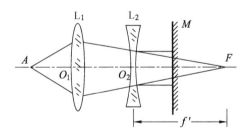

图 5.8-5　**自准直法测凹透镜的焦距**

（三）光学元件的共轴调节

为了避免不必要的像差而使读数准确,需要对光学系统进行共轴调节,使各透镜的光轴重合且与光具座的导轨严格平行,物面中心处在光轴上,且物面、屏面垂直于光轴.此外,照明光束也应大体沿光轴方向.共轴调节的具体方法如下:

(1) 粗调.把光源、物、透镜、白屏等元件放置于光具座上,并使它们尽量靠拢,用眼睛观察、调节各元件的上下、左右位置,使各元件的中心大致在与导轨平行的同一条直线上,并使物平面、透镜面和屏平面三者相互平行且垂直于光具座的导轨.

(2) 细调.点亮光源,利用透镜二次成像法(图 5.8-2)来判断光学元件是否共轴,并进

一步调至共轴.

若物的中心偏离透镜的光轴,则移动透镜两次成像所得的大像和小像的中心将不重合,如图 5.8-6 所示.就垂直方向而言,如果大像的中心 P' 高于小像的中心 P'',说明此时透镜位置偏高(或物偏低),这时应将透镜降低(或将物升高);反之,如果 P' 低于 P'',便应将透镜升高(或将物降低).

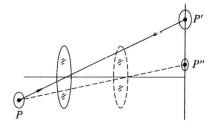

图 5.8-6　光学元件的共轴调节

调节时,以小像中心为目标,调节透镜(或物)的上下位置,逐渐使大像中心 P' 靠近小像中心 P'',直至 P' 与 P'' 完全重合.同理,调节透镜的左右(即横向)位置,使 P'' 与 P' 两者中心重合.

如果系统中有两个以上的透镜,则应先调节只含一个透镜在内的系统共轴,然后再加入另一个透镜,调节该透镜与原系统共轴.

四、实验内容

1. 将光源、物、待测透镜、屏等放置于光具座上,调节各元件,使之共轴.为了使物照明均匀,光源前应加毛玻璃.

2. 用物距-像距法测凸透镜的焦距:改变屏的位置,重复测量 5 次.将实验数据填入表 5.8-1.

3. 用贝塞尔法测凸透镜的焦距:固定物与屏之间的距离(略大于 $4f$),往复移动透镜并仔细观察,至像清晰时读数,重复测量 5 次.将实验数据填入表 5.8-2.

4. 用自准直法测凸透镜的焦距:取下光屏,换上平面反射镜,并使平面镜与系统共轴,移动透镜,改变物与透镜之间的距离,直至物屏上出现清晰的且与物等大的像为止,记下此时物距,即为透镜的焦距,重复测量 5 次.将实验数据填入表 5.8-3.

5. 用物距-像距法求凹透镜的焦距.

(1) 按图 5.8-4 所示,使物经凸透镜 L_1 成一清晰的像于 B 处的屏上,记录此时屏的位置 x_1,并填入表 5.8-4.

(2) 保持物与 L_1 之间的距离不变,在 L_1 与屏之间插入凹透镜 L_2,调节 L_2,使之与系统共轴.然后移动 L_2 至靠近屏的位置,再右移屏至 B' 处找到清晰的像.记录此时 L_2 的位置及屏的位置 x_2,由 x_1,x_2,x_0 的值计算 s,s',代入式(5.8-1),求出凹透镜的焦距 f'.保持 L_1 不动,移动 L_2 至不同的位置,重复测量 5 次.

6. 用自准直法测量凹透镜的焦距.

(1) 按图 5.8-4 所示,使物经凸透镜 L_1 成一清晰的像于 B 处的屏上,记录此时屏的位置 x_1',并记入表 5.8-5.

(2) 保持物与 L_1 之间的距离不变,在 L_1 与屏之间插入凹透镜 L_2 及平面反射镜 M,调节 L_2,使之与系统共轴.然后移动 L_2 的位置,至物 A 处成清晰像,记录此时 L_2 的位置及 x_2 位置,求出凹透镜的焦距 f'.保持 L_1 不动,移动 L_2 至不同的位置,重复测量 5 次.

五、数据处理

根据各个表格中的数据,分别计算各透镜的焦距,并与标准值对比,做误差分析.

表 5.8-1　物距-像距法测凸透镜的焦距

次数	1	2	3	4	5
物屏位置 x_1/cm					
透镜位置 x_0/cm					
像屏位置 x_1'/cm					
s/cm					
s'/cm					
f/cm					

表 5.8-2　贝塞尔法测凸透镜的焦距

物屏位置 $x=$ _____ cm　像屏位置 $x'=$ _____ cm　$D=$ _____ cm

次数	1	2	3	4	5
透镜成大像位置 x_1/cm					
透镜成小像位置 x_2/cm					
$\Delta=|x_2-x_1|$/cm					
f/cm					

表 5.8-3　自准直法测凸透镜的焦距

物屏位置 $x_1=$ _____ cm

次数	1	2	3	4	5
透镜位置 x/cm					
f/cm					

表 5.8-4　物距-像距法测凹透镜的焦距

凸透镜 L_1 成一清晰的像于 B 处的屏上,此时屏的位置 $x_1=$ _____ cm

次数	1	2	3	4	5
凹透镜的位置 x_0/cm					
凹透镜成实像位置 x_2/cm					
$s=|x_1-x_0|$/cm					
$s'=|x_2-x_0|$/cm					
f'/cm					

表 5.8-5　自准直法测凹透镜的焦距

像屏位置 $x_1'=$ _____ cm

次数	1	2	3	4	5
凹透镜的位置 x_2/cm					
f'/cm					

六、注意事项

由于人眼对成像的清晰度分辨能力有限,所以观察到的像在一定范围内都清晰,加之球差的影响,清晰成像位置会偏离高斯成像公式计算得到的位置.为使两者接近,减小误差,记录数值时应使用左右逼近的方法.

七、思考题

1. 为什么要调节光学系统共轴? 调节光学系统共轴有哪些要求? 怎样调节?

2. 已知一凸透镜的焦距为 f,要用此透镜成一放大的像,物体应放在离透镜中心多远的地方? 成缩小的像时,物体又应放在多远的地方?

3. 用贝塞尔法测凸透镜的焦距时,为什么 D 应略大于 $4f$?

4. 为什么实验中要用白屏作像屏? 可否用黑屏、透明平玻璃、毛玻璃屏? 为什么?

5. 如果凸透镜的焦距大于光具座的长度,在光具座上能测定它的焦距吗?

实验 5.9 用牛顿环测量透镜的曲率半径

牛顿环是一种光的等厚干涉图样,最早由牛顿在 1675 年观察到.牛顿环装置常用来检验光学元件表面的准确度,精密地测定压力或长度的微小变化.牛顿环能够证实光的波动性,然而牛顿却固执地从他所信奉的微粒说出发来解释牛顿环的形成.这一事实告诉我们,即使是权威科学家,在某些问题上也会犯错误,我们在学习过程中需要养成不迷信权威,勇于独立地、理性地思考的习惯.

一、实验目的

1. 学习用牛顿环测量球面曲率半径的原理和方法.
2. 学会使用测量显微镜和钠光灯.

二、实验仪器

测量显微镜、钠光灯(单色光源,$\lambda_D = 589.3$ nm)、待测透镜及平板玻璃、光学平面等.

三、实验原理

(一)等厚干涉

如图 5.9-1 所示,由面光源 S 上某一原子发出的某种波长为 λ 的光线 1 和 2 投射到 bb 面上(bb 面两边介质的折射率分别为 N 和 n).其中光线 1 经表面反射后和另一条光线 2 相遇于表面附近的 C 点,因而在 C 点产生干涉,在 C 点处就可以观察到干涉条纹.

如果 aa 和 bb 的表面之间是很薄的空气层(折射率 $n=$

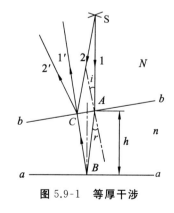

图 5.9-1　等厚干涉

1),而且夹角很小,光线又近乎垂直地入射到 bb 表面,则 C 点在 bb 的表面上,光线 $11'$ 和 $22'$ 的光程差是

$$\delta = 2h + \frac{\lambda}{2} \qquad (5.9\text{-}1)$$

光程差只与厚度 h 有关.式中 $\frac{\lambda}{2}$ 是因为光线由光疏介质射到光密介质且在 aa 界面反射时有一相位突变引起的附加光程差.

产生第 m 级(m 为一整数)暗条纹的条件是

$$\delta = 2h + \frac{\lambda}{2} = (2m+1)\frac{\lambda}{2}, m = 0,1,2,\cdots \qquad (5.9\text{-}2)$$

产生第 m 级亮条纹的条件是

$$\delta = 2h + \frac{\lambda}{2} = 2m\,\frac{\lambda}{2}, m = 0,1,2,\cdots$$

即

$$h = \left(m - \frac{1}{2}\right)\frac{\lambda}{2} \qquad (5.9\text{-}3)$$

因此,在空气层厚度相同处产生同一级干涉条纹,厚度不同处产生不同级的干涉条纹,如图 5.9-2 所示.图中 5.9-2(a)表示上下两个表面的平面性很好,因而产生规则的干涉直条纹;5.9-2(b)表示两个表面的平面性很差,产生了很不规则的干涉花样.这些都叫作等厚干涉条纹.

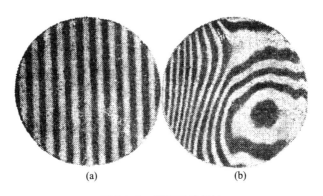

(a)   (b)

图 5.9-2 等厚干涉条纹

(二)用牛顿环测一球面的曲率半径

1. 将待测凸透镜的球面 AOB 放在平面 CD 的上面,如图 5.9-3 所示,则形成一个从中心 O 向四周逐渐增厚的空气层.如果单色光源上某一点发出的光线近乎垂直地入射,则其中一部分光线经 AOB 表面反射,另一部分经 CD 表面反射,形成两束相干光.这两束光中的两条反射光线将在 AOB 表面上某一 T 点相遇,从而在 T 点产生干涉.由于 AOB 表面是球面,整个干涉条纹是明暗相间的圆环,称为牛顿环,如图 5.9-4 所示.

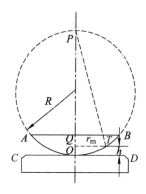

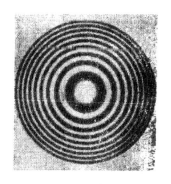

图 5.9-3　产生牛顿环的光路示意图　　　　图 5.9-4　牛顿环

如果 AOB 表面与 CD 在 O 点紧密接触,则在 O 点 $h=0\left(\delta=\dfrac{\lambda}{2}\right)$,牛顿环的中心是一暗斑.如果在 O 点非紧密接触,则 $h\neq 0$,牛顿环的中心就不一定是暗斑,也可能是一亮斑(即 $\delta=m\lambda$,其中 $m=1,2,\cdots$).

2. 从图 5.9-3 可以看出,直角三角形 PTQ 和 TOQ 是相似的.如果 T 点正好位于半径为 r_m 的圆环上,则

$$r_m{}^2=(2R-h)h \tag{5.9-4}$$

当 $R\gg h$ 时,可以略去二级小量,得

$$r_m{}^2=2Rh \tag{5.9-5}$$

如果该圆环是第 m 级暗环,则由式(5.9-2),知 $h=\dfrac{m\lambda}{2}$,代入式(5.9-5),得

$$r_m{}^2=m\lambda R \tag{5.9-6}$$

由式(5.9-6)可知,如果已知单色光的波长 λ,又能测出暗环的半径 r_m,就可以算出曲率半径 R;反之,如果已知曲率 R,测出暗环的半径 r_m 后,原则上就可以算出单色光的波长 λ.

式(5.9-6)是在式(5.9-1)和式(5.9-4)的基础上导出的,为了使式(5.9-1)和式(5.9-4)成立,则 T 点应在 AOB 圆弧上,也就是干涉条纹产生在 AOB 表面上.为此,在实验装置中应使光线近乎垂直地入射(图 5.9-5).此外,还要求 AOB 表面和 CD 表面一个是球面,而另一个是平面,所以实验时要对实验装置进行检验,核对一下实验装置是否与理论计算的条件相符,这是实验工作中必须十分注意的.

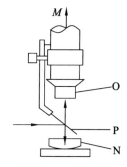

图 5.9-5　实验装置
示意图

由于牛顿环的级数 m 和环的中心都无法确定,因而要简单地利用式(5.9-6)来测定 R 实际上是不可能的.在实际测量中,常常将式(5.9-6)变成

$$R=\dfrac{d_m{}^2-d_n{}^2}{4(m-n)\lambda} \tag{5.9-7}$$

式中,d_m 和 d_n 分别为第 m 级和第 n 级暗环的直径.从式(5.9-7)可知,只要数出所测各环

的环数差 $m-n$,而无须确定各环的级数.不难证明,直径的平方差等于弦的平方差,因此就可以不必确定圆环的中心,从而避免了在实验过程中所遇到的级数及圆环中心无法确定的困难.这也是实验工作中值得留意的.

又由于在接触点处玻璃有弹性形变,因此,在中心附近的圆环将发生移位,故宜利用远离中心的圆环进行测量.

（三）实验仪器介绍

测量显微镜一方面可以将被测对象放大成虚像进行观察,另一方面又可以对它的大小做精密测量.它由一个附有叉丝的显微镜和一个平台所组成,用螺旋测微装置带动平台移动并从它读出平台的位置.平台移动前后,显微镜中的叉丝依次对准被测物像上的两个位置,从测微装置上可以分别读出对应的读数,二者之差就是被测物体上这两个位置间的距离.

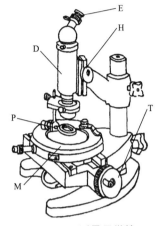

图 5.9-6　测量显微镜

本实验用的测量显微镜如图 5.9-6 所示.在显微镜物镜下面装有一个半反射镜 P,可以将光线反射到平台上,旋转旋钮 H 可以使显微镜筒 D 上下移动,达到调焦的目的.转动鼓轮 T 一周,可使平台 M 平移 1 mm.T 的周边等分为一百小格,所以鼓轮转过一小格,平台相应平移 0.01 mm.读数可估计到 0.001 mm.

四、实验内容

1. 调节牛顿环仪的三颗螺丝,使干涉环中心在牛顿环中心位置,且环中心不能是较大的黑斑.

2. 调整及定性观察.

(1) 把牛顿环装置放在显微镜平台上,调节半反射镜 P,使钠黄光能充满整个显微镜视场.

(2) 调节显微镜目镜,使能看清叉丝,然后调节显微镜镜筒对干涉圆环调焦,并使叉丝和圈环像之间无视差(注意:调焦时镜筒只能由下向上调节,以免碰伤物镜或被观察物).

(3) 定性观察待测的各环左右是否都清晰并且都在显微镜的读数范围之内.

3. 定量测量.

由式(5.9-7)知,R 为待测半径,λ 为光源的单色光波长,R,λ 都为常量.如果取 $m-n$ 为一确定值(例如,定为 $m-n=15$),则 $d_m^2-d_n^2$ 也为一常数.也就是说,凡是级数相隔 15 的两环(例如,第 30 环和第 15 环,第 29 环和第 14 环,…),它们的直径的平方差应该不变.据此,为了测量方便和提高精度,可以相继测出各环的直径,再用逐差法来处理数据.本实验要求至少测出 6 个 $d_m^2-d_n^2$ 的值,取其平均值计算出 R.测量时应注意:

(1) 应避免螺旋空程引入的误差.在整个测量过程中,鼓轮 T 只能沿一个方向转动,不许倒转.稍有倒转,全部数据即应作废.正确的操作方法是:如果要从第 30 环开始数,则至少要在叉丝压着第 35 环后再使鼓轮倒转至第 30 环开始读数并依次沿同一方向测完全部数据.

(2) 应尽量使叉丝对准干涉条纹中央时读数.

(3) 由于计算 R 时只需要知道环数差 $m-n$,因此可以任选一个环作为第一环,但一经选定,在整个测量过程中就不能再改变了.注意不要数错条纹数.

五、数据处理

1. 记录表 5.9-1 中所列的 6 组牛顿环 $(m-n=15)$ 的位置并计算相应的直径 d_m、d_n 及 $d_m^2-d_n^2$ 的数值,填入表中相应位置.

2. 应用 6 个 $d_m^2-d_n^2$ 数值,求其平均值.

3. 根据公式 $R=\dfrac{d_m^2-d_n^2}{4(m-n)\lambda}$ 计算出 R.

4. 计算测量结果 R 并估算不确定度 ΔR,估算时可把 λ 作为常数.

表 5.9-1   实验数据

牛顿环编号:

环的级数	m	30	29	28	27	26	25
环的位置/mm	右						
	左						
环的直径/mm	d_m						
环的级数	n	15	14	13	12	11	10
环的位置/mm	右						
	左						
环的直径/mm	d_n						
d_m^2/mm^2							
d_n^2/mm^2							
$(d_m^2-d_n^2)/\text{mm}^2$							

六、注意事项

1. 牛顿环的干涉环两侧的环序不要数错.

2. 注意防止实验装置受震动,引起干涉条纹的变化.

3. 注意读数显微镜的回程误差,读数时应向同一方向旋转显微镜的驱动丝杆转盘,不允许倒转.

七、讨论题

1. 什么是等厚干涉条纹?用本实验装置观察牛顿环(等厚干涉条纹)的实验中是如何

使等厚条纹的产生条件得到近似满足的?

2. 为什么相邻两暗条纹(或亮条纹)之间的距离,靠近中心的要比边缘的大?

3. 在本实验中若遇到下列情况:

(1) 牛顿环中心是亮斑而非暗斑.

(2) 测各个 d_m 时,叉丝交点未通过圆环的中心,因而测量的是弦而非真正的直径(图 5.9-7).试分析这些现象对实验结果是否有影响? 为什么?

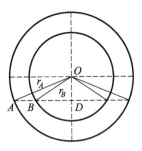

图 5.9-7　讨论题 3 图

实验 5.10　用分光计测量三棱镜的折射率

光学在先进科学实验和工程技术领域有着非常重要的应用,比如光刻是半导体加工非常重要的步骤.提升光学实验的实践能力对培养学生的核心素养有着重要意义,而掌握高精度的光学观测仪器则是开展光学实验的前提.分光计是使光按波长分散并可测量光线偏转角度的仪器,可用于测量波长、棱镜角、棱镜材料的折射率和色散率等光学物理量.

一、实验目的

1. 熟悉分光计的构造、作用和工作原理.
2. 掌握分光计的调整和使用方法.
3. 用分光计测棱镜的折射率.

二、实验仪器

分光计、光源(汞灯)、双面平面镜、三棱镜等.

三、实验原理

玻璃的折射率可以用很多方法和仪器测定,方法和仪器的选择取决于对测量结果精度的要求.在分光计上用最小偏向角法测定玻璃的折射率,可以达到较高的精度,但此法需把待测材料磨成一个三棱镜.如果是测液体的折射率,可用平面平行玻璃板做一个中空的三棱镜,充入待测的液体,然后用类似的方法进行测量.

(一) 最小偏向角

用一平行单色光射入三棱镜的折射面 AB,经两次折射后,由 AC 面射出,则入射线与出射线的夹角 δ 称为偏向角.当入射角变化时,δ 有一极小值,称为最小偏向角,用 δ_{min} 表示,如图 5.10-1(a)所示.

当单色平行光 a 以入射角 i_1 投射到棱镜面 AB 上,经棱镜两次折射后以 i_4 角从 AC 面射出,成为光线 b,则入射光 a 与出射光 b 的夹角 δ 称为偏向角,如图 5.10-1(b)所示.其大小为

$$\delta = (i_1 - i_2) + (i_4 - i_3) \tag{5.10-1}$$

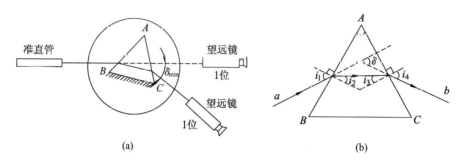

图 5.10-1　单色光经三棱镜折射光路图

即

$$\delta = i_1 + i_4 - A \tag{5.10-2}$$

因为棱镜已经给定,顶角 A 和折射率 n 已确定不变,所以偏向角 δ 是 i_1 的函数,随入射角 i_1 变化而变化.转动三棱镜,改变入射光对光学面 AB 的入射角 i_1,出射光线的方向也随之改变,即偏向角 δ 发生变化.沿偏向角减小的方向继续缓慢转动三棱镜,使偏向角逐渐减小,当转到某个位置时,若再继续沿此方向转动,偏向角又将逐渐增大,偏向角在此位置达到最小值,即最小偏向角,用 $\delta_{\min}$ 表示.可以证明,当 $i_1 = i_4$(或 $i_2 = i_3$)时,偏向角有最小值,此时有

$$i_1 = \frac{A + \delta_{\min}}{2}, \quad i_2 = \frac{A}{2} \tag{5.10-3}$$

（三）棱镜对单色光的折射率

根据折射定律,三棱镜的折射率为

$$n = \frac{\sin i_1}{\sin i_2} = \frac{\sin \frac{1}{2}(\delta_{\min} + A)}{\sin\left(\frac{1}{2}A\right)} \tag{5.10-4}$$

如果测出三棱镜的顶角 A 和最小偏向角 $\delta_{\min}$,就可计算出折射率 n.

透明材料的折射率是光波波长的函数,通常折射率是对钠黄光波长 589.3 nm 而言的.

四、实验内容

（一）调节分光计（参阅"实验 3.9　分光计的调节与使用"）

1. 调节望远镜聚焦于无穷远,且其光轴与分光计转轴垂直.

2. 调节平行光管,使之产生平行光,且平行光管光轴与分光计转轴垂直.

（二）用自准直法测量三棱镜的顶角 A

使望远镜分别对准三棱镜的两光学表面 AB 及 AC,并仔细调节,使绿色亮十字与黑色叉丝完全重合,如图 5.10-2 所示,则顶角

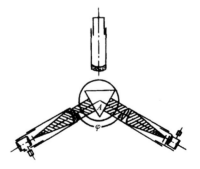

图 5.10-2　用自准直法测三棱镜的顶角

$$A = 180° - \varphi \qquad (5.10\text{-}5)$$

将相关实验数据记入表 5.10-1 中.

（三）测定最小偏向角 δ_{min}

本实验中,我们采用汞灯作为光源,在上述调好望远镜和三棱镜的基础上,测定三棱镜对水银谱线的最小偏向角 δ_{min}.

1. 用汞灯照亮平行光管的狭缝,转动游标盘（连同载物台）,使待测棱镜处在如图 5.10-1(a)所示的位置上.转动望远镜至棱镜出射光的方向,观察折射后的狭缝像,此时在望远镜中就能看到水银光谱线（狭缝单色像）.将望远镜对准紫色谱线.

2. 慢慢转动游标盘,改变入射角 i_1,使谱线往偏向角减小的方向移动,同时转动望远镜跟踪紫色谱线.当游标盘转到某一位置,紫色谱线不再向前移动而开始向相反方向移动时,也就是偏向角变大,那么这个位置就是谱线移动方向的转折点,此即三棱镜对该谱线的最小偏向角的位置.

3. 将望远镜的竖直叉丝对准紫色谱线,微调游标盘,使三棱镜做微小转动,准确找到谱线开始反向的位置,然后固定游标盘,同时调节望远镜微调螺钉,使竖直叉丝对准紫色谱线的中心,记录望远镜在此位置时的左、右游标的读数 θ_1',θ_1''（表 5.10-2）.

4. 取下三棱镜,游标盘固定不动,将望远镜（连同刻度盘）转到入射光线的方向,让竖直叉丝对准白色狭缝像,记下相应的左、右游标的读数 θ_2',θ_2''.由此可以确定出最小偏向角,即

$$\delta_{min} = \frac{1}{2}(|\theta_1' - \theta_2'| + |\theta_1'' - \theta_2''|) \qquad (5.10\text{-}6)$$

5. 重复测几次,求出 δ_{min} 的平均值.

重复上述步骤,分别测量出经三棱镜色散的绿、黄$_1$、黄$_2$ 的最小偏向角.

（四）计算三棱镜玻璃的折射率 n

利用测得的顶角 A 及最小偏向角 δ_{min},根据公式计算棱镜玻璃的折射率 n 及其标准偏差.

五、数据处理

1. 根据表 5.10-1 计算出顶角 A 的值,并计算出顶角 A 的误差.

表 5.10-1　用自准直法测量三棱镜的顶角

测量次数	角度							
	θ_M	θ_N	θ_M'	θ_N'	$|\theta_M' - \theta_M|$	$|\theta_N' - \theta_N|$	A	$\overline{A}$
1								
2								
3								
4								
5								

2. 根据表 5.10-2 计算出最小偏向角 δ_{min},并计算出最小偏向角的误差.

表 5.10-2　测量最小偏向角

谱线	次数	入射光方位		出射光方位		$\delta_{\min} = \dfrac{1}{2}(\|\theta_1{}'-\theta_2{}'\| + \|\theta_1{}''-\theta_2{}''\|)$
		$\theta_1{}'$	$\theta_2{}'$	$\theta_1{}''$	$\theta_2{}''$	
紫	1					
	2					
	3					
绿	1					
	2					
	3					
黄$_1$	1					
	2					
	3					
黄$_2$	1					
	2					
	3					

3. 根据顶角 A 和最小偏向角 $\delta_{\min}$，计算出三棱镜的折射率，并与标准值比较，做标准误差分析.

六、注意事项

1. 所有光学仪器的光学表面均不能用手擦拭，应该用镜头纸轻轻揩拭.三棱镜、平面镜应妥善放置，以免损坏.

2. 分光计是较精密的光学仪器，不允许在制动螺钉锁紧时强行转动望远镜或游标盘等，也不要随意拧动狭缝.

3. 在读数前务必检查分光计的几个制动螺钉是否锁紧，以防读数过程中望远镜或游标盘转动，这样取得的数据不可靠.

4. 测量中应正确使用使望远镜转动的微调螺丝，以便提高工作效率和测量准确度.使用微调螺钉时，应保证相应的制动螺钉在松弛状态.

5. 在对游标读数时，由于望远镜可能位于任何方位，故处理数据时，应注意望远镜转动过程中是否过了刻度零点.

6. 读数时，左、右游标不要弄混.

七、思考题

1. 何谓最小偏向角？在实验中如何确定最小偏向角的位置？

2. 使用分光计时，为什么要调整望远镜光轴与分光计转轴相垂直？如果两者不垂直，对测量结果有何影响？

3. 若已调好望远镜光轴与仪器转轴垂直，拧动活动平台下的螺钉，会不会破坏这种垂直性？

4. 设计一种不测最小偏向角而能测棱镜玻璃折射率的方案.(使用分光计去测.)

第六章

综合性实验

实验 6.1　弦振动规律的研究——驻波法

驻波是一种极重要的振动过程,是波的一种叠加现象,它广泛存在于各种自然现象中,管、弦、膜的振动都可以形成驻波,驻波在声学、无线电学和光学中都有重要的应用,可以用来测定波长,也可以用来确定振动系统的固有频率.

一、实验目的

1. 观察弦的振动及弦线上形成的驻波.
2. 学习利用驻波现象测定弦线上波速的两种方法.
3. 比较两种方法测得的结果,验证弦线张力 T、线密度 ρ 与波速 v 之间的关系式.

二、实验仪器

电振音叉、滑轮、弦线、砝码、米尺、分析天平等.

三、实验原理

（一）驻波的形成

两个振幅相同、频率相同、振动方向相同、相位差恒定的波在同一直线上沿着相反方向彼此相向进行时叠加而成的一种看起来停驻不前的波形,称为驻波.

在电振音叉的端部系一弦线,跨过一定滑轮,线的另一端与砝码盘相连.通电激发电振音叉,使其以它的固有频率振动,当在砝码盘中放上合适的砝码时,弦线的一端随音叉振动,以波的形式向滑轮方向前进,和从固定端反射回来的波相叠加,在该区域内形成一个稳定的波形即为驻波,如图 6.1-1 所示.

如果把从音叉端点到滑轮方向定为 x 轴的正方向,则前进波可以写为

$$y_1 = A\cos 2\pi\left(\frac{t}{T} - \frac{x}{\lambda}\right)$$

反射波可以写为

$$y_2 = A\cos 2\pi\left(\frac{t}{T} + \frac{x}{\lambda}\right)$$

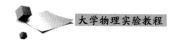

其合成波为

$$y = y_1 + y_2 = 2A\cos\frac{2\pi}{\lambda}x\cos\frac{2\pi}{T}t$$

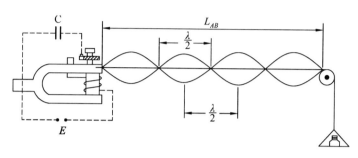

图 6.1-1　驻波的形成

由上述可见,合成以后弦线上的各点都在做同周期的简谐运动,但合成各点的振幅为 $\left|2A\cos\dfrac{2\pi}{\lambda}x\right|$,即驻波的振幅与位置有关,而与时间无关.振幅的最大值发生在 $\left|\cos\dfrac{2\pi}{\lambda}x\right|=1$ 的点,因此波腹的位置可由 $\dfrac{2\pi}{\lambda}x=k\pi\ (k=0,1,2,\cdots)$ 来决定,即 $x=k\dfrac{\lambda}{2}$ 处都是波腹位置.相邻两波腹间的距离为 $x_{k+1}-x_k=\dfrac{\lambda}{2}$.同样,振幅的最小值发生在 $\left|\cos\dfrac{2\pi}{\lambda}x\right|=0$ 的点,因此,波节的位置可由 $\dfrac{2\pi}{\lambda}x=(2k+1)\dfrac{\pi}{2}\ (k=0,1,2,\cdots)$ 来决定,即 $x=(2k+1)\dfrac{\lambda}{4}$ 处各点为波节位置.相邻两波节间的距离也是 $\dfrac{\lambda}{2}$.

（二）弦线上横波传播速度（一）

若已知音叉的固有频率为 ν,量出驻波上相邻两波节间的距离,再根据频率、波长与波速间的一般关系,即可求得弦线上的传播速度为

$$v = \nu \cdot \lambda \tag{6.1-1}$$

（三）弦线上横波传播速度（二）

若横波在张紧的弦线上沿 x 轴正方向传播,我们取 $AB=\mathrm{d}s$ 微元段加以讨论(图 6.1-2).设弦线的线密度(即单位长质量)为 ρ,则此微元段弦线 $\mathrm{d}s$ 的质量为 $\rho\mathrm{d}s$.在 A,B 处受到左右邻段的张力分别为 T_1,T_2,其方向为沿弦线的切线方向,与 x 轴交成 α_1,α_2 角.

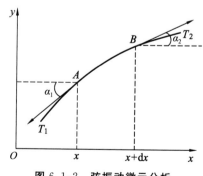

图 6.1-2　弦振动微元分析

由于弦线上传播的横波在 x 方向无振动,所以作用在微元段 $\mathrm{d}s$ 上的张力的 x 分量应该为零,即

$$T_2\cos\alpha_2 - T_1\cos\alpha_1 = 0 \tag{6.1-2}$$

又根据牛顿第二定律,在 y 方向微元段的运动方程为

$$T_2 \sin\alpha_2 - T_1 \sin\alpha_1 = \rho\,\mathrm{d}s\,\frac{\mathrm{d}^2 y}{\mathrm{d}t^2} \tag{6.1-3}$$

对于小的振动,可取 $\mathrm{d}s \approx \mathrm{d}x$ 而 α_1,α_2 都很小,所以

$$\cos\alpha_1 \approx 1, \cos\alpha_2 \approx 1, \sin\alpha_1 \approx \tan\alpha_1, \sin\alpha_2 \approx \tan\alpha_2$$

又从导数的几何意义可知

$$\tan\alpha_1 = \left(\frac{\mathrm{d}y}{\mathrm{d}x}\right)_x, \ \tan\alpha_2 = \left(\frac{\mathrm{d}y}{\mathrm{d}x}\right)_{x+\mathrm{d}x}$$

式(6.1-2)将成为 $T_2 - T_1 = 0$,即 $T_2 = T_1 = T$.表示张力不随时间和地点而变,为一定值.式(6.1-3)将成为

$$T\left(\frac{\mathrm{d}y}{\mathrm{d}x}\right)_{x+\mathrm{d}x} - T\left(\frac{\mathrm{d}y}{\mathrm{d}x}\right)_x = \rho\,\mathrm{d}x\,\frac{\mathrm{d}^2 y}{\mathrm{d}t^2} \tag{6.1-4}$$

将 $\left(\frac{\mathrm{d}y}{\mathrm{d}x}\right)_{x+\mathrm{d}x}$ 按泰勒级数展开并略去二级微量,得

$$\left(\frac{\mathrm{d}y}{\mathrm{d}x}\right)_{x+\mathrm{d}x} = \left(\frac{\mathrm{d}y}{\mathrm{d}x}\right)_x + \left(\frac{\mathrm{d}^2 y}{\mathrm{d}x^2}\right)_x \mathrm{d}x$$

将此式代入式(6.1-4),得

$$T\left(\frac{\mathrm{d}^2 y}{\mathrm{d}x^2}\right)_x \mathrm{d}x = \rho\,\mathrm{d}x\,\frac{\mathrm{d}^2 y}{\mathrm{d}t^2}$$

即

$$\frac{\mathrm{d}^2 y}{\mathrm{d}t^2} = \frac{T}{\rho}\frac{\mathrm{d}^2 y}{\mathrm{d}x^2} \tag{6.1-5}$$

将式(6.1-5)与简谐波的波动方程 $\frac{\mathrm{d}^2 y}{\mathrm{d}t^2} = v^2\frac{\mathrm{d}^2 y}{\mathrm{d}x^2}$ 相比较,可知在线密度为 ρ、张力为 T 的弦线上,横波传播速度 v 的平方满足下式:

$$v^2 = \frac{T}{\rho}$$

即

$$v = \sqrt{\frac{T}{\rho}} \tag{6.1-6}$$

(四)弦振动规律

将式(6.1-1)代入式(6.1-6),可得

$$\nu\lambda = \sqrt{\frac{T}{\rho}} \tag{6.1-7}$$

设弦线长为 l,振动时弦上的半波数为 n,则 $\frac{l}{n} = \frac{\lambda}{2}$,即 $\lambda = \frac{2l}{n}$,将此代入式(6.1-7),得

$$\nu = \frac{n}{2l}\sqrt{\frac{T}{\rho}} \tag{6.1-8}$$

上式表明对于线密率 ρ、长度 l 和张力 T 一定的弦,其自由振动时的频率不只是一个,而是包括相当于 $n=1,2,3,\cdots$ 的 $\nu_1,\nu_2,\nu_3,\cdots$ 等多种频率,$n=1$ 的频率称为基频,$n=$

2,3 的频率称为第一、第二谐频,但基频较其他谐频强得多,因此它决定弦的频率,而各谐频则决定它的音色,振动体有一个基频和多个谐频的规律不只是弦线上存在,而是普遍的现象.但基频相同的各振动体,其各谐频的能量分布可以不同,所以音色不同.例如,具有同一基频的弦线和音叉,其音调是相同的,但听起来声音不同,就是这个道理.

当弦线在频率为 ν 的音叉驱动下振动时,适当改变 T,l 和 ρ,则可能和驱动力发生共振的不一定是基频,而可能是第一、第二、第三……谐频.但是根据式(6.1-8),可知此时的基频 ν_0 等于 $\dfrac{\nu_0}{n}$,即

$$\nu_0 = \frac{1}{2l}\sqrt{\frac{T}{\rho}} \tag{6.1-9}$$

两侧取对数,得

$$\lg \nu_0 = \lg \frac{1}{2\sqrt{\rho}} - \lg l + \frac{1}{2}\lg T \tag{6.1-10}$$

此式表明在 $\lg \nu_0$ 和 $\lg l, \lg T$ 之间存在线性关系.本实验即验证这一关系.

四、实验内容

(一)弦的基频与弦长的关系

如图 6.1-1 所示,将弦线挂好,在砝码托盘上加适当砝码,将音叉上电磁线圈接到低压电源(50 Hz,约 3 V)上,音叉将在交流电作用下做受迫振动.

改变弦线的长度,使弦上出现 $n=1,2,3,4,5$ 等稳定的、振幅最大的驻波,测出各 n 值对应的弦线长 l,对每个 n 值都要反复测 4 次.

记下砝码(包括托盘)的质量.在此部分实验中砝码质量保持一定.

用音叉频率 ν 除以驻波数 n,求出各 n 值的基频 ν_0,作 $\lg \nu_0$-$\lg l$ 图线,求出其斜率.

(二)弦的基频与张力的关系

将弦挂在音叉和弹簧之间,弹簧的上端固定在标尺上,在弦线松弛时读出弹簧下端所对标尺上的读数 x_0.

向上拉弹簧及标尺,令弦线上出现 5,4,3,2,1 个半波,读出弹簧下端所对标尺读数 x_5, x_4, x_3, x_2, x_1.对各 x 值,都要上下拉动弹簧反复测 4 次.实验时 l 不变.

取下弦线,测弹簧的劲度系数 k.在弹簧下端,分别加 10 g,20 g,30 g,40 g 砝码,弹簧下端读数设为 $x_{10}, x_{20}, x_{30}, x_{40}$,则 k 等于

$$k = \frac{20 \text{ g}}{\frac{1}{2}\left[(x_{30} - x_{10}) + (x_{40} - x_{20})\right] \text{ cm}}$$

用音叉频率除以 n 值,求出各 n 值对应的弦的基频 ν_0,再求出张力 $T[=k(x_1 - x_0)]$,作 $\lg \nu_0$-$\lg T$ 图线,并求其斜率.

(三)比较两种波速计算值

1. 从以上各测量值中求出各 T 值对应的波长 λ,乘以音叉频率 ν.用式(6.1-1)计算出各自的波速.

2. 在所用弦线的同一线轴上截取 10 m 长的线,用分析天平称其质量,求出其线密

度 ρ.

3. 将各 T 值和 ρ 代入式(6.1-6),求出各波速.

五、数据处理

1. 就实验中某一 n,l,T,ρ 值,代入式(6.1-8),计算弦振动的频率,并将其和音叉振动的频率做比较.

2. 利用线性回归法研究 $\lg \nu_0$-$\lg l$ 关系及 $\lg \nu_0$-$\lg T$ 关系,求斜率和截距,验证弦振动规律.

3. 比较两种方法求出的同一 T 值的波速(列表),分析其差异的原因.

六、注意事项

1. 使音叉频率接近市电频率的两倍,以便使用一般的低压交流电源驱动音叉,如果频率差异较大,就要用低频信号发生器去驱动音叉.

2. 要用线密度尽量小的弦钱,以免 T 值过大.

3. 在实验内容(一)中所加砝码要适当,以免 l 过小或过大.可控制在 $n=l$,l 约为 20 cm.

4. 在实验内容(二)中,l 值要适当,以免 $n=1$ 时对 T 值的要求过大.如果弹簧的劲度系数不合适,也可不测 $n=1$ 时的 T 值,或改用劲度系数大的弹簧.

七、思考题

1. 弦上传播横波的波动方程是如何导出的?

2. 说明弦振动基频与谐频的差异.

3. 弦在频率为 ν 的音叉策动下振动时,若弦上出现 n 个半波区,则弦的基频为 $\dfrac{\nu}{n}$,为什么?

4. 测波长时,取哪一段长度较好?是取一个半波长,或取几个半波长,还是取弦线总长计算?为什么?

5. 若要确定 λ 与 ρ 的关系,应如何安排实验?若要验证 $\nu = \dfrac{1}{\lambda}\sqrt{\dfrac{T}{\rho}}$,又应如何安排实验?

6. 弦线的粗细和弹性对实验有什么影响?应如何选择?弦线在不同的张力作用下长度不同,这将给用作图法求音叉振动频率的结果带来什么影响?你能实际估算它的大小吗?

实验 6.2　　中、低值电阻的测量（电桥测量法）

方法一　单臂电桥测中值电阻

一、实验目的

1. 掌握单臂电桥的原理和特点.
2. 学习使用单臂电桥测电阻的方法.

二、实验仪器

QJ32 型单臂电桥、检流计、可调标准电阻箱 3 只、待测中值电阻若干、滑动变阻器、电源、开关等.

三、实验原理

（一）单臂电桥测中值电阻

1. 电桥基本原理.

单臂电桥是直流平衡电桥,其原理如图 6.2-1 所示.它由四个电阻 R_1,R_2,R_3,R_4 组成电桥的四个臂,在四边形的对角线 CD 上接电源,另一对角线 AB 上接灵敏电流计 G. 适当地调节各臂的电阻,使灵敏电流计 G 中无电流通过,此时称电桥达到平衡.

当电桥平衡时,A,B 两点电势相等,则有

$$U_{CA}=U_{CB},U_{AD}=U_{BD}$$

即

$$I_1R_1=I_2R_2,I_1R_3=I_2R_4$$

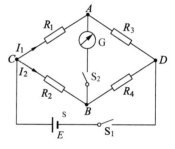

图 6.2-1　单臂电桥线路图

两式相除,得

$$\frac{R_1}{R_2}=\frac{R_3}{R_4}$$

即

$$R_1=\frac{R_3}{R_4}R_2$$

如果 R_1 为被测电阻(R_x),则 R_x 可用三个标准电阻值表示.通常称 $\frac{R_3}{R_4}$ 为比率臂或倍率,R_2 称比较臂(比较臂电阻常用 R_S 符号表示).

2. 电桥灵敏度.

由于灵敏电流计不够灵敏而带来测量误差,所以必须引入电桥灵敏度的概念.定义

$$S=\frac{\Delta d}{\Delta R_x/R_x}=\frac{\Delta d}{\Delta R_S/R_S}$$

为电桥的灵敏度,Δd 是对应于待测电阻的相对改变量 $\dfrac{\Delta R_x}{R_x}$ 引起桥路上电流计的偏转格

数.实际测量中用比较臂的相对改变量 $\dfrac{\Delta R_S}{R_S}$ 代替 $\dfrac{\Delta R_x}{R_x}$,Δd 越大,电桥越灵敏,带来的误差

越小.例如 $s=100$ 格,当 R_x 改变 1% 时,灵敏电流计有一格的偏转.

实际测量时,往往采取在电桥平衡时改变比较臂 R_S 为某一 $\Delta R_S{}^*$,使灵敏电流计指针偏离零点一格.然后取 $\Delta R_S = \Delta R_S{}^* \times 0.2$ 为电桥灵敏度引入的误差(人眼不能觉察的指零仪偏转为 0.2 小格).

(二) QJ32 型单臂电桥介绍

QJ32 型单臂电桥内部线路如图 6.2-2 所示,其面板布置如图 6.2-3 所示.在图 6.2-3 中,R_x 为被测电阻,R_3,R_4 是比率臂,用来调节臂率,可调范围为 0.01,0.1,1,10,100 五挡.R_2 是比较臂,由 $\times 0.01$,$\times 0.1$,$\times 1$,$\times 10$,$\times 100$ 五个旋钮组成,用来调节电桥的平衡.

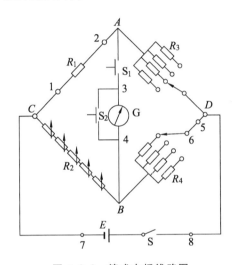

图 6.2-2 箱式电桥线路图

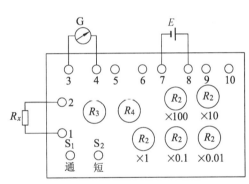

图 6.2-3 面板布置及测量线路

四、实验内容

(一) 自组惠斯通电桥测中值电阻

1. 自组惠斯通电桥按图 6.2-4 所示连接电路.R_2,R_3,R_4 均用电阻箱.可变电阻 R 起保护灵敏电流计的作用.开始时,应将 R 调至最大.随着电桥逐步接近平衡,R 应逐渐减小直至零.电路连接后要仔细检查,并请教师检查无误后才能接通电源.

2. 先取 $\dfrac{R_3}{R_4} = \dfrac{500}{500}$.测量待测电阻 R_x.

3. 用不同比较臂进行测量.

4. 将 R_2 改变一微小量,使检流计偏转一格,计算电

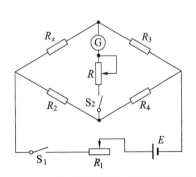

图 6.2-4 自组惠斯通电桥测中值电阻

桥灵敏度引入的误差.

5. 互换桥臂进行测量.

（二）用箱式惠斯通电桥测中值电阻

1. 按图 6.2-3 接好线路.

2. 估计被测电阻的近似值,将倍率与比较臂旋钮旋至适当位置.倍率的选择是以电桥平衡时比较臂读取的电阻值有效数字位数最多为原则.

3. 锁住面板上"通"按钮,按下检流计开关按钮,调节比较臂的五个旋钮,使电桥平衡.

本实验要求,选用合适的倍率,分别测出两个不同的电阻值 R_x 和 $R_x{'}$ 及两电阻的串并联等效电阻值.将测得数据填入表 6.2-1 中.

4. 测出由于灵敏度引入的最大误差.

5. 由于箱式电桥各比较臂的阻值准确度较高,所以最后结果的测量误差可只考虑灵敏度引入的误差 ΔR_S.

结果：R_S 的最大误差 $\Delta R_x = \dfrac{R_3}{R_4} \times (0.2 \times \Delta R_S{'})$.

五、数据处理

在自组惠斯通电桥测量完中值电阻之后,计算电桥灵敏度引入的误差.

表 6.2-1　自组惠斯通电桥测中值电阻

R_x	R_x 为几十欧姆时			R_x 为几百欧姆时			R_x 为几千欧姆时		
$\dfrac{R_3}{R_4}$	0.5∶50	5∶500	50∶5 000	5∶50	50∶500	500∶5 000	50∶50	500∶500	5 000∶5 000
R_2/Ω									
R_x/Ω									

六、注意事项

1. 开始测量时,灵敏电流计的按钮开关只能瞬时接触,观察灵敏电流计指针偏转情况.绝对不能用力按下或锁住开关,以免电流过大而损坏灵敏电流计.

2. 调比较臂电阻 R_2 时,应从阻值大的旋钮开始调.先找到灵敏电流计的指针,若发现指针从一边越过零点到另一边的位置,说明这个位置电阻范围大,调回原位后再调下一位较大阻值的旋钮.

3. 测量完毕后,应将灵敏电流计的指针锁住,以免指针动荡震断悬丝.

七、思考题

1. 电桥由哪几部分组成? 电桥平衡条件是什么?

2. 当电桥达到平衡后,若互换电源或灵敏电流计的位置,电桥是否仍然平衡?

方法二　双臂电桥测低值电阻

一、实验目的

1. 学习用双臂电桥测低值电阻的原理和方法.
2. 用双臂电桥测量几种导体的电阻率.

二、实验仪器

QJ60 型直流双臂电桥、标准电阻、灵敏电流计、低压电源、滑动变阻器、螺旋测微器、待测金属固定板、双刀双掷开关、单刀开关等.

三、实验原理

由于导线电阻和接触电阻的存在,用单臂电桥(即惠斯通电桥)测量 1 Ω 以下的电阻时误差很大.为了减少误差,可将单臂电桥改进为双臂电桥.

首先分析导线电阻和接触电阻(数量级为 $10^{-2} \sim 10^{-5}$ Ω)对测量结果的影响.例如,用伏安法测量金属棒的电阻 R_x 的情况,如图 6.2-5 所示.通过电流表的电流 I 经 A 点分为 I_1 和 I_2 两路.I_1 经过电流表与金属棒间的接触电阻和导线电阻 R_1,再流入 R_x,I_2 经过电流表与电压表间的接触电阻和导线电阻 R_3,再流入电压表.其等效电路如图 6.2-6 所示.其中 R_2,R_4 与 R_1,R_3 的情况相同.因此,R_1 和 R_2 应算作与电压表并联,R_3 和 R_4 应算作与电压表串联.所以电压表量出的电压不是 R_x 两端的电压,测量结果有误差.如果 R_x 与 R_1,R_2 的阻值为同数量级,则测量结果的误差相当大.

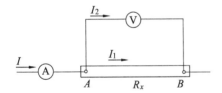

图 6.2-5　伏安法测电阻线路

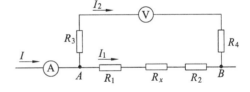

图 6.2-6　等效电路

将测量线路改成图 6.2-7.其中 AB 段是被测电阻 R_x.经同样的分析可知,虽然接触电阻和导线电阻仍然存在,但所处的位置不同,构成的等效电路如图 6.2-8 所示.由于电压表的内阻远大于 R_3,R_4 和 R_x,所以电压表和电流表的读数可以相当准确地反映电阻 R_x 上的电压和通过它的电流,故利用欧姆定律就可算出电阻 R_x.

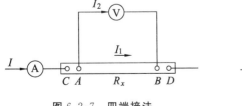

图 6.2-7　四端接法

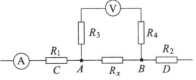

图 6.2-8　等效电路

由此可见,测量低电阻时,为了消除接触电阻,将通过电流的接点(称电流接点)和测量电压的接点(称电压接点)分开,并将电压接点放在里面.

双臂电桥就是根据上述原理构成的.如图 6.2-9 所示,在待测电阻上作四个接点即电压接点 P_1,P_2 和电流接点 $C_1,C_2.P_1,P_2$ 段就是被测电阻 R_x,P_3,P_4 段为标准电阻 R_N(值已知).R 是 C_2,C_3 之间的接触电阻和导线电阻.由上述分析可知,C_1,C_2 点的接触电阻在 R_x 之外,对 R_x 的测量无影响.P_1,P_2 点的接触电阻应分别视为与 R_1,R_2 串联,因 R_1,R_2 的阻值很大,故接触电阻可以忽略.标准电阻 R_N 处的情况也与此相同.

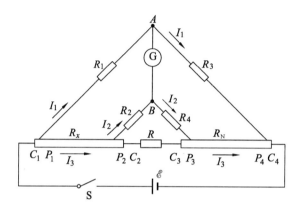

图 6.2-9 双臂电桥原理图

下面推导双臂电桥的平衡条件.适当调节 R_1,R_2,R_3,R_4 和 R_x,使灵敏电流计中没有电流通过,则说明电桥处于平衡状态.

当电桥平衡时,$I_g=0$,通过 R_1,R_3 的电流相等,以 I_1 表示;通过 R_2,R_4 的电流相等,以 I_2 表示;通过 R_x,R_N 的电流相等,以 I_3 表示.因为 A,B 两点的电势相等,故有

$$\begin{cases} I_1R_1=I_3R_x+I_2R_2 \\ I_1R_3=I_3R_N+I_2R_4 \\ I_2(R_2+R_4)=(I_3-I_2)R \end{cases}$$

解方程,得

$$R_x=\frac{R_1}{R_3}R_N+\frac{RR_4}{R_3+R_4+R}\left(\frac{R_1}{R_3}-\frac{R_2}{R_4}\right) \quad (6.2\text{-}1)$$

上式中,如果 $R_1=R_2,R_3=R_4$(或 $\frac{R_1}{R_3}=\frac{R_2}{R_4}$),则右边第二项变为零,即

$$\frac{RR_4}{R_3+R_4+R}\left(\frac{R_1}{R_3}-\frac{R_2}{R_4}\right)=0$$

故有

$$R_x=\frac{R_1}{R_3}R_N \text{ 或 } R_x=\frac{R_2}{R_4}R_N \quad (6.2\text{-}2)$$

可见,当电桥平衡时,式(6.2-2)成立的条件是 $\frac{R_1}{R_3}=\frac{R_2}{R_4}$.为了保持该等式在使用电桥过程中始终成立,常将电桥做成一种特殊的结构,即将比率臂采用双十进电阻箱.在这种

电阻箱里,两个相同十进电阻的转臂连接在同一转轴上,因此,在转臂的任一位置都保持 $R_1 = R_2$,$R_3 = R_4$.

双臂电桥就是在单臂电桥的基础上增加了两个电阻臂 R_2 和 R_4,并使 R_2 和 R_4 分别随原有臂 R_1 和 R_3 作相同的变化(增加或减少),当电桥平衡时可以消除附加电阻的影响.图 6.2-10 为双臂电桥内部线路图.

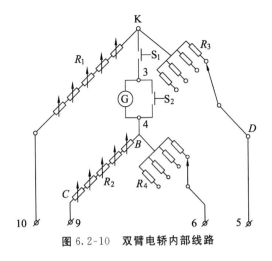

图 6.2-10　双臂电轿内部线路

用双臂电桥测低电阻时,必须注意到温差电动势对测量结果的影响.当回路中有电流通过时,产生焦耳热,将使整个线路的各部分出现温差而引起温差电动势的产生.它对测量带来误差,在测量过程中应设法消除.

温差电动势只与焦耳热产生的数量有关,而与电流方向无关.但电阻上的电压降与电流方向有关.因此,当流过线路的电流方向改变时,各电阻上的电压降改变方向,但温差电动势的方向仍不变.这样温差电动势产生的效果一次起相加作用,一次起相减作用,故可用改变电流的方向做两次测量来消除温差电动势的影响.

四、实验内容

测量铜、铝丝的电阻率,方法如下:

(1) 按图 6.2-11 接好线路.其中,R_x 为被测电阻,R_N 为标准电阻,阻值为 0.01 Ω 的标准电阻有两对接头,较细的一对为电流接头,较粗的一对为电压接头.

(2) 将 R_3 和 R_4 的旋钮调到"10^2"位置(在整个测量过程中始终保持 $R_3 = R_4$),电源电压用 4 V,将电阻 R 调至最大阻值位置.经教师检查正确无误后可接通电源进行测量.

(3) 调滑动变阻器 R 使电流达 1.0 A,然后用 R_2 调电桥的平衡,测量一次 R_2 值,电流换向后再测一次 R_2 值.求两次测得的平均值,代入式(6.2-2)计算 R_x 值.

(4) 用螺旋测微器对导体不同部位的直径 d 做三次测量,并将测量结果填入表 6.2-2.用米尺测量导体在两个电压接点之间的距离 l,共计测量 3 次,将测得值代入电阻率公式 $\rho = \dfrac{\pi d^2}{4l} R_x$,分别计算铜与铝的电阻率.

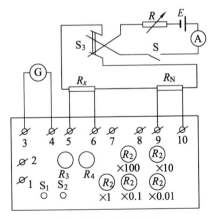

图 6.2-11　测量线路

(5) 将测得值与标准值($\rho_{Cu} = 1.8 \times 10^{-8}$ Ω·m,$\rho_{Al} = 2.8 \times 10^{-8}$ Ω·m)比较,计算相对误差.

(6) 计算测量值的系统误差和标准误差,并计算测量值的不确定度.

五、数据处理

1. 当 $R_N=0.01\ \Omega$，$R_3=R_4=10^6\ \Omega$ 时，测量一次 R_2 值，电流换向后再测一次 R_2 值，求两次测得的平均值，计算 R_x 值.

2. 分别测量导体的直径 d 和导体在两个电压接点之间的距离 l，计算导体的电导率，并计算误差和测量值的不确定度.

表 6.2-2　导体直径 d 和导体在两个电压接点之间的距离 l 的测量

次数	1	2	3
d/mm			
l/mm			

六、注意事项

连接导线时，各接头必须干净，接牢，避免接触不良.

七、思考题

1. 双臂电桥与单臂电桥有哪些异同点？
2. 双臂电桥的平衡条件是什么？
3. 双臂电桥连线时，哪些部分用较粗而短的导线为好？对哪些部分可以不做此要求？
4. 电桥测量的准确度取决于什么因素？

实验 6.3　交流电桥的原理与应用

一、实验目的

1. 掌握交流电桥的平衡条件.
2. 了解几种常见交流电桥桥臂的配置方式.
3. 掌握交流电桥平衡调节方法.

二、实验仪器

FB305A 型交流电桥实验仪 1 台、专用连接线等.

三、实验原理

图 6.3-1 是交流电桥的原理线路.它与直流单臂电桥原理相似.在交流电桥中，四个桥臂一般由阻抗元件如电阻、电感、电容组成；电桥的电源通常是正弦交流电源.交流平衡指示仪的种类很多，它适用于不同的频率范围：频率为 200 Hz 以下时可采

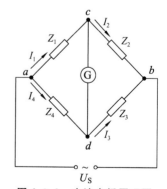

图 6.3-1　交流电桥原理图

用谐振式检流计;音频范围内可采用耳机作为平衡指示器;音频或更高的频率时也可采用电子指零仪器;也有用电子示波器或交流毫伏表作为平衡指示器的.本实验采用高灵敏度的电子放大式指零仪,它有足够的灵敏度.指示器指零时,电桥达到平衡.本实验采用频率为 100 Hz 的交流电源供电.

（一）交流电桥的平衡条件

如图 6.3-1 所示,我们在正弦稳态的条件下讨论交流电桥的基本原理.在交流电桥中,四个桥臂由阻抗元件组成,在电桥的一条对角线 cd 上接入交流指零仪,另一对角线 ab 上接入交流电源.

当调节电桥参数,使交流指零仪中无电流通过时(即 $I_g = 0$),c,d 两点的电位相等,电桥达到平衡,这时有

$$\dot{Z}_1 \dot{Z}_3 = \dot{Z}_2 \dot{Z}_4 \tag{6.3-1}$$

上式就是交流电桥的平衡条件,它说明:当交流电桥达到平衡时,相对桥臂的阻抗的乘积相等.由图 6.3-1 可知,若第四桥臂 $\dot{Z}_4$ 由被测阻抗 $\dot{Z}_x$ 构成,则

$$\dot{Z}_x = \frac{\dot{Z}_3}{\dot{Z}_2} \dot{Z}_1 \tag{6.3-2}$$

当其他桥臂的参数已知时,就可决定被测阻抗 $\dot{Z}_x$ 的值.

（二）交流电桥的平衡条件的分析

在正弦交流情况下,桥臂阻抗可以写成复数的形式:

$$\dot{Z} = R + jX = Z e^{j\varphi}$$

若将电桥的平衡条件用复数的指数形式表示,则可得

$$Z_1 e^{j\varphi_1} Z_3 e^{j\varphi_3} = Z_2 e^{j\varphi_2} Z_4 e^{j\varphi_4}$$

即 $\qquad\qquad Z_1 Z_3 e^{j(\varphi_1 + \varphi_3)} = Z_2 Z_4 e^{j(\varphi_2 + \varphi_4)}$

根据复数相等的条件,等式两端的模和幅角必须分别相等,故有

$$Z_1 Z_3 = Z_2 Z_4, \quad \varphi_1 + \varphi_3 = \varphi_2 + \varphi_4 \tag{6.3-3}$$

上面就是平衡条件的另一种表现形式,可见交流电桥的平衡必须满足两个条件:一是相对桥臂上阻抗模的乘积相等;二是相对桥臂上阻抗幅角之和相等.由式(6.3-3)可以得出如下两个重要结论.

（1）交流电桥必须按照一定的方式配置桥臂阻抗.

如果用任意不同性质的四个阻抗组成一个电桥,有可能电桥无法调节到平衡,因此必须把电桥各元件的性质按电桥的两个平衡条件做适当配合.一般在进行测量时,常常采用标准电抗元件来平衡被测量元件,所以实验中常采用以下形式的电路:

① 将被测量元件 $\dot{Z}_x$ 与标准元件 $\dot{Z}_n$ 相邻放置,如图 6.3-1 中 $\dot{Z}_4 = \dot{Z}_x$,$\dot{Z}_3 = \dot{Z}_n$,这时由式(6.3-2)可知:

$$\dot{Z}_x = \frac{\dot{Z}_1}{\dot{Z}_2} \dot{Z}_n \tag{6.3-4}$$

式中的比值 $\dfrac{\dot{Z}_1}{\dot{Z}_2}$ 称为"臂比",故名"臂比电桥",一般情况下 $\dfrac{\dot{Z}_1}{\dot{Z}_2}$ 为实数,因此 $\dot{Z}_x$、$\dot{Z}_n$ 必须是具有相同性质的电抗元件,改变臂比,就可以改变量程.

② 将被测量元件与标准元件相对放置,如图 6.3-1 中 $\dot{Z}_4 = \dot{Z}_x$,$\dot{Z}_2 = \dot{Z}_n$,这时由式 (6.3-2)可知:

$$\dot{Z}_x = \frac{\dot{Z}_1}{\dot{Z}_n}\dot{Z}_3 = \dot{Z}_1\dot{Z}_3\dot{Y}_n \tag{6.3-5}$$

式中的乘积 $\dot{Z}_1\dot{Z}_3$ 称"臂乘",故名"臂乘电桥",其特点是 $\dot{Z}_x$,$\dot{Z}_n$ 元件阻抗的性质必须相反,因此这种形式的电桥常常应用于标准电容测量电感.在实际测量中,为了使电桥结构简单和调节方便,通常将交流电桥中的两个桥臂设计为纯电阻.

由式(6.3-3)的平衡条件可知,如果相邻两臂接入纯电阻(臂比电桥),则另外相邻两臂也必须接入相同性质的阻抗.若被测对象 $\dot{Z}_x$ 是电容,则它相邻桥臂 $\dot{Z}_4$ 也必须是电容;若 $\dot{Z}_x$ 是电感,则 $\dot{Z}_4$ 也必须是电感.

如果相对桥臂接入纯电阻(臂乘电桥),则另外相对两桥臂必须为异性阻抗.若被测对象 $\dot{Z}_x$ 为电容,则它的相对桥臂 $\dot{Z}_3$ 必须是电感;而如果 $\dot{Z}_x$ 是电感,则 $\dot{Z}_3$ 必须是电容.

（2）交流电桥平衡必须反复调节两个桥臂的参数.

在交流电桥中,为了满足上述两个条件,必须调节两个以上桥臂的参数,才能使电桥完全达到平衡,而且往往需要对这两个参数进行反复地调节,所以交流电桥的平衡调节要比直流电桥的调节困难一些.

（三）交流电桥的常见形式

交流电桥的四个桥臂要按一定的原则配以不同性质的阻抗,才有可能达到平衡.从理论上讲,满足平衡条件的桥臂类型可以有许多种.但实际上常用的类型并不多,这是因为:

（1）桥臂尽量不采用标准电感,由于制造工艺上的原因,标准电容的准确度要高于标准电感的准确度,并且标准电容不易受外磁场的影响.所以常用的交流电桥,不论是测电感还是测电容,除了被测臂之外,其他三个臂都采用电容和电阻.本实验由于采用了开放式设计的仪器,所以也能以标准电感作为桥臂,以便于使用者更全面地掌握交流电桥的原理和特点.

（2）尽量使平衡条件与电源频率无关,这样才能发挥电桥的优点,使被测量量只取决于桥臂参数,而不受电源的电压或频率的影响.有些形式的桥路的平衡条件与频率有关,如后面将提到的"海氏电桥",这样,电源的频率不同将直接影响测量的准确性.

（3）电桥在平衡中需要反复调节,才能使幅角关系和幅模关系同时得到满足.通常将电桥趋于平衡的快慢程度称为交流电桥的收敛性.收敛性愈好,电桥趋向平衡愈快;收敛性差,则电桥不易平衡或者说平衡过程时间要很长,需要测量的时间也很长.电桥的收敛性取决于桥臂阻抗的性质及调节参数的选择.下面将介绍几种常用的交流电桥.

电容电桥主要用来测量电容器的电容量及损耗角,为了弄清电容电桥的工作情况,首先对被测电容的等效电路进行分析,然后介绍电容电桥的典型线路.

1. 被测电容的等效电路.

实际电容器并非理想元件,它存在着介质损耗,所以通过电容器 C 的电流和它两端的电压的相位差并不是 $90°$,而是比 $90°$ 要小一个 δ 角,称为介质损耗角.具有损耗的电容可以用两种形式的等效电路表示,一种是理想电容和一个电阻相串联的等效电路,如图 6.3-2(a)所示;另一种是理想电容与一个电阻相并联的等效电路,如图 6.3-3(a)所示.在等效电路中,理想电容表示实际电容器的等效电容,而串联(或并联)等效电阻则表示实际电容器的发热损耗.

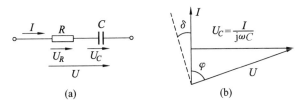

图 6.3-2　有损耗电容器的串联等效电路及矢量图

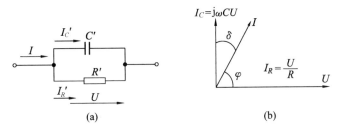

图 6.3-3　有损耗电容器的并联等效电路及矢量图

图 6.3-2(b)和图 6.3-3(b)分别画出了相应电压、电流的矢量图.必须注意,等效串联电路中的 C,R 与等效并联电路中的 C',R' 是不相等的.在一般情况下,当电容器介质损耗不大时,应当有 $C≈C',R≪R'$.所以,如果用 R 或 R' 来表示实际电容器的损耗时,还必须说明它对于哪一种等效电路而言.因此,为了表示方便,通常用电容器的损耗角 δ 的正切 $\tan\delta$ 来表示它的介质损耗特性,并用符号 D 表示,通常称它为损耗因数,在等效串联电路中,有

$$D=\tan\delta=\frac{U_R}{U_C}=\frac{IR}{I/(\omega C)}=\omega CR$$

在等效并联电路中,有

$$D=\tan\delta=\frac{I_R}{I_C}=\frac{U/R'}{\omega C'U}=\frac{1}{\omega C'R'}$$

应当指出,在图 6.3-2(b)和图 6.3-3(b)中,$\delta=90°-\varphi$ 对两种等效电路都是适合的,所以不管用哪种等效电路,求出的损耗因数是一致的.

2. 测量损耗小的电容电桥(串联电容电桥).

图 6.3-4 为适合用来测量损耗小的被测电容的电容电桥,被测电容 C_x 接到电桥的第一臂,它的损耗以等效串联电阻 R_x 表示,与被测电容相比较的标准电容 C_n 接入相邻的第四臂,同时与 C_n 串联一个可变电阻 R_n,桥的另外两臂为纯电阻 R_b 及 R_a,当电桥调到平衡

时,有

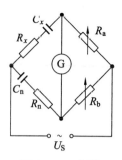

$$R_x = \frac{R_a}{R_b} R_n \qquad (6.3\text{-}6)$$

$$C_x = \frac{R_b}{R_a} C_n \qquad (6.3\text{-}7)$$

图 6.3-4　串联
电容电桥

由此可知,要使电桥达到平衡,必须同时满足上面两个条件,因此至少要调节两个参数.

如果改变 R_n 和 C_n,便可以单独调节,互不影响地使电容电桥达到平衡.但通常标准电容都是做成固定的,因此 C_n 不能连续可变,这时我们可以调节 $\frac{R_b}{R_a}$ 比值,使式(6.3-7)得到满足,但调节 $\frac{R_b}{R_a}$ 的比值时又影响到式(6.3-6)的平衡.因此,要使电桥同时满足两个平衡条件,必须对 R_n 和 $\frac{R_b}{R_a}$ 等参数反复调节才能实现.使用交流电桥时,必须通过实际操作取得经验,才能迅速地使电桥平衡.电桥达到平衡后,C_x 和 R_x 值可以分别按式(6.3-6)和式(6.3-7)计算,其被测电容的损耗因数 D 为

$$D = \tan\delta = \omega C_x R_x = \omega C_n R_n \qquad (6.3\text{-}8)$$

3. 测量损耗大的电容电桥(并联电容电桥).

假如被测电容的损耗大,用上述电桥测量时,与标准电容相串联的电阻 R_n 必须很大,这将会降低电桥的灵敏度.因此,当被测电容的损耗大时,宜采用图 6.3-5 所示的另一种电容电桥的线路来进行测量,它的特点是标准电容 C_n 与电阻 R_n 是彼此并联的,则根据电桥的平衡条件可以写成:

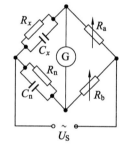

图 6.3-5　并联
电容电桥

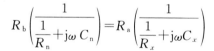

$$R_b \left(\frac{1}{\dfrac{1}{R_n} + j\omega C_n} \right) = R_a \left(\frac{1}{\dfrac{1}{R_x} + j\omega C_x} \right)$$

整理后可得

$$C_x = \frac{R_b}{R_a} C_n \qquad (6.3\text{-}9)$$

$$R_x = \frac{R_a}{R_b} R_n \qquad (6.3\text{-}10)$$

而损耗因数为

$$D = \tan\delta = \frac{1}{\omega C_x R_x} = \frac{1}{\omega C_n R_n} \qquad (6.3\text{-}11)$$

用交流电桥测量电容,根据需要还有一些其他形式,可参看相关书籍.

4. 电感电桥.

电感电桥是用来测量电感的,电感电桥有多种线路,通常采用标准电容作为与被测电感相比较的标准元件.从前面的分析可知,这时标准电容一定要安置在与被测电感相对的桥臂中.(根据实际的需要,也可采用标准电感作为标准元件,这时标准电感一定要安置在

与被测电感相邻的桥臂中,这里不再作为重点介绍.)

一般实际的电感线圈都不是纯电感,除了电抗 ωL 外,还有有效电阻 R,两者之比称为电感线圈的品质因数 Q,即

$$Q = \frac{\omega L}{R} \tag{6.3-12}$$

下面介绍两种电感电桥电路,它们分别适宜于测量高 Q 值和低 Q 值的电感元件.

(1) 测量高 Q 值电感的电桥(海氏电桥).

测量高 Q 值电感的电桥原理电路如图 6.3-6 所示,该电桥电路又称为海氏电桥.电桥平衡时,根据平衡条件,有

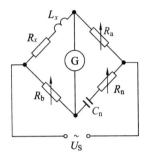

$$(R_x + j\omega L_x)\left(\frac{1}{\frac{1}{R_n} + j\omega C_n}\right) = R_a R_b$$

简化和整理后可得

$$L_x = \frac{R_a R_b C_n}{1 + (\omega C_n R_n)^2} \tag{6.3-13}$$

$$R_x = \frac{R_a R_b R_n (\omega C_n)^2}{1 + (\omega C_n R_n)^2} \tag{6.3-14}$$

图 6.3-6　测量高 Q 值
电感的电桥

由式(6.3-13)和式(6.3-14)可知,海氏电桥的平衡条件是与频率有关的.因此,在应用成品电桥时,若改用外接电源供电,必须注意使电源的频率与该电桥说明书上规定的电源频率相符,而且电源波形必须是正弦波,否则,谐波频率就会影响测量精度.

用海氏电桥测量时,其 Q 值为

$$Q = \frac{\omega L_x}{R_x} = \frac{1}{\omega C_n R_n} \tag{6.3-15}$$

由式(6.3-15)可知,被测电感 Q 值越小,则要求标准电容 C_n 的值越大,但一般标准电容的容量都不能做得太大.此外,若被测电感的 Q 值过小,则海氏电桥的标准电容的桥臂中所串的 R_n 也必须很大,但当电桥中某个桥臂阻抗数值过大时,将会影响电桥的灵敏度.可见海氏电桥线路是适宜于测 Q 值较大的电感参数的,而在测量 $Q < 10$ 的电感元件的参数时则需用另一种电桥线路,下面介绍这种适用于测量低 Q 值电感的电桥线路.

(2) 测量低 Q 值电感的电桥(麦克斯韦电桥).

测量低 Q 值电感的电桥原理线路如图 6.3-7 所示.该电桥线路又称为麦克斯韦电桥.

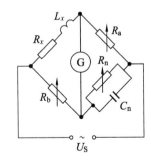

这种电桥与上面介绍的测量高 Q 值电感的电桥线路所不同的是:标准电容的桥臂中的 C_n 和可变电阻 R_n 是并联的.在电桥平衡时,有

$$(R_x + j\omega L_x)\left(\frac{1}{\frac{1}{R_n} + j\omega C_n}\right) = R_a R_b$$

图 6.3-7　测量低 Q 值
电感的电桥

相应的测量结果为

$$L_x = R_a R_b C_n \tag{6.3-16}$$

$$R_x = R_a R_b \frac{1}{R_n} = R_a R_b Y_n \tag{6.3-17}$$

被测对象的品质因数 Q 为

$$Q = \frac{\omega L_x}{R_x} = \omega R_n C_n \tag{6.3-18}$$

麦克斯韦电桥的平衡条件式(6.3-16)、式(6.3-17)表明,它的平衡是与频率无关的,即在电源为任何频率或非正弦的情况下,电桥都能平衡,所以该电桥的应用范围较广.但是实际上,由于电桥内各元件间的相互影响,所以交流电桥的测量频率对测量精度仍有一定的影响.

5. 电阻电桥.

测量电阻时采用惠斯通电桥,如图 6.3-8 所示.其桥路形式与直流单臂电桥相同,只是这里用交流电源和交流指零仪作为测量信号.

当电桥平衡时,G 中无电流流过,c,d 两点为等电位,则 $R_x = \dfrac{R_a}{R_b} R_n$.

由于采用交流电源和交流电阻作为桥臂,所以测量一些残余电抗较大的电阻时不易平衡,这时可改用直流电桥进行测量.

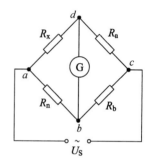

图 6.3-8 惠斯通电桥

四、实验内容

(一) 交流电桥测量电容

用串联电容电桥(图 6.3-4)测量两个电容的容量及其损耗电阻,并计算损耗.

1. 电容的损耗电阻 R_x 一般都比较小,因此在测量前,R_n 的值可以放到零或很小的值.

2. 调节 R_b,使指零仪偏转最小,再适当调节指零仪的灵敏度,接着调节 R_n,使指零仪偏转再次出现最小,如此反复调节 R_b,加大指零仪的灵敏度,再调节 R_n,再加大指零仪的灵敏度,如此反复调节,直到指零仪指零或偏转值最小为止.

(二) 交流电桥测量电感

用麦克斯韦电桥 (图 6.3-7)测量(无铁芯)电感的电感量及其电阻,并计算其品质因数.

在电桥的平衡过程中,有时指针不能完全回到零位,这对于交流电桥是完全可能的.

五、数据处理

1. 计算被测电容的容量及其损耗电阻,并计算损耗.
2. 计算被测电感的电感量及其电阻,并计算其品质因数.

六、注意事项

1. 开机前,指零仪的灵敏度应先调到较低位置,输出电源幅度也应调到较低位置,待基本平衡后再慢慢调高.

2. 测量时,为了使被测量量有四位有效数字,R_b需要显示有四位以上的有效数字.

七、思考题

1. 交流电桥的桥臂是否可以任意选择不同性质的阻抗元件? 若不可以,应如何选择?

2. 为什么在交流电桥中至少需要选择两个可调参数? 怎样调节才能使电桥趋于平衡?

3. 交流电桥对使用的电源有何要求? 交流电源对测量结果有无影响?

实验 6.4　　RLC 电路特性

一、实验目的

1. 观测 RC 和 RL 串联电路的幅频特性和相频特性.
2. 了解 RLC 串联电路的相频特性和幅频特性.
3. 观察和研究 RLC 电路的串联谐振现象.

二、实验仪器

FB318 型 RLC 电路实验仪、双踪示波器等.

三、实验原理

(一) RC 串联电路的稳态特性

1. RC 串联电路的频率特性.

在如图 6.4-1 所示电路中,电阻 R、电容 C 的电压有以下关系式:

$$I = \frac{U}{\sqrt{R^2 + \left(\frac{1}{\omega C}\right)^2}}, \quad U_R = IR, \quad U_C = \frac{I}{\omega C}, \quad \varphi = -\arctan\frac{1}{\omega CR}$$

式中,ω 为交流电源的角频率,U 为交流电源的电压有效值,φ 为电流和电源电压的相位差,它与角频率 ω 的关系见图 6.4-2.

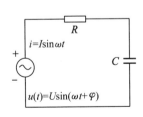

图 6.4-1　RC 串联电路

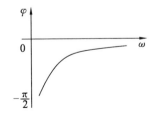

图 6.4-2　RC 串联电路的相频特性曲线

可见当 ω 增加时,I 和 U_R 增加,而 U_C 减小;当 ω 很小时,$\varphi \rightarrow -\frac{\pi}{2}$;当 ω 很大时,$\varphi \rightarrow 0$.

2. RC 低通滤波电路.

如图 6.4-3 所示,其中 $\dot{U}_i$ 为输入电压相量,$\dot{U}_o$ 为输出电压相量,则有

$$\frac{\dot{U}_o}{\dot{U}_i}=\frac{1}{1+\mathrm{j}\omega RC}$$

有效值关系为

$$\frac{U_o}{U_i}=\frac{1}{\sqrt{1+(\omega RC)^2}}$$

令 $\omega_0=\dfrac{1}{RC}$,有 $\omega=0$ 时,$\dfrac{U_o}{U_i}=1$;$\omega=\omega_0$ 时,$\dfrac{U_o}{U_i}=\dfrac{1}{\sqrt{2}}=0.707$;$\omega\rightarrow\infty$ 时,$\dfrac{U_o}{U_i}=0.$

可见 $\dfrac{U_o}{U_i}$ 随 ω 的变化而变化,并且当 $\omega<\omega_0$ 时,$\dfrac{U_o}{U_i}$ 变化较小;当 $\omega>\omega_0$ 时,$\dfrac{U_o}{U_i}$ 明显下降.
这就是低通滤波器的工作原理,它使较低频率的信号容易通过,而阻止较高频率的信号通过.

3. RC 高通滤波电路.

RC 高通滤波电路如图 6.4-4 所示.分析可知:

$$\frac{U_o}{U_i}=\frac{1}{\sqrt{1+\left(\dfrac{1}{\omega RC}\right)^2}}$$

同样有,当 $\omega=0$ 时,$\dfrac{U_o}{U_i}=0$;当 $\omega=\omega_0$ 时,$\dfrac{U_o}{U_i}=\dfrac{1}{\sqrt{2}}=0.707$;当 $\omega\rightarrow\infty$ 时,$\dfrac{U_o}{U_i}=1.$

可见该电路的特性与低通滤波电路相反,它对低频信号的衰减较大,而高频信号容易通过,衰减很小,通常称作高通滤波电路.

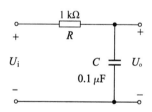
图 6.4-3 RC 低通滤波电路

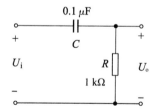
图 6.4-4 RC 高通滤波电路

(二) RL 串联电路的稳态特性

RL 串联电路如图 6.4-5 所示,可见电路中 I,U,U_R,U_L 有以下关系:

$$I=\frac{U}{\sqrt{R^2+(\omega L)^2}},\ U_R=IR,\ U_L=I\omega L,\ \varphi=-\arctan\frac{\omega L}{R}$$

可见 RL 电路的幅频特性与 RC 电路相反,ω 增加时,I,U_R 减小,而 U_L 增大.它的相频特性曲线见图 6.4-6.

由图 6.4-6 可知,当 ω 很小时,$\varphi\rightarrow0$;当 ω 很大时,$\varphi\rightarrow\dfrac{\pi}{2}$.

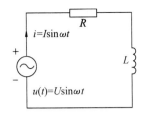

图 6.4-5　RL 串联电路

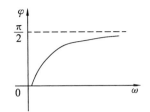

图 6.4-6　RL 串联电路的相频特性曲线

（三）*RLC* 串联电路的稳态特性

在电路中如果同时存在电感和电容元件,那么在一定条件下会产生某种特殊状态,能量会在电容和电感元件中交换,我们称之为谐振现象.本实验仅研究 *RLC* 串联特性.

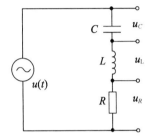

图 6.4-7　*RLC* 串联电路

在如图 6.4-7 所示电路中,电路的总阻抗 $|Z|$, U, U_R 和 I 之间有以下关系:

$$|Z| = \sqrt{R^2 + \left(\omega L - \frac{1}{\omega C}\right)^2}, \varphi = \arctan\left(\frac{\omega L - \dfrac{1}{\omega C}}{R}\right)$$

$$I = U / \sqrt{R^2 + \left(\omega L - \frac{1}{\omega C}\right)^2}$$

式中,ω 为角频率,以上参数均与 ω 有关,它们与频率的关系称为频响特性,见图 6.4-8.由图可知,在频率 f_0 处阻抗 Z 值最小,且整个电路呈纯电阻性,而电流 I 达到最大值,我们称 f_0 为 *RLC* 串联电路的谐振频率(ω_0 为谐振角频率).从图 6.4-8 还可知,在 $f_1 \sim f_0 \sim f_2$ 的频率范围内 I 值较大,我们称为通频带.

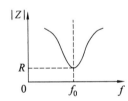

(a) *RLC* 串联电路的阻抗特性曲线

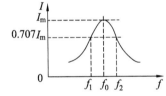

(b) *RLC* 串联电路的幅频特性曲线

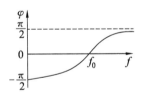

(c) *RLC* 串联电路的相频特性曲线

图 6.4-8　*RCL* 串联电路的阻抗特性、幅频特性、相频特性曲线

下面我们推导出 $f_0(\omega_0)$ 和另一个重要的参数品质因数 Q.

当 $\omega L = \dfrac{1}{\omega C}$ 时,有

$$|Z| = R, \varphi = 0, I_{\mathrm{m}} = \frac{U}{R}, \omega = \omega_0 = \frac{1}{\sqrt{LC}}, f = f_0 = \frac{1}{2\pi\sqrt{LC}}$$

此时,电感上的电压

$$U_L = I_{\mathrm{m}} |Z_L| = \frac{\omega_0 L}{R} U$$

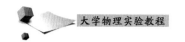
电容上的电压

$$U_C = I_m|Z_C| = \frac{1}{R\omega_0 C}U$$

U_C 或 U_L 与 U 的比值称为品质因数 Q. 可以证明:

$$Q = \frac{U_L}{U} = \frac{U_C}{U} = \frac{\omega_0 L}{R} = \frac{1}{R\omega_0 C}, \quad \Delta f = \frac{f_0}{Q}, \quad Q = \frac{f_0}{\Delta f}$$

四、实验内容

（一）RC 串联电路的稳态特性

1. RC 串联电路的幅频特性.

选择正弦波信号,保持其输出幅度不变,分别用示波器测量不同频率时的 U_R, U_C（可取 $C = 0.1\ \mu F$, $R = 1\ k\Omega$, 可根据实际情况自选）.

用双通道示波器观测时可用一个通道监测信号源电压,另一个通道分别测 U_R, U_C, 但需注意两通道的接地点应位于线路的同一点,否则会引起部分电路短路.

2. RC 串联电路的相频特性.

将信号源电压 U 和 U_R 分别接至示波器的两个通道（可取 $C = 0.1\ \mu F$, $R = 1\ k\Omega$, 也可根据实际情况自选）. 从低到高调节信号源的频率,观察示波器上两个波形的相位变化情况,并记录不同频率时的相位差.

（二）RL 串联电路的稳态特性

测量 RL 串联电路的幅频特性和相频特性,与 RC 串联电路时方法类似（可选 $L = 10\ mH$, $R = 1\ k\Omega$, 也可自行确定）.

（三）RLC 串联电路的稳态特性

自选合适的 L, R 和 C 值,用示波器的两个通道测信号源电压 U 和电阻电压 U_R.

1. 幅频特性.

保持信号源电压 U 不变（可取 $U_{P-P} = 5\ V$）,根据所选的 L, R 和 C 值,估算谐振频率,以选择合适的正弦波频率范围. 从低到高调节频率,当 U_R 的电压为最大时的频率即为谐振频率,记录下不同频率时的 U_R 大小.

2. 相频特性.

用示波器的双通道观测电压的相位差. U_R 的相位与电路中电流的相位相同,观测在不同频率下的相位变化,记录下某一频率时的相位差值.

五、数据处理

1. 根据测量结果作 RC 串联电路的幅频特性和相频特性图,记录数据的表格自拟.
2. 根据测量结果作 RL 串联电路的幅频特性和相频特性图,记录数据的表格自拟.
3. 根据测量结果作 RLC 串联电路的幅频特性和相频特性图,并计算电路的 Q 值.

六、注意事项

1. 仪器采用开放式设计,使用时要正确接线,防止功率信号源短路,导致损坏.

2. 仪器使用前应预热 10～15 min,并避免周围有强磁场源或磁性物质.

3. 必须注意两通道的公共线(接地点)是相通的,接入电路中应在同一点上,以防短路.

七、思考题

1. 低通滤波电路、高通滤波电路有什么特点? 简述其应用.

2. RLC 串联谐振时,电路有什么特点?

实验 6.5　硅光电池特性的研究

一、实验目的

1. 掌握 PN 结形成原理及其单向导电性等工作机理.

2. 了解 LED 发光二极管的驱动电流和输出光功率的关系.

3. 掌握硅光电池的工作原理及负载特性.

二、实验仪器

THKGD-1 型硅光电池特性实验仪、函数信号发生器、双踪示波器.

三、实验原理

(一)引言

目前半导体光电探测器在数码摄像、光通信、太阳电池等领域得到了广泛应用,硅光电池是半导体光电探测器的一个基本单元,深刻理解硅光电池的工作原理和具体使用特性,可以进一步领会半导体 PN 结原理、光电效应理论和光伏电池产生机理.THKGD-1 型硅光电池特性实验仪主要由半导体发光二极管恒流驱动单元、硅光电池特性测试单元等组成.利用它可以进行以下实验内容:

(1)硅光电池输出短路时光电流与输入光信号的关系.

(2)硅光电池输出开路时光伏电压与输入光信号的关系.

(3)硅光电池的频率响应.

(4)硅光电池输出功率与负载的关系.

(二)PN 结的形成及单向导电性

采用反型工艺在一块 N 型(P 型)半导体的局部掺入浓度较大的三价(五价)杂质,使其变为 P 型(N 型)半导体.如果采用特殊工艺措施,使一块硅片的一边为 P 型半导体,另一边为 N 型半导体,则在 P 型半导体和 N 型半导体的交界面附近形成 PN 结.PN 结是构成各种半导体器件的基础,许多半导体器件都含有 PN 结.如图 6.5-1 所示,⊖代表得到一个电子的三价杂质(如硼)离子,带负电;⊕代表失去一个电子的五价杂质(如磷)离子,带正电.由于 P 区有大量空穴(浓度大),而 N 区的空穴极少(浓度小),即 P 区的空穴浓度远远高于N区,因此空穴要从浓度大的P区向浓度小的N区扩散,并与N区的电子复合,在交界面附近的空穴扩散到N区,在交界面附近一侧的P区留下一些带负电的三价杂质离子,形成负空间电荷区.同样地,N区的自由电子也要向P区扩散,并与P区的空穴复合,在交界面附近一侧的N区留下一些带正电的五价杂质离子,形成正空间电荷区.这些离子是不能移动的,因而在P型半导体和N型半导体交界面两侧形成一层很薄的空间电荷区,也称为耗尽层,这个空间电荷区就是PN结.

形成空间电荷区的正负离子虽然带电,但是它们不能移动,不参与导电.

而在这个区域内,载流子极少,所以空间电荷区的电阻率很高.此外,这个区域内多数载流子已扩散到对方并复合掉了,或者说消耗尽了,所以空间电荷区有时被称为耗尽层.

正负空间电荷在交界面两侧形成一个电场,成为内电场,其方向从带正电的N区指向带负电的P区,如图6.5-1所示.由P区向N区扩散的空穴在空间电荷区将受到内电场的阻力,而由N区向P区扩散的自由电子也将受到内电场的阻力,即内电场对多数载流子(P区的空穴和N区的自由电子)的扩散运动起阻挡作用,所以空间电荷区又被称为阻挡层.

空间电荷区的内电场对多数载流子的扩散运动起阻挡作用,这是一个方面.但另一方面,内电场对少数载流子(P区的自由电子和N区的空穴)则可推动它们越过空间电荷区,进入对方区域.少数载流子在内电场作用下有规则的运动,称为漂移运动.

扩散和漂移是相互联系的,又是相互矛盾的.在开始形成空间电荷区时,多数载流子的扩散运动占优势,但在扩散运动进行过程中,空间电荷区逐渐加宽,内电场逐步加强.于是在一定条件下(如温度一定),多数载流子的扩散运动逐渐减弱,而少数载流子的漂移运动则逐渐增强.最后,载流子的扩散运动和漂移运动达到动态平衡,P区的空穴(多数载流子)向右扩散的数量与N区的空穴(少数载流子)向左漂移的数量相等;对自由电子也是这样.达到平衡后,空间电荷区的宽度基本上稳定下来,PN结就处于相对稳定的状态.

上面讨论的是PN结没有外加电压的情况,这时半导体中的扩散和漂移处于动态平衡.下面讨论在PN结上加外部电压的情况.

若在PN结上加正向电压,即外电源的正极接P区,负极接N区,也称为正向偏置.此时外加电压在PN结中产生的外电场和内电场方向相反,扩散和漂移运动的平衡被破坏.外电场驱使P区的空穴进入空间电荷区抵消一部分负空间电荷,同时N区的自由电子进入空间电荷区抵消一部分正空间电荷.于是整个空间电荷区变窄,内电场被削弱,多数载流子的扩散运动增强,形成较大的扩散电流(正向电流),PN结处于导通状态.PN结导通时呈现的电阻称为正向电阻,其数值很小,一般为几欧到几百欧.在一定范围内,外电场愈强,正向电流(由P区流向N区的电流)愈大,这时PN结呈现的电阻很低.正向电流包括空穴电流和电子电流两部分.空穴和电子虽然带有不同极性的电荷,但由于它们的运动方向相反,所以电流方向一致.外电源不断地向半导体提供电荷,使电流得以维持.

若在PN结上加反向电压,即外电源的正极接N区,负极接P区,也称为反向偏置.此时外加电压在PN结中产生的外电场和内电场方向一致,也破坏了扩散和漂移运动的平衡.外电场驱使空间电荷区两侧的空穴和自由电子移走,使得空间电荷增强,空间电荷区变宽,内电场增强,使多数载流子的扩散运动很难进行.但内电场的增强也加强了少数载流子的漂移运动,在外电场的作用下,N 区中的空穴越过 PN 结进入 P 区,P 区中的自由电子越过 PN 结进入 N 区,在电路中形成反向电流(由 N 区流向 P 区的电流).由于少数载流子数量很少,因此反向电流不大,即 PN 结呈现的反向电阻很高,可以认为 PN 结基本上不导电,处于截止状态.此时的电阻被称为反向电阻,其数值很大,一般为几千欧到十几兆欧.又因为少数载流子是由于价电子获得热能(热激发)挣脱共价键的束缚而产生的,所以温度变化时少数载流子的数量也随之变化.环境温度愈高,少数载流子的数量愈多,所以温度对反向电流的影响较大.

由以上分析可知,PN 结具有单向导电性.在 PN 结上加正向电压时,PN 结电阻很低,正向电流较大,PN 结处于正向导通状态;在 PN 结上加反向电压时,PN 结电阻很高,反向电流很小,PN 结处于截止状态.

图 6.5-1 是半导体 PN 结在零偏、负偏、正偏下的耗尽区,当 P 型和 N 型半导体材料结合时,由于 P 型材料空穴多、电子少,而 N 型材料电子多、空穴少,结果 P 型材料中的空穴向 N 型材料这边扩散,N 型材料中的电子向 P 型材料这边扩散,扩散的结果使得结合区两侧的 P 型区出现负电荷,N 型区带正电荷,形成一个势垒,由此而产生的内电场将阻止扩散运动的继续进行,当两者达到平衡时,在 PN 结两侧形成一个耗尽区,耗尽区的特点是无自由载流子,呈现高阻抗.当 PN 结负偏时,外加电场与内电场方向一致,耗尽区在外电场作用下变宽,使势垒加强;当 PN 结正偏时,外加电场与内电场方向相反,耗尽区在外电场作用下变窄,势垒削弱,使载流子扩散运动继续,形成电流,此即为 PN 结的单向导电性,电流方向从 P 指向 N.

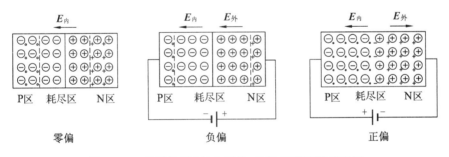

图 6.5-1　半导体 PN 结在零偏、负偏、正偏下的耗尽区

（三）LED 的工作原理

当某些半导体材料形成的 PN 结加正向电压时,空穴与电子在 PN 结复合时将产生特定波长的光,发光的波长与半导体材料的能级间隙 E_g 有关.发光波长 λ_p 可由下式确定:

$$\lambda_p = \frac{hc}{E_g} \tag{6.5-1}$$

式中,h 为普朗克常量,c 为光速.在实际的半导体材料中能级间隙 E_g 有一个宽度,因此发光二极管发出光的波长不是单一的,其发光波长宽度一般在 $25 \sim 40$ nm,随半导体材料的不同而有差别.发光二极管输出光功率 P 与驱动电流 I 的关系由下式确定:

$$P = \frac{\eta E_v I}{e} \tag{6.5-2}$$

式中，η 为发光效率，E_p 为光子能量，e 为电子电荷常数.

输出光功率与驱动电流呈线性关系，当电流较大时由于 PN 结不能及时散热，输出光功率可能会趋向饱和.系统采用的发光二极管驱动和调制电路框图如图 6.5-2 所示.本实验用一个驱动电流可调的红色超高亮度发光二极管作为实验用光源.信号调制采用光强度调制的方法，发送光强度调节器用来调节流过 LED 的静态驱动电流，从而改变发光二极管的发射光功率.设定的静态驱动电流调节范围为 $0 \sim 20$ mA，对应面板上的光发送强度驱动显示值为 $0 \sim 2\,000$ 单位.正弦调制信号经电容、电阻网络及运放跟随隔离后耦合到放大环节，与发光二极管静态驱动电流叠加后使发光二极管发送随正弦波调制信号变化的光信号，如图 6.5-3 所示，变化的光信号可用于测定光电池的频率响应特性.

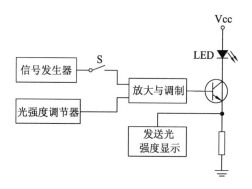

图 6.5-2　发送光的设定、驱动和调制电路框图　　　图 6.5-3　LED 发光二极管的正弦信号调制原理

（四）硅光电池的工作原理

光电转换器件主要利用物质的光电效应，即当物质在一定频率的照射下，释放出光电子.当光照射金属氧化物或半导体材料的表面时，会被这些材料内的电子所吸收，如果光子的能量足够大，吸收光子后的电子可挣脱原子的束缚而溢出材料表面，这种电子被称为光电子，这种现象被称为光电子发射，又被称为外光电效应.有些物质受到光照射时，其内部原子释放电子，但电子仍留在物体内部，使物体的导电性增强，这种现象被称为内光电效应.

光电二极管是典型的光电效应探测器，具有量子噪声低、响应快、使用方便等优点，广泛用于激光探测器.外加反偏电压与结内电场方向一致，当 PN 结及其附近被光照射时，就会产生载流子（即电子-空穴对）.结区内的电子-空穴对在势垒区电场的作用下，电子被拉向 N 区，空穴被拉向 P 区，形成光电流.同时势垒区一侧一个扩展长度内的光生载流子先向势垒区扩散，然后在势垒区电场的作用下也参与导电.当入射光强度变化时，光生载流子的浓度及通过外回路的光电流也随之发生相应的变化.这种变化在入射光强度较大的范围内仍能保持线性关系.

硅光电池是一个大面积的光电二极管，它被设计用于把入射到它表面的光能转化为电能，因此，可用作光电探测器和光电池，被广泛用于太空和野外便携式仪器等的能源.

光电池的基本结构如图 6.5-4 所示,当半导体 PN 结处于零偏或负偏时,在它们的结合面耗尽区存在一内电场.

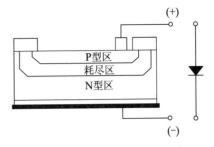

图 6.5-4　光电池的基本结构示意图

当没有光照射时,光电二极管相当于普通的二极管.其伏安特性如下:

$$I = I_s\left(\exp\left(\frac{eU}{kT}\right) - 1\right) \qquad (6.5\text{-}3)$$

式中,I 为流过二极管的总电流,I_s 为反向饱和电流,e 为电子电荷,k 为玻耳兹曼常数,T 为工作绝对温度,U 为加在二极管两端的电压.对于外加正向电压,I 随 U 指数增长,称为正向电流;当外加电压反向时,在反向击穿电压之内,反向饱和电流基本上是个常数.

当有光照时,入射光子将把处于介带中的束缚电子激发到导带,激发出的电子-空穴对在内电场作用下分别漂移到 N 型区和 P 型区,当在 PN 结两端加负载时就有一光生电流流过负载.流过 PN 结两端的电流可由式(6.5-4)确定:

$$I = I_s\left[\exp\left(\frac{eU}{kT}\right) - 1\right] + I_p \qquad (6.5\text{-}4)$$

此式表示硅光电池的伏安特性.

上式中,I 为流过硅光电池的总电流,I_s 为反向饱和电流,U 为 PN 结两端电压,T 为工作绝对温度,I_p 为产生的反向光电流.从式中可以看到,当光电池处于零偏时,$U=0$,流过 PN 结的电流 $I=I_p$;当光电池处于反偏时(在本实验中取 $V=-5$ V),流过 PN 结的电流 $I=I_p-I_s$.因此,当光电池用作光电转换器时,光电池必须处于零偏或负偏状态.

比较式(6.5-3)和式(6.5-4)可知,硅光电池的伏安特性曲线相当于把普通二极管的伏安特性曲线向下平移.

光电池处于零偏或负偏状态时,产生的光电流 I_p 与输入光功率 P_i 有以下关系:

$$I_p = R P_i \qquad (6.5\text{-}5)$$

式中,R 为响应率,R 值随入射光波长的不同而变化.对不同材料制作的光电池,在长波长处要求入射光子的能量大于材料的能级间隙 E_g,以保证处于介带中的束缚电子得到足够的能量被激发到导带.对于硅光电池,其长波截止波长 $\lambda_c = 1.1\ \mu m$,在短波长处也由于材料有较大的吸收系数,使 R 值很小.

图 6.5-5 是光电池光电信号接收端的工作原理框图,光电池把接收到的光信号转变为与之成正比的电流信号,再经 I/V 转换模块把光电流信号转换成与之成正比的电压信号.比较光电池零偏和负偏时的信号,就可以测定光电池的饱和电流 I_s.当发送的光信号被正弦信号调制时,则光电池输出电压信号中将包含正弦信号,据此可通过示波器测定光电池的频率响应特性.

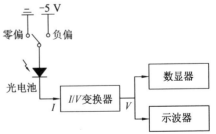

图 6.5-5　光电池光电信号接收端的工作原理框图

（五）硅光电池的负载特性

硅光电池作为电池使用,如图 6.5-6 所示,在内电场作用下,入射光子由于内光电效应把处于介带中的束缚电子激发到导带,而产生光伏电压,在硅光电池两端加一个负载就会有电流流过.当负载很小时,电流较小而电压较大;当负载很大时,电流较大而电压较小.实验时可改变负载电阻 R_L 的值来测定硅光电池的伏安特性.

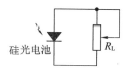

图 6.5-6　硅光电池伏安特性的测定

四、实验内容

硅光电池特性实验仪框图如图 6.5-7 所示.超高亮度 LED 在可调电流和调制信号驱动下发出的光照射到光电池表面,功能转换开关可分别打到"零偏"、"负偏"或"负载".

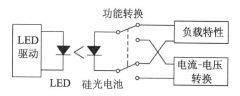

图 6.5-7　硅光电池特性实验仪框图

1. 硅光电池零偏和负偏时光电流与输入光信号关系特性测定.

打开仪器电源,调节发光二极管静态驱动电流,其调节范围为 0~20 mA(相应于发光强度指示 0~2 000),将功能转换开关分别打到"零偏"或"负偏",将硅光电池输出端连接到 I/V 转换模块的输入端,将 I/V 转换模块的输出端连接到数显电压表头的输入端,分别测定光电池在零偏和负偏时光电流与输入光信号的关系.记录数据(表 6.5-1),并在同一张方格纸上作图,比较硅光电池在零偏和负偏时两条曲线的关系,求出硅光电池的饱和电流 I_s.

2. 硅光电池输出接恒定负载时产生的光伏电压与输入光信号的关系的测定.

将功能转换开关打到"负载"处,将硅光电池输出端连接恒定负载电阻(如取 10 kΩ)和数显电压表,从 0~20 mA(指示为 0~2 000)调节发光二极管静态驱动电流,实验测定光电池输出电压随输入光强度变化的关系,将数据填入表 6.5-2,并作图.

3. 硅光电池伏安特性的测定.

在硅光电池输入光强度不变时(取发光二极管静态驱动电流为 15 mA),测量当负载从 0~100 kΩ 范围内变化时,光电池的输出电压随负载电阻变化的关系,将数据填入表 6.5-3,并作图.

4. 硅光电池频率响应的测定.

将功能转换开关分别打到"零偏"或"负偏"处,将硅光电池的输出连接到 I/V 转换模块的输入端.令 LED 偏置电流为 10 mA(指示为 1 000),在信号输入端加正弦调制信号,使 LED 发送调制的光信号,保持输入正弦信号的幅度不变,调节函数信号发生器的频率,用示波器观测并记录发送光信号的频率变化时光电池输出信号幅度的变化,测定光电池在零偏和负偏条件下的幅频特性,并测定其截止频率.将测量结果记录在自制的数据表格中.比较光电池在零偏和负偏条件下的实验结果,并分析原因.

五、数据处理

1. 整理分析实验数据.

2. 绘制实验所得的特性曲线.

表 6.5-1 零偏和负偏时光电池的光电流

输入光强度	零偏时的光电流/mA	负偏时的光电流/mA
100		
200		
300		
400		
500		
600		
700		
800		
900		
1 000		
1 100		
1 200		
1 300		
1 400		
1 500		
1 600		
1 700		
1 800		
1 900		
2 000		

表 6.5-2 $R_L = 10\ k\Omega$ 时光电池输出电压随输入光强度的变化

输入光信号/mA	输出电压/V
100	
200	
300	
400	
500	
600	
700	

输入光信号/mA	输出电压/V
800	
900	
1 000	
1 100	
1 200	
1 300	
1 400	
1 500	
1 600	
1 700	
1 800	
1 900	
2 000	

表 6.5-3　光电池的输出电压随负载电阻的变化(输入光强:150)

负载电阻/kΩ	输出电压/V
10	
20	
30	
40	
50	
60	
70	
80	
90	
100	

六、注意事项

实验中需注意负载两端的电压不能超过电压表的量程.

七、思考题

1. 硅光电池在工作时为什么要处于零偏或负偏状态？

2. 硅光电池用于线性光电探测器时，对耗尽区的内部电场有何要求？

3. 硅光电池对入射光的波长有何要求？

4. 当单个硅光电池外加负载时，其两端产生的光伏电压为何不会超过 0.7 V？

5. 如何获得高电压、大电流输出的硅光电池？

实验 6.6　用示波器观测铁磁材料的磁化曲线和磁滞回线

一、实验目的

1. 掌握磁滞、磁滞回线和磁化曲线的概念，加深对铁磁材料的主要物理量，如矫顽力、剩磁和磁导率的理解.

2. 学会用示波法测绘基本磁化曲线和磁滞回线.

3. 研究不同频率下动态磁滞回线的区别，并确定某一频率下的磁感应强度 B_s、剩磁 B_r 和矫顽力 H_c 数值.

二、实验仪器

EM6510 型通用示波器、DH4516A 型磁滞回线实验仪、专用连接线等.

三、实验原理

（一）磁化曲线

如果在由电流产生的磁场中放入铁磁物质，则磁场将明显增强，此时铁磁物质中的磁感应强度比单纯由电流产生的磁感应强度增大百倍，甚至千倍以上.铁磁物质内部的磁场强度 H 与磁感应强度 B 有如下关系：

$$B = \mu H$$

对于铁磁物质而言，磁导率 μ 并非常数，而是随 H 的变化而变化，即 $\mu = f(H)$，它是 H 的非线性函数.如图 6.6-1 所示，B 与 H 也成非线性关系.

铁磁材料的磁化过程为：其未被磁化时的状态称为去磁状态，这时若在铁磁材料上加一个由小到大的磁化场，则铁磁材料内部的磁场强度 H 与磁感应强度 B 也随之变大，其 B-H 变化曲线如图 6.6-1 所示.但当 H 增加到一定值（H_s）后，B 几乎不再随 H 的增加而增加，说明磁化已达饱和，从未磁化到饱和磁化的这段磁化曲线称为材料的起始磁化曲线，如图 6.6-1 中的 OS 段曲线所示.

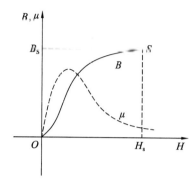

图 6.6-1　磁化曲线和 μ-H 曲线

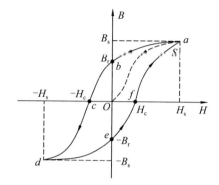

图 6.6-2　起始磁化曲线与磁滞回线

（二）磁滞回线

当铁磁材料的磁化达到饱和之后,如果将磁化场减少,则铁磁材料内部的 B 和 H 也随之减少,但其减少的过程并不沿着磁化时的 OS 段退回.从图 6.6-2 可知,当磁化场撤销,$H=0$ 时,磁感应强度仍然保持一定数值,$B=B_r$ 称为剩磁(剩余磁感应强度).

若要使被磁化的铁磁材料的磁感应强度 B 减少到 0,必须加上一个反向磁场并逐步增大.当铁磁材料内部反向磁场强度增加到 $H=H_c$ 时(图 6.6-2 上的 c 点),磁感应强度 B 才是 0,达到退磁.图 6.6-2 中的 bc 段曲线为退磁曲线,H_c 为矫顽力.如图 6.6-2 所示,当 H 按 $O \to H_s \to O \to -H_c \to -H_s \to O \to H_c \to H_s$ 的顺序变化时,B 相应沿 $O \to B_s \to B_r \to O \to -B_s \to -B_r \to O \to B_s$ 的顺序变化.图中的 Oa 段曲线称为起始磁化曲线,所形成的封闭曲线 $abcdefa$ 称为磁滞回线,bc 段曲线称为退磁曲线,由图 6.6-2 可知:

（1）当 $H=0$ 时,$B \neq 0$,这说明铁磁材料还残留一定值的磁感应强度 B_r,通常称 B_r 为铁磁物质的剩余磁感应强度(剩磁).

（2）若要使铁磁物质完全退磁,即 $B=0$,必须加一个反向磁场 H_c.这个反向磁场强度 H_c 被称为该铁磁材料的矫顽力.

（3）B 的变化始终落后于 H 的变化,这种现象称为磁滞现象.

（4）H 上升与下降到同一数值时,铁磁材料内的 B 值并不相同,退磁化过程与铁磁材料过去的磁化经历有关.

（5）当从初始状态 $H=0$,$B=0$ 开始周期性地改变磁场强度的幅值时,在磁场由弱到强地单调增加的过程中,可以得到面积由大到小的一簇磁滞回线,如图 6.6-3 所示.其中最大面积的磁滞回线称为极限磁滞回线.

（6）由于铁磁材料磁化过程的不可逆性及具有剩磁的特点,在测定磁化曲线和磁滞回线时,首先,必须将铁磁材料预先退磁,以保证外加磁场 $H=0$,$B=0$;其次,磁化电流在实验过程中只允许单调增加或减少,不能时增时减.理论上,要消除剩磁 B_r,只需通一反向磁化电流,使外加磁场正好等于铁磁材料的矫顽力即可.实际上,矫顽力的大小通常并不知道,因而无法确定退磁电流的大小.我们从磁滞回线得到启示,如果使铁磁材料磁化达到磁饱和,然后不断改变磁化电流的方向,与此同时逐渐减少磁化电流,直到零,则该材料在磁场减弱时的磁滞回线就是一连串逐渐缩小而最终趋于原点的环状曲线,如图 6.6-4 所示.当 H 减小到零时,B 亦同时降为零,达到完全退磁.

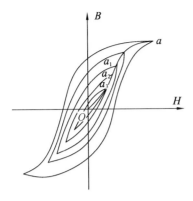

图 6.6-3　磁场增强时的磁滞回线

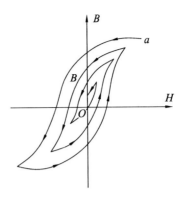

图 6.6-4　磁场减弱时的磁滞回线

实验表明,经过多次反复磁化后,B-H 的量值关系形成一个稳定的闭合的"磁滞回线".通常以这条曲线来表示该材料的磁化性质.这种反复磁化的过程称为"磁锻炼".本实验使用交变电流,所以每个状态都经过充分的"磁锻炼",随时可以获得磁滞回线.

我们把图 6.6-3 中原点 O 和各个磁滞回线的顶点 $a_1, a_2, \cdots$ 所连成的曲线,称为铁磁性材料的基本磁化曲线.不同的铁磁材料其基本磁化曲线是不相同的.为了使样品的磁特性可以重复出现,也就是所测得的基本磁化曲线都是由原始状态($H=0, B=0$)开始,在测量前必须进行退磁,以消除样品中的剩余磁性.

在测量基本磁化曲线时,每个磁化状态都要经过充分的"磁锻炼";否则,得到的 B-H 曲线即为开始介绍的起始磁化曲线,两者不可混淆.

(三)示波器显示 B-H 曲线的原理线路

示波器测量 B-H 曲线的实验线路如图 6.6-5 所示.本实验研究的铁磁物质是一个环状试样(图 6.6-6).在试样上绕有励磁线圈 N_1 匝和测量线圈 N_2 匝.若在线圈 N_1 中通过磁化电流 I_1 时,此电流在试样内产生磁场,根据安培环路定律 $HL = N_1 I_1$,磁场强度 H 的大小为

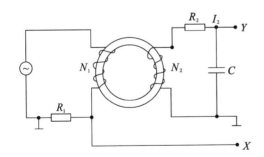

图 6.6-5　测量 B-H 曲线的实验线路

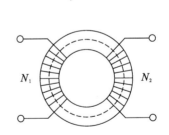

图 6.6-6　环状铁磁物质试样

$$H = \frac{N_1 I_1}{L} \tag{6.6-1}$$

式中,L 为环状试样的平均磁路长度(在图 6.6-6 中用虚线表示).

由图 6.6-5 可知,示波器 X 轴偏转板输入电压为

$$U_X = U_R = I_1 R_1 \qquad\qquad (6.6-2)$$

由式(6.6-1)和式(6.6-2),得

$$U_X = \frac{HLR_1}{N_1} \qquad\qquad (6.6-3)$$

上式表明,在交变磁场下,任一时刻电子束在 X 轴的偏转正比于磁场强度 H.

为了测量磁感应强度 B,在次级线圈 N_2 上串联一个电阻 R_2,其与电容 C 构成一个回路,同时 R_2 与 C 又构成一个积分电路.将电容 C 两端电压 U_C 输入至示波器的 Y 轴,若适当选择 R_2 和 C,使 $R_2 \gg \dfrac{1}{\omega C}$,则

$$I_2 = \frac{E_2}{\left[R_2{}^2 + \left(\dfrac{1}{\omega C}\right)^2\right]^{\frac{1}{2}}} \approx \frac{E_2}{R_2}$$

式中,ω 为电源的角频率,E_2 为次级线圈的感应电动势.

因交变磁场 H 的样品中产生交变的磁感应强度 B,则

$$E_2 = N_2 \frac{\mathrm{d}\Phi}{\mathrm{d}t} = N_2 S \frac{\mathrm{d}B}{\mathrm{d}t}$$

式中,$S = \dfrac{(D_2 - D_1)h}{2}$ 为环形试样的截面积,磁环厚度为 h,则

$$U_Y = U_C = \frac{Q}{C} = \frac{1}{C}\int I_2\,\mathrm{d}t = \frac{1}{R_2 C}\int E_2\,\mathrm{d}t = \frac{N_2 S}{R_2 C}\int \mathrm{d}B = \frac{N_2 S}{R_2 C}B \qquad (6.6-4)$$

上式表明接在示波器 Y 轴输入的 U_Y 正比于 B.

$R_2 C$ 构成的电路在电子技术中称为积分电路,表示输出的电压 U_C 是感应电动势 E_2 对时间的积分.为了如实地绘出磁滞回线,要求 $R_2 \gg \dfrac{1}{\omega C}$.考虑到 U_C 振幅很小,需将 U_C 经过示波器 Y 轴放大器增幅后输至 Y 轴偏转板上.这就要求在实验磁场的频率范围内放大器的放大系数必须稳定,不会带来较大的相位畸变.事实上示波器难以完全达到这个要求,因此在实验时经常会出现如图 6.6-7 所示的畸变.观测时 Y 轴输入选择"DC"挡,并选择合适的 R_1 和 R_2 的阻值,可避免这种畸变,得到最佳的磁滞回线图形.

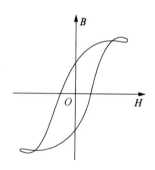

图 6.6-7　畸变的磁滞回线

这样,在磁化电流变化的一个周期内,电子束的径迹描出一条完整的磁滞回线.适当调节示波器 X 和 Y 轴增益,再由小到大调节信号发生器的输出电压,即能在屏上观察到由小到大扩展的磁滞回线图形.逐次记录其正顶点的坐标,并在坐标纸上把它连成光滑的曲线,就得到样品的基本磁化曲线.

（四）示波器的定标

从前面说明中可知,从示波器上可以显示出待测材料的动态磁滞回线,但为了定量研究磁化曲线、磁滞回线,必须对示波器进行定标,即还须确定示波器的 X 轴的每格代表多少 H 值(A/m),Y 轴的每格代表多少 B 值(T).

由式(6.6-3)、式(6.6-4)可知,在 U_X,U_Y 可以准确测得,且 R_1,R_2 和 C 都为已知的标准元件的情况下,就可以省去烦琐的定标工作.

一般示波器都有已知的 X 轴和 Y 轴的灵敏度,设 X 轴灵敏度为 $S_X(V/$格$)$,Y 轴的灵敏度为 $S_Y(V/$格$)$.将 X 轴、Y 轴的灵敏度旋钮顺时针打到底,上述 S_X 和 S_Y 均可从示波器的面板上直接读出,则有 $U_X=S_X X$,$U_Y=S_Y Y$,式中 X,Y 分别为测量时记录的坐标值(单位:格,这里指一大格,示波器一般有 $8\sim10$ 大格),可见通过示波器就可测得 U_X,U_Y 值.

由于本实验使用的 R_1,R_2 和 C 都是阻抗值已知的标准元件,误差很小,其中的 R_1,R_2 为无感交流电阻,C 的介质损耗非常小,这样就可结合示波器测量出 H 值和 B 值的大小.

综合上述分析,本实验定量计算公式为

$$H=\frac{N_1 S_X}{LR_1}X \tag{6.6-5}$$

$$B=\frac{R_2 C S_Y}{N_2 S}Y \tag{6.6-6}$$

式中,$L=0.130$ m,$S=1.24\times10^{-4}$ m^2,$N_1=100$ 匝,$N_2=100$ 匝.S_X,S_Y 的单位为 V/格;X,Y 的单位为格;H 的单位为 A/m;B 的单位为 T.

四、实验内容

(一)准备工作

1. 熟悉实验原理和仪器的构成.

2. 将实验仪信号源输出幅度调节旋钮逆时针打到底(多圈电位器),使输出信号为最小.

3. 将示波器的 X 微调、Y 微调旋钮顺时针打到底,下部的 4 个开关打到下端.

4. 打开示波器电源,调节示波器面板亮斑的亮度和聚焦.(不能太亮,以免烧坏显示器).

5. 按图 6.6-5 所示的原理线路接线,取 $R_1=0.5$ Ω,$R_2=75$ kΩ,$C=1.0$ μF;普通信号线接 Y 输入,"V/Div"打到"0.02"挡;探极式信号线接 X 输入,尖形端倍率打到"$\times1$"挡,"V/Div"打到"X-Y"挡.

6. 检查无误后,打开实验仪电源.

(二)观察并记录两种样品的动态磁滞回线,测量其饱和磁化强度、剩余磁化强度和矫顽力

1. 调节电源输出频率,使 $f=100$ Hz.

2. 缓慢增加电源输出幅度,记下 4 个图形,由此说明磁滞回线的变化趋势.

3. 当横向达±3 格时,记录磁滞回线与横轴、纵轴的交点,最高点的纵坐标,由此计算材料的矫顽力、剩余磁化强度和饱和磁化强度.

4. 保持电源输出幅度不变,改变输出频率 $f=25\sim100$ Hz,记下 4 个图形,由此说明磁滞回线的变化趋势.

5. 更换样品,重复上述测量.

(三)测量蓝色样品的基本磁化曲线

1. 调节电源输出频率,使 $f=100$ Hz,缓慢增加电源输出幅度,当横向达 ± 3 格时再慢慢调小,使得示波器光斑成一点(不能太亮,以免烧坏显示器),调节 X、Y 移位,使光斑位于屏幕正中.

2. 慢慢增加电源输出幅度,当磁滞回线横向宽度达到 0.1,0.2,0.3,…时,记录此时纵向达到的最大值,填入表 6.6-1.

3. 利用式(6.6-5)、式(6.6-6),计算出相应的 H,B,完成表 6.6-1,并由此作出样品的基本磁化曲线(B-H 曲线).

表 6.6-1　**B-H** 曲线测量数据

序号	1	2	3	4	5	6	7	8	9	10
X/格	0	0.2	0.4	0.6	0.8	1.0	1.5	2.0	2.5	3.0
H/(A/m)										
Y/格	0									
B/mT										

五、数据处理

1. 记录两种样品的动态磁滞回线:电源频率不变时,改变幅度,记录 4 幅磁滞回线;电源幅度不变时,改变频率,记录 4 幅磁滞回线.共记录 16 幅磁滞回线.

2. 由 100 Hz 下的饱和磁滞回线与横、纵轴焦点,计算材料的剩余磁化强度和矫顽力;由磁滞回线顶端的纵坐标,计算材料的饱和磁化强度.

3. 依据表 6.6-1,作出蓝色样品的基本磁化曲线 B-H.

六、注意事项

1. 使用示波器时,显示屏上亮斑的亮度不能太亮,以免烧坏显示器.

2. 磁滞回线实验仪在开机前、关机前,电源输出幅度都要打到零.

七、思考题

1. 由实验结果知,同样的样品在不同频率下的磁滞回线并不一样,为什么?

2. 实验所得的 100 Hz 频率下样品的剩余磁化强度和矫顽力与样品静态磁滞回线所得的剩余磁化强度和矫顽力有何不同?

3. 什么是积分电路?

实验 6.7　偏振光的观测与研究

一、实验目的

1. 观察光的偏振现象,加深对偏振的基本概念的理解.
2. 了解偏振光的产生和检验方法.
3. 观测布儒斯特角及测定玻璃折射率.
4. 观测椭圆偏振光和圆偏振光.

二、实验仪器

光具座、激光器、光电检流计、偏振片、$\frac{1}{4}$ 波片、光电转换装置、观测布儒斯特角装置、钠光灯.

三、实验原理

按照光的电磁理论,光波是电磁波,因电磁波是横波,所以光波也是横波.因为在大多数情况下,电磁辐射同物质相互作用时,起主要作用的是电场,所以常以电矢量作为光波的振动矢量.其振动方向相对于传播方向的一种空间取向称为偏振,光的这种偏振现象是横波的特征.

根据偏振的概念,如果电矢量的振动只限于某一确定方向的光,称为平面偏振光,亦称线偏振光;如果电矢量随时间作有规律的变化,其末端在垂直于传播方向的平面上的轨迹呈椭圆(或圆),这样的光称为椭圆偏振光(或圆偏振光);若电矢量的取向与大小都随时间作无规则变化,各方向的取向率相同,称为自然光;若电矢量在某一确定的方向上最强,且各方向的电振动无固定相位关系,则称为部分偏振光.

偏振光的应用遍及工农业、医学、国防等部门.利用偏振光装置的各种精密仪器已为科研、工程设计、生产技术的检验等提供了极大的方便.

（一）获得偏振光的方法

1. 非金属镜面的反射.当自然光从空气照射在折射率为 n 的非金属镜面(如玻璃、水等)上,反射光与折射光都将成为部分偏振光.当入射角增大到某一特定值 φ 时,镜面反射光成为完全偏振光,其振动面垂直于入射面,这时入射角 φ 称为布儒斯特角,也称起偏振角,由布儒斯特定律,得

$$\tan\varphi_0 = n \tag{6.7-1}$$

式中,n 为折射率.

2. 多层玻璃片的折射.当自然光以布儒斯特角入射到叠在一起的多层平行玻璃片上时,经过多次反射后透过的光就近似于线偏振光,其振动在入射面内.

3. 晶体双折射产生的寻常光(o 光)和非常光(e 光),均为线偏振光.

4.用偏振片可以得到一定程度的线偏振光.

（二）偏振片、波长片及其作用

1.偏振片.

偏振片是利用某些有机化合物晶体的二向色性,将其渗入透明塑料薄膜中,经定向拉制而成.它能吸收某一方向振动的光,而透过与此垂直方向振动的光,由于在应用时起的作用不同而叫法不同,用来产生偏振光的偏振片叫作起偏器,用来检验偏振光的偏振片叫作检偏器.

按照马吕斯定律,强度为 I_0 的线偏振光通过检偏器后,透射光的强度为

$$I = I_0 \cos^2 \theta \tag{6.7-2}$$

式中,θ 为入射偏振光偏振方向与检偏器振轴之间的夹角,显然当以光线传播方向为轴转动检偏器时,透射光强度 I 发生周期性变化.当 $\theta = 0°$ 时,透射光强度最大;当 $\theta = 90°$ 时,透射光强为极小值（消光状态）;当 $0° < \theta < 90°$ 时,透射光强介于最大值和最小值之间.图6.7-1表示自然光通过起偏器与检偏器的变化.

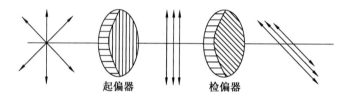

起偏器　　　　检偏器

图 6.7-1　自然光通过起偏器与检偏器的变化

2.波长片.

当线偏振光垂直入射到厚度为 L、表面平行于自身光轴的单轴晶片时,则寻常光（o光）和非常光（e光）沿同一方向前进,但传播的速度不同.这两种偏振光通过晶片后,它们的相位差 φ 为

$$\varphi = \frac{2\pi}{\lambda}(n_o - n_e)L \tag{6.7-3}$$

式中,λ 为入射偏振光在真空中的波长,n_o 和 n_e 分别为晶片对 o 光和 e 光的折射率,L 为晶片的厚度.

我们知道,两个互相垂直的、同频率且有固定相位差的简谐运动,可用下列方程表示（如通过晶片后 o 光和 e 光的振动）:

$$X = A_e \sin\omega t , \quad Y = A_o \sin(\omega + \varphi)$$

从上面两式中消去 t,经三角运算后得到全振动的方程式为

$$\frac{x^2}{A_e^2} + \frac{y^2}{A_o^2} - \frac{2xy}{A_e A_o}\cos\varphi = \sin^2\varphi \tag{6.7-4}$$

由此式可知:

① 当 $\varphi = k\pi (k = 0, 1, 2, \cdots)$ 时,为线偏振光.

② 当 $\varphi = \left(k + \dfrac{1}{2}\right)\pi (k = 0, 1, 2, \cdots)$ 时,为正椭圆偏振光.当 $A_o = A_e$ 时,为圆偏振光.

③ 当 φ 为其他值时,为椭圆偏振光.

在某一波长的线偏振光垂直入射于晶片的情况下,能使 o 光和 e 光产生相位差 $\varphi = (2k+1)\pi$(相当于光程差为 $\frac{\lambda}{2}$ 的奇数倍)的晶片,称为对应于该单色光的二分之一波片($\frac{1}{2}$ 波片).与此相似,能使 o 光与 e 光产生相位 $\varphi = \left(2k+\frac{1}{2}\right)\pi$(相当于光程差为 $\frac{\lambda}{4}$ 的奇数倍)的晶片,称为四分之一波片($\frac{1}{4}$ 波片).它是对 632.8 nm(He-Ne 激光)而言的.

如图 6.7-2 所示,当振幅为 A 的线偏振光垂直入射到 $\frac{1}{4}$ 波片上,振动方向与波片光轴成 θ 角时,由于 o 光和 e 光的振幅分别为 $A\sin\theta$ 和 $A\cos\theta$,所以通过 $\frac{1}{4}$ 波片后合成的偏振状态也随角度 θ 的变化而不同.

① 当 $\theta = 0°$ 时,获得振动方向平行于光轴的线偏振光.

② 当 $\theta = \frac{\lambda}{2}$ 时,获得振动方向垂直于光轴的线偏振光.

③ 当 $\theta = \frac{\lambda}{4}$ 时,$A_e = A_o$,获得圆偏振光.

④ 当 θ 为其他值时,经过 $\frac{1}{4}$ 波片后为椭圆偏振光.

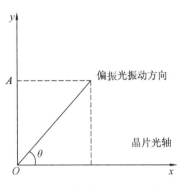

图 6.7-2 振幅为 A 的线偏振光垂直入射到 $\frac{\lambda}{4}$ 波片

3. 椭圆偏振光的测量.

椭圆偏振光的测量包括长、短轴之比及长、短轴方位的测定.如图 6.7-3 所示,当检偏器方位与椭圆长轴的夹角为 φ 时,则透射光强为

$$I = A_1^2\cos^2\varphi + A_2^2\sin^2\varphi$$

当 $\varphi = k\pi$ 时,$I = I_{max} = A_1^2$;当 $\varphi = \frac{(2k+1)\pi}{2}$ 时,$I = I_{min} = A_2^2$,则椭圆长短轴之比为

$$\frac{A_1}{A_2} = \sqrt{\frac{I_{max}}{I_{min}}} \qquad (6.7\text{-}5)$$

椭圆长轴的方位即为 I_{max} 的方位.

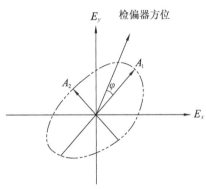

图 6.7-3 检偏器方位与椭圆长轴的夹角为 φ

四、实验内容

(一)利用起偏器与检偏器鉴别自然光与偏振光

1. 在光源至光屏的光路上插入起偏器 P_1,旋转 P_1,观察光屏上光斑强度的变化情况.

2. 在起偏器 P_1 后面再插入检偏器 P_2,固定 P_1 的方位,旋转 P_2 360°,观察光屏上光斑强度的变化情况,即有几个消光方位.

3. 以硅光电池代替光屏,接收 P_2 出射的光束,旋转 P_2,每转过 10°,记录一次相应的

光电流值,共转 180°,在坐标纸上作出 I_p-$\cos^2\theta$ 关系曲线.

（二）观察布儒斯特角及测定玻璃的折射率

1. 在起偏器 P_1 后,插入测布儒斯特角的装置,再在 P_1 和装置之间插入一个带小孔的光屏.调节玻璃平板,使反射光束与入射光束重合.记下初始角 φ_1.

2. 一面转动玻璃平板,一面同时转动起偏器 P_1,使其透过方向在入射面内.重复调节,直到反射光消失为止,记下此时玻璃平板的角度 φ_2,重复测量 3 次,求平均值.算出布儒斯特角 $\varphi_0 = \varphi_2 - \varphi_1$.

3. 把玻璃平板固定在布儒斯特角的位置上,去掉起偏器 P_1,在反射光束中插入检偏器 P_2,旋转 P_2,观察反射光的偏振状态.

（三）观测椭圆偏振光和圆偏振光

1. 先使起偏器 P_1 和检偏器 P_2 的偏振轴垂直（即检偏器 P_2 后的光屏上处于消光状态）,在起偏器 P_1 和检偏器 P_2 之间插入 $\frac{1}{4}$ 波片,转动 $\frac{1}{4}$ 波片,使 P_2 后的光屏上仍处于消光状态.用硅光电池（及光点检流计组成的光电转换器)取代光屏.

2. 将起偏器 P_1 转过 20°角,调节硅光电池,使透过 P_2 的光全部进入硅光电池的接收孔内.转动检偏器 P_2,找出最大电流的位置,并记下光电流的数值.重复测量 3 次,求平均值.

3. 转动 P_1,使 P_1 的光轴与 $\frac{1}{4}$ 波片的光轴的夹角依次为 30°,45°,60°,75°,90°值,在取上述每一个角度时,都将检偏器 P_2 转动一周,观察从 P_2 透出光的强度变化.

（四）考察平面偏振光通过 $\frac{1}{2}$ 波片时的现象

1. 按图 6.7-4 所示在光具座上依次放置各元件,使起偏器 P 的振动面为垂直,检偏器 A 的振动面为水平（此时应观察到消光现象).

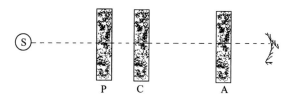

P. 起偏器；A. 检偏器(P、A 是偏振片或尼科耳)；S. 钠光灯；C. $\frac{1}{2}$ 波片

图 6.7-4　偏振光观测光路图

2. 在 P 与 A 之间插入 $\frac{1}{2}$ 波片(C),并转动 $\frac{1}{2}$ 波片 360°,能看到几次消光？试解释观察到的现象.

3. 将 C 旋转任意角度,这时消光现象被破坏,把 A 转动 360°,观察到什么现象？由此说明通过 $\frac{1}{2}$ 波片后,光变为怎样的偏振状态？

4. 仍使 P,A 处于正交,插入 C,使之出现消光现象,再将 C 旋转 15°,破坏其消光现象.转动 A 至消光位置,并记录 A 转动的角度.

5. 继续将 C 旋转 15°(即总转动角为 30°),记录 A 达到消光所转总角度,依次使 C 总转角为 45°,60°,75°,90°,记录 A 消光时所转总角度(表 6.7-1).

表 6.7-1　实验数据

$\frac{1}{2}$波片转动角度	检偏器转动角
15°	
30°	
45°	
60°	
75°	
90°	

五、数据处理

1. 自拟数据表格.

2. 在坐标纸上描绘出 I_p-$\cos^2\theta$ 关系曲线.

3. 求出布儒斯特角 $\varphi_0=\varphi_2-\varphi_1$,并由式(6.7-1)求出平板玻璃的相对折射率.

4. 由式(6.7-5)求出 20°时椭圆偏振光的长、短轴之比,并以理论值为准求出相对误差.

六、注意事项

1. 实验中需保持光学元件的清洁,禁止手摸各光学元件,实验完毕后按规定位置放好光学元件.

2. 激光束禁止直接照射或反射到人眼内.

七、思考题

1. 通过起偏和检偏的观测,如何鉴别自然光和偏振光?

2. 玻璃平板在布儒斯特角的位置上时,反射光束是什么偏振光? 它的振动是在平行于入射面内还是在垂直于入射面内?

3. 当 $\frac{1}{4}$ 波片与 P_1 的夹角为何值时产生圆偏振光? 为什么?

实验 6.8　用衍射光栅测光波波长

一、实验目的

1. 了解分光计的构造和使用方法.

2. 观察光栅衍射现象.

3. 掌握用分光计、衍射光栅测光波波长的方法.

二、实验仪器

分光计、平面透射光栅、双面平面镜、钠光灯.

三、实验原理

（一）分光计的结构

分光计是实验室中常用的精密光学仪器,用它可以准确地测量角度和观察光谱.它由底座、望远镜、载物平台、读数圆盘和平行光管五部分组成.其结构如图 6.8-1 所示.

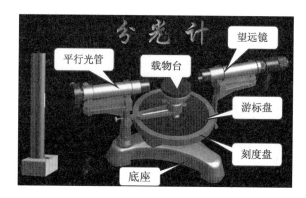

图 6.8-1 分光计的结构

1. 底座.

底座是整个分光计的支架.其中心有一垂直方向的转轴,即仪器的中心轴,望远镜、刻度盘和游标盘均可绕该轴转动.

2. 望远镜.

望远镜由物镜、十字分划板和目镜组成,用来观察由载物平台上的光栅所形成的光谱和衍射条纹.它与游标盘相连,可同时绕中心轴旋转,并通过游标读出它的角位置.在望远镜筒内的物镜焦平面处有一分划板,其上有两十字交叉的细丝,称为叉丝,转动望远镜,可使叉丝落在波长为 λ 的某级衍射亮纹上,这样便可由游标读出各级衍射亮纹相对应的角位置.在分划板的正下方刻有一个透光的小十字叉丝,为了照明小十字叉丝,目镜管外装一"T"形接头,其中装有一个 6.3 V 电珠,光线透过绿色窗口沿望远镜光轴从物镜射出.调节螺丝,可改变望远镜光轴倾斜程度和水平位置,使之垂直于仪器中心轴.螺丝用来固定望远镜,松开它,望远镜可绕中心轴转动;锁紧后,可用螺丝微调望远镜的水平位置.

3. 载物平台.

载物平台用来放置平面镜、三棱镜、光栅等光学元件.松开螺丝,载物平台可绕中心轴自由转动,也可根据需要升高或降低载物平台.调节载物平台到所需位置后,再用螺丝将之固定.调平螺丝(共有三只,成三角形设置)可用来调节载物平台水平面,使之与中心轴

204

垂直.

4. 读数圆盘.

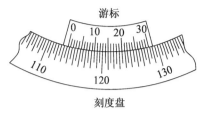

读数圆盘由可绕中心轴转动的刻度盘(主尺)和游标盘(副尺)组成.刻度盘分为 720 等份,共 360°,最小刻度为 30′,刻度盘可与望远镜固连在一起转动;内盘为游标盘,盘上相对 180°的位置嵌有两个相同的游标,它分为 30 等份,与刻度盘上 29 小格等长,精度为 1′,读数原理和方法与游标卡尺相似.如图 6.8-2 所示

图 6.8-2　分光计读数盘读数

的读数为 112°30′+16′=112°46′.读数时可手持照明放大镜协助读数.为了克服由于游标盘与刻度盘可能不是严格的同心所造成的偏心误差,每次测量必须分别读出 A,B 游标的读数,然后取其平均值.游标盘通过螺丝与载物台相连.松开螺丝,游标盘可带动平台绕中心轴转动.当锁紧时,可用螺丝微调游标盘位置.

5. 平行光管.

平行光管用来产生平行光束,由狭缝和装在套管另一端的物镜组成.狭缝可通过螺丝来调节宽度,调节的范围是 0.02~2 mm.松开螺丝,可以调节狭缝和物镜间的距离,并可转动狭缝.当狭缝正好位于物镜的焦平面上时,从狭缝射进来的光经物镜后就成为平行光.平行光管与分光计的底座固定在一起,平行光管的水平和高低位置均可通过螺丝调节.

(二) 衍射光栅测波长原理

光栅是一种重要的分光元件,它可以把入射光中不同波长的光分开.衍射光栅有透射光栅和反射光栅两种,常用的是平面透射光栅,它是由许多相互平行等距的透明狭缝组成的,其中任意相邻两条狭缝的中心距离 d 称为光栅常数.根据夫琅禾费衍射理论,当一束平行光垂直地投射到光栅平面上时,每条狭缝对光波都会发生衍射,所有狭缝的衍射光又彼此发生干涉.衍射角符合以下条件:

$$d\sin\theta = \pm k\lambda \quad (k=0,1,2,3,\cdots) \tag{6.8-1}$$

时,在该衍射角方向上的光相叠加,其他方向的光相抵消.如果用会聚透镜把这些衍射后的平行光会聚起来,则在透镜的焦平面上将出现一系列亮纹,形成衍射图样.如图 6.8-3 所示,式(6.8-1)称为光栅方程,其中 λ 为入射光波的波长,θ 为衍射角,k 为衍射亮纹的级数.在 θ 为 0 的方向上可以观察到中央亮纹.其他各级亮纹对称地分布在中央亮纹两侧.若已知光栅常数 d,测出相应的衍射条纹与 0 级条纹间的夹角 θ,便可求出光波的波长.

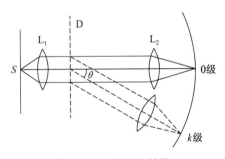

图 6.8-3　光栅衍射图

当用复色白光垂直入射光栅时,各波长的零级谱线处在同一位置而叠加形成中央明条纹,零级以外的各级谱线,由于 θ 不同,依次排开形成光栅光谱(图 6.8-4).

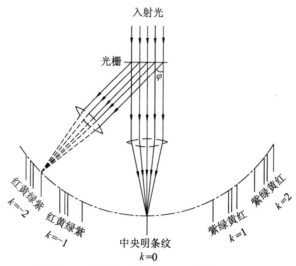

图 6.8-4　白光垂直入射光栅形成的光栅光谱

以绿光和蓝紫光为例,波长分别用 λ_G 和 λ_B 表示,则相应的光栅方程分别为

绿光

$$d\sin\theta_{Gk}=\pm k\lambda_G$$

蓝紫光

$$d\sin\theta_{Bk}=\pm k\lambda_B$$

所以

$$\lambda_B=\frac{\sin\theta_{Bk}}{\sin\theta_{Gk}}\lambda_G$$

式中,$k=0,\pm1,\pm2,\pm3,\cdots$.

四、实验内容

（一）调节分光计

分光计的调节主要是使平行光管发出平行光,望远镜聚焦于无穷远,平行光管和望镜的光轴与分光计的中心转轴垂直.首先进行粗调,即用眼睛估测:把载物台、望远镜和平行光管大致调成水平,然后对各部分进行细调.

1. 调节望远镜.调节目镜,使能看清分划板上的黑十字刻线.然后使电珠发出的光线照亮叉丝,将一平面反射镜放在载物台上.为了调节方便,把平面镜一侧边与三个调平螺丝的其中一个对齐,另一侧边放在另外两个调平螺丝之间的中垂线上,并用弹簧夹固定.调节另外两个调平螺丝,则可以改变平面镜对望远镜光轴的仰角.缓慢转动游标盘或左右移动望远镜,从望远镜内找到反射回来的叉丝像;松开螺丝,移动套筒,以便看到清晰的"绿十字"像,此时叉丝与叉丝像都处于物镜的焦平面上,即望远镜已聚焦于无穷远.

调节望远镜的倾斜螺丝,使"绿十字"像的中心向分化板的上方水平线逼近一半,再调节载物台的调平螺丝,使"绿十字"像与上方水平线重合.转动望远镜,使"绿十字"像与上方黑十字重合.将载物台旋转 180°,再观察,若像不在原位,再用上述方法反复调节,直至"绿十字"像和分划板上方黑十字重合,再旋转 180°时也不变,如图 6.8-5 所示,此时望远镜的光轴与分光计中心轴垂直.

2.调节平行光管.取下平面镜,用已聚焦在无穷远的望远镜为标准,如果平行光管产生了平行光,射入望远镜后必聚焦在叉丝上.调节时先用光源把平行光管的狭缝照亮,将望远镜正对着平行光管,前后移动平行光管的狭缝,使望远镜看到狭缝的像与分划板中心垂线相重合且清晰.把狭缝转到水平位置,调节平行光管倾斜螺丝,使其像与分划板的中央水平刻线相重合,这时平

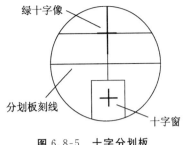

图 6.8-5　十字分划板

行光管与望远镜共轴,狭缝被分划板的水平线平分,将狭缝转回垂直位置与分划板十字垂线重合,并适当调节缝宽,然后调节螺丝,固定狭缝.

（二）利用光栅测波长

1.将钠光灯(或荧光灯)置于平行光管狭缝前,接通电源,使它正常发光.

2.将光栅固定在分光计的载物台上,使平行光管射出的光垂直投射到光栅上.

3.旋转望远镜,使衍射中央亮纹与望远镜里竖直划分线重合.在刻度盘的游标 A,B 上读出望远镜所在位置 θ_0 和 θ_0',并计入表 6.8-1 中.

4.将望远镜向左转动(注意:转动前,先旋紧螺丝,使望远镜与刻度盘一起转动,而游标盘不动),可以见到一级像($k=1$),使其与望远镜里的十字垂线重合,在读数盘上读出望远镜位置 $\theta_左$ 和 $\theta_左'$,并计入表 6.8-1 中.

如果光源使用荧光灯,则一级像为一组谱线,测波长时可选择其中一条谱线进行测量.

5.将望远镜向右移动,与步骤 4 相同,可读出 $\theta_右$ 和 $\theta_右'$,并计入表 6.8-1 中.

6.用上述方法,观察二级($n=2$)像.

（三）观察明线光谱、连续光谱和吸收光谱

1.观察明线光谱.将光谱管置于平行光管狭缝前,接通感应圈电路,使光谱管发光,转动望远镜到适当位置,观察明线光谱.

2.观察连续光谱.将白炽光光源置于平行光管的狭缝前,转动望远镜,观察并画出连续光谱.

3.观察吸收光谱.将血浆稀释后盛入试管中,然后将其置入平行光管的狭缝和白炽光光源之间,在望远镜中观察并画出血红素吸收光谱.用同样的方法观察并画出高锰酸钾溶液的吸收光谱.

五、数据处理

表 6.8-1　实验参数记录表

光源种类		谱线波长 $\lambda_0=$		光栅常数 $d=$	
中央亮纹					
游标 A 位置	$\theta_0=$		游标 B 位置		$\theta_0'=$
一级谱线					

左转游标 A 位置	$\theta_左 =$	左转游标 B 位置	$\theta_左' =$
右转游标 A 位置	$\theta_右 =$	右转游标 B 位置	$\theta_右' =$
偏转角	$\theta = \dfrac{\|\theta_左 - \theta_右\| - \|\theta_左' - \theta_右'\|}{4} =$		
谱线波长	$\lambda =$	百分误差 $E =$	

1. 表 6.8-1 中的光源若取钠光灯,则其谱线波长 $\lambda_0 = 589.3$ nm.

2. 根据 $d\sin\theta = \pm k\lambda$,若 $k = 1$,则 $\lambda = d\sin\theta_1$,据此计算出钠光灯谱线波长的测量值 λ.

3. 将测量值 λ 与理论值 λ_0 比较,求百分误差 $E = \dfrac{\|\lambda - \lambda_0\|}{\lambda_0} \times 100\%$.

六、注意事项

1. 调整分光计十分费事费时,如事先将它调好,实验时不要随便移动,以免需要重新调节,浪费时间,影响实验的进展.

2. 勿用手触及分光计各光学器件表面.实验室用的光栅是由明胶印刷而成的复制光栅,所以在衍射光栅玻璃片的中央部位不能用手摸或纸擦.

3. 分光计是精密的光学仪器,一定要小心使用,转动望远镜前,要先拧松固定它的螺丝;转动望远镜时,手把着它的支架转动,不能用手把着望远镜转.

七、思考题

1. 如果想将相邻两条光谱线分得更开些,本实验应从哪些方面改进?

2. 用白光做上述实验,能观察到什么现象?怎么解释这种现象?

实验 6.9　用双棱镜干涉测光波的波长

一、实验目的

1. 掌握用双棱镜获得双光束干涉的方法,加深对干涉条件的理解.

2. 学会用双棱镜测定钠光的波长.

二、实验仪器

光具座、单色光源(钠灯)、可调狭缝、双棱镜、辅助透镜(两片)、测微目镜、白屏.

三、实验原理

如果两列频率相同的光波沿着几乎相同的方向传播,并且它们的相位差不随时间而变化,那么在两列光波相交的区域,光强分布是不均匀的,而是在某些地方表现为加强,在另一些地方表现为减弱(甚至可能为零),这种现象称为光的干涉.

菲涅耳利用图 6.9-1 所示的装置获得了双光束的干涉现象.图中 AB 是双棱镜,它的外形结构如图 6.9-2 所示,将一块平玻璃板的一个表面加工成两楔形板,端面与棱脊垂直,楔角 A 较小(一般小于 $10°$).从单色光源 M 发出的光经透镜 L 会聚于狭缝 S,使 S 成为具有较大亮度的线状光源.从狭缝 S 发出的光,经双棱镜折射后,其波前被分割成两部分,形成两束光,就好像它们是由虚光源 S_1 和 S_2 发出的一样,满足相干光源条件,因此,在两束光的交叠区域 P_1P_2 内产生干涉.当观察屏 P 离双棱镜足够远时,在屏上可观察到平行于狭缝 S 的明暗相间的、等间距的干涉条纹.

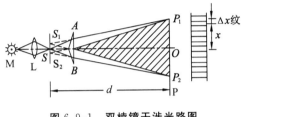

图 6.9-1　双棱镜干涉光路图　　　　图 6.9-2　双棱镜结构

设两虚光源 S_1 和 S_2 之间的距离为 d',虚光源所在的平面(近似地在光源狭缝 S 的平面内)到观察屏 P 的距离为 d,且 $d' \ll d$,干涉条纹间距为 Δx,则实验所用光源的波长 λ 为

$$\lambda = \frac{d'}{d}\Delta x \tag{6.9-1}$$

因此,只要测出 d',d 和 Δx,就可由上式计算出光波的波长.

四、实验内容

(一)调节共轴

1. 按图 6.9-1 所示次序,将单色光源 M、会聚透镜 L、狭缝 S、双棱镜 AB 与测微目镜放置在光具座上.用目视法粗略地调节它们中心等高、共轴,棱脊和狭缝 S 的取向大体平行.

2. 点亮光源 M,通过透镜 L 照亮狭缝 S,用手执白纸屏在双棱镜后面检查:经双棱镜折射后的光束,是否叠加区 P_1P_2(应更亮些)? 叠加区能否进入测微目镜? 当移动白屏时,叠加区是否逐渐向左、右(或上、下)偏移?

根据观测到的现象,作出判断,进行必要的调节,使之共轴.

(二)调节干涉条纹

1. 减小狭缝 S 的宽度,绕系统的光轴缓慢地向左或向右旋转双棱镜 AB,当双棱镜的棱脊与狭缝的取向严格平行时,从测微目镜中可观察到清晰的干涉条纹.

2. 在看到清晰的干涉条纹后,为便于测量,将双棱镜或测微目镜前后移动,使干涉条纹的宽度适当.同时,只要不影响条纹的清晰度,可适当地增加狭缝 S 的缝宽,以保持干涉条纹有足够的亮度.(注:双棱镜和狭缝的距离不宜过小,因为减小它们的距离,S_1,S_2 间距也将减小,这对 d' 的测量不利)

（三）测量与计算

1. 用测微目镜测量干涉条纹的间距 Δx. 为了提高测量精度,可测出 n 条(10～20 条)干涉条纹的间距 x,除以 n,即得 Δx. 测量时,先使目镜叉丝对准某亮纹(或暗纹)的中心,然后旋转测微螺旋,使叉丝移过 n 个条纹,读出两次读数并记录到表 6.9-1 中. 重复测量几次,将数据记入表格 6.9-2 中,求出平均值 $\overline{\Delta x}$.

2. 沿着光具座支架中心测量狭缝至观察屏的距离 d. 由于狭缝平面与其支架中心不重合,且测微目镜的分划板(叉丝)平面也与其支架中心不重合,所以必须进行修正,以免导致测量结果的系统误差. 测量几次,将数据记入表格 6.9-2 中,求出 $\overline{d}$.

3. 用透镜两次成像法测两虚光源的间距 d'. 参见图 6.9-3,保持狭缝 S 与双棱镜 AB 的位置不变,即与测量干涉条纹间距 Δx 时的相同(问:为什么不许动?),在双棱镜与测微目镜之间放置一已知焦距为 f' 的会聚透镜 L',移动测微目镜,使它到狭缝 S

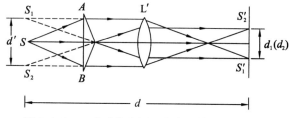

图 6.9-3　二次成像法测两虚光源的间距光路图

的距离 $d>4f'$,然后维持恒定. 沿光具座前后移动透镜 L',就可以在 L' 的两个不同位置上从测微目镜中看到两虚光源 S_1 和 S_2 经透镜所成的实像 S_1' 和 S_2',其中一组为放大的实像,另一组为缩小的实像. 分别测得两放大像的间距 d_1 和两缩小像的间距 d_2,则按下式即可求得两虚光源的间距 d'. 重复测量几次,将数据记录到表 6.9-3 中,取平均值 $\overline{d'}$.

$$d'=\sqrt{d_1 d_2} \tag{6.9-2}$$

4. 用所测得的 $\overline{\Delta x}$、$\overline{d'}$、$\overline{d}$ 值,代入式(6.9-1),求出光源的波长 λ.

5. 计算波长测量值的标准误差.

五、数据处理

1. 根据表 6.9-1,求出干涉条纹的间距 Δx,计算其平均值 $\overline{\Delta x}$.

表 6.9-1　测量干涉条纹的间距 Δx 实验数据

次数	x/cm	n/cm	$\Delta x/\text{cm}$	$\overline{\Delta x}/\text{cm}$
1				
2				
3				
4				
5				

2. 根据表 6.9-2,求出狭缝至观察屏的距离 d,求出其平均值 $\overline{d}$.

表 6.9-2　测量狭缝至观察屏的距离 d 实验数据

次数	1	2	3	4	5
d/cm					

3. 根据表 6.9-3,求出两虚光源的间距 d',并求出其平均值 $\overline{d'}$.

表 6.9-3　测量两虚光源的间距 d' 实验数据

次数	d_1/cm	d_2/cm	$d' = \sqrt{d_1 d_2}/\text{cm}$	$\overline{d'}/\text{cm}$
1				
2				
3				
4				
5				

根据式(6.9-1),计算光源的波长 λ,并计算波长测量值的标准误差.

六、注意事项

1. 使用测微目镜时,首先要确定测微目镜读数装置的分格精度,要注意防止回程差,旋转读数鼓轮时动作要平稳、缓慢,测量装置要保持稳定.

2. 在测量 d 值时,因为狭缝平面和测微目镜的分划板平面均不和光具座滑块的读数准线(支架中心)共面,必须引入相应的修正(例如,GP-78 型光具座,狭缝平面位置的修正量为 42.5 mm;MCU-15 型测微目镜,分划板平面的修正量为 27.0 mm),否则将引起较大的系统误差.

3. 测量 d_1,d_2 时,由于透镜像差的影响,将引入较大误差,可在透镜 L′ 上加一直径约 1 cm 的圆孔光阑(用黑纸)以增加 d_1,d_2 测量的精确度.(可对比一下加或不加光阑的测量结果)

七、思考题

1. 双棱镜和光源之间为什么要放一狭缝? 为何缝要很窄且严格平行于双棱镜脊,才可以得到清晰的干涉条纹?

2. 试证明公式 $d' = \sqrt{d_1 d_2}$.

实验 6.10　单缝衍射的光强分布

一、实验目的

1. 观察单缝夫琅禾费衍射现象.
2. 掌握单缝衍射相对光强的测量方法,并求出单缝宽度.

二、实验仪器

He-Ne 激光器、单缝及二维调节架、接收屏、光电探测器及移动装置、数字式多用表、钢卷尺等.

三、实验原理

（一）夫琅禾费衍射

衍射是光的重要特征之一.衍射通常分为两类:一类是衍射屏离光源或接收屏的距离为有限远的衍射,称为菲涅耳衍射;另一类是衍射屏离光源或接收屏的距离为无限远的衍射,也就是照射到衍射屏上的入射光和离开衍射屏的衍射光都是平行光的衍射,称为夫琅禾费衍射.用菲涅耳衍射解决具体问题时,计算较为复杂.而夫琅禾费衍射的特点是,只用简单的计算就可以得出准确的结果.在实验中,夫琅禾费衍射用两个会聚透镜就可以实现.本实验用激光器作光源,由于激光器发散角小,可以认为是近似平行光照射在单缝上.例如,单缝宽度为 0.1 mm,单缝距接收屏的距离大于 1 m,缝宽相对于缝到接收屏的距离足够小,大致满足衍射光是平行光的要求,也基本满足了夫琅禾费衍射的条件.

（二）菲涅耳假设和光强度

物理学家菲涅耳假设:波在传播的过程中,从同一波阵面上的各点发出的次波是相干波,经传播而在空间某点相遇时,产生相干叠加,这就是著名的惠更斯－菲涅耳原理.如图 6.10-1 所示,单缝 AB 所在处的波阵面上各点发出的子波,在空间某点 P 所引起光振动振幅的大小与面元面积成正比,与面元到空间某点的距离成反比,并且随单缝平面法线与衍射光的夹角（衍射角）的增大而减小,计算单缝所在处波阵面上各点发出的子波在 P 点引起光振动的总和,就可以得到 P 点的光强度.可见,空间某点的光强,本质上是光波在该点振动的总强度.

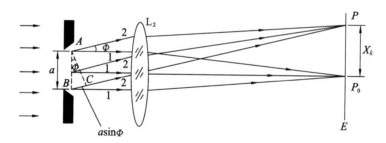

图 6.10-1　单缝衍射示意图

设单缝的宽度 $AB=a$,单缝到接收屏之间的距离是 L,衍射角为 Φ 的光线会聚到屏上 P 点,并设 P 点到中央明条纹中心的距离为 X_k.由图 6.10-1 可知,从 A,B 出射的光线到 P 点的光程差为

$$BC = a\sin\Phi \tag{6.10-1}$$

式中,Φ 为光轴与衍射光线之间的夹角,叫作衍射角.

如果子波在 P 点引起的光振动完全相互抵消,光程差是半波长的偶数倍,在 P 点处将出现暗条纹.所以,暗条纹形成的条件是

$$a\sin\Phi = 2k\frac{\lambda}{2}(k=\pm1,\pm2,\cdots) \tag{6.10-2}$$

在两个第一级（$k=\pm1$）暗条纹之间的区域（$-\lambda<a\sin\Phi<\lambda$）为中央明条纹.

由式(6.10-2)可以看出,当光波长的波长一定时,缝宽 a 愈小,衍射角 Φ 愈大,在屏上相邻条纹的间隔也愈大,衍射效果愈显著;反之,a 愈大,各级条纹衍射角 Φ 愈小,条纹向中央明条纹靠拢,当 a 无限大时,衍射现象消失.

（三）单缝衍射的光强分布

根据惠更斯-菲涅耳原理可以推出,当入射光波长为 λ,单缝宽度为 a 时,单缝夫琅禾费衍射的光强分布为

$$I = I_0 \frac{\sin^2 u}{u^2}, \quad u = \frac{\pi a \sin \Phi}{\lambda} \tag{6.10-3}$$

式中,I_0 为中央明条纹中心处的光强度,u 为单缝边缘光线与中心光线的相位差.

根据上面的光强公式,可得单缝衍射的特征如下:

（1）中央明条纹,在 $\Phi = 0$ 处,$u = 0$,$\frac{\sin^2 u}{u^2} = 1$,$I = I_0$,对应最大光强,称为中央主极大,中央明条纹宽度由 $k = \pm 1$ 的两个暗条纹的衍射角所确定,即中央亮条纹的角宽度为 $\Delta\Phi = \frac{2\lambda}{a}$.

（2）暗条纹,当 $u = \pm k\pi$,$k = 1, 2, 3, \cdots$,即 $\frac{\pi a \sin \Phi}{\lambda} = \pm k\pi$ 或 $a \sin \Phi = \pm k\lambda$ 时,有 $I = 0$,且任何两相邻暗条纹间的衍射角的差值 $\Delta\Phi = \pm \frac{\lambda}{a}$,即暗条纹是以 P_0 点为中心等间隔左右对称分布的.

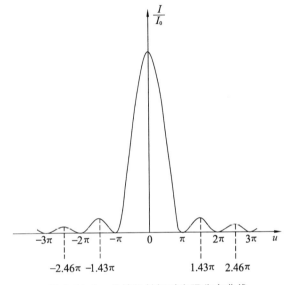

图 6.10-2　单缝衍射相对光强分布曲线

（3）次级明条纹,在两相邻暗条纹间存在次级明条纹,它们的宽度是中央亮条纹宽度的一半.这些亮条纹的光强最大值称为次极大.其角位置依次是

$$\Phi = \pm 1.43 \frac{\lambda}{a}, \pm 2.46 \frac{\lambda}{a}, \pm 3.47 \frac{\lambda}{a}, \cdots \tag{6.10-4}$$

把上述的值代入光强公式(6.10-3)中,可求得各级次明条纹中心的强度为

$$I = 0.047 I_0, 0.016 I_0, 0.008 I_0, \cdots \tag{6.10-5}$$

从上面特征可以看出,各级明条纹的光强随着级次 k 的增大而迅速减小,而暗条纹的光强亦分布其间,单缝衍射图样的相对光强分布如图 6.10-2 所示.

四、实验内容

1. 调整光路.图 6.10-3 是实验装置图.(图中没有聚焦透镜,为什么?)

调整仪器同轴等高,使激光垂直照射在单缝平面上,接收屏与单缝之间的距离大于 1 m.

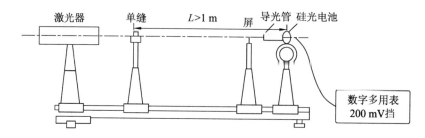

图 6.10-3　衍射光强测试系统

2. 观察单缝衍射现象,改变单缝宽度,观察衍射条纹的变化,观察各级明条纹的光强变化.

3. 测量衍射条纹的相对光强.

(1) 本实验用硅光电池作为光电探测器件,测量光的强度,把光信号变成电信号,再接入测量电路,用数字多用表(200 mV 挡)测量光电信号.

(2) 测量时,从一侧衍射条纹的第三个暗条纹中心开始,记下此时鼓轮读数,同方向转动鼓轮,中途不要改变转动方向.每移动 1 mm,读取一次数字多用表的读数,一直测到另一侧的第三个暗条纹中心.将数据记入表 6.10-1 中.

4. 测量单缝宽度 a.

由于 $L > 1$ m,因此衍射角很小,$\varPhi \approx \sin\varPhi \approx \dfrac{X_k}{L}$.

暗条纹生成条件

$$a\sin\varPhi = 2k\frac{\lambda}{2}$$

$$a\varPhi = k\lambda \qquad\qquad (6.10\text{-}6)$$

则

$$a = \frac{k\lambda}{\varPhi} = \frac{Lk\lambda}{X_k} \qquad\qquad (6.10\text{-}7)$$

式中,L 是单缝到硅光电池之间的距离,X_k 为不同级次暗条纹相对中央主极大之间的距离,a 是单缝的宽度.由上式可以求出单缝宽度 a.

五、数据处理

1. 按照表 6.10-1 记录数据.

表 6.10-1　测量单缝衍射相对光强分布数据

$L = \underline{\qquad}$ cm

k	X_k	$a = \dfrac{Lk\lambda}{X_k}$	a/cm
1			
2			
3			

2. 将所测得的 I 值做归一化处理,即将所测的数据对中央主极大取相对比值 $\frac{I}{I_0}$(称为相对光强),并在直角坐标纸上作 $\frac{I}{I_0}$-X 曲线.

3. 由图中找出各次极大的相对光强,分别与理论值进行比较.

4. 从所描出的分布曲线上,确定 $k=\pm 1,\pm 2,\pm 3$ 时的暗条纹位置 X_k,将 X_k 值与 L 值代入式(6.10-7)中,计算单缝宽度 a,并与给定值比较.

六、注意事项

测量衍射光强 I 值时,屏必须一直挡住导光管,仅在每次读数时移去,读完立即挡住,避免硅光电池因疲劳而出现非线性光电转换,从而延长硅光电池的使用寿命.

七、思考题

1. 若在单缝到观察屏间的空间区域内充满着折射率为 n 的某种透明介质,此时单缝衍射图像与不充介质时有何区别?

2. 用白炽灯作光源观察单缝的夫琅禾费衍射,衍射图像将如何?

第七章

设计性实验

实验 7.1　重力加速度测定的研究

重力加速度是一个重要的地球物理常数,其值随地理纬度和海拔高度的不同而不同.准确测定不同地区的重力加速度在理论上、生产和科学研究中都具有重要的意义.对重力加速度的多种不同的测量方法及它们各自的设计思想和实验技巧等进行分析研究,将会加深我们对物理实验的基本思想、基本方法和基本技能的掌握,培养实验设计能力和创造性思维.

一、实验目的

1. 精确测定本地区的重力加速度.

2. 分析比较各种实验测量的方法,以及如何消除实际测量中的主要系统误差,如何把实验测量安排得更合理,使实验测量结果更精确.

二、实验仪器

单摆仪、复摆、自由落体仪、光电门、数字计时器、气垫导轨、滑块、天平、秒表、米尺、螺旋测微器.

三、实验要求

1. 用单摆测定当地的重力加速度值,要求测定值与理论值进行比较,研究周期与摆长、摆角和摆球质量之间的关系.

2. 用复摆测定当地的重力加速度值,要求测定值与理论值进行比较.

3. 用自由落体仪测定当地的重力加速度值,将测定值与理论值进行比较,要求相对误差小于 0.05%.

4. 用气垫导轨测定当地的重力加速度值,应考虑如何消除气垫导轨斜面的阻力所带来的系统误差.

四、实验报告要求

1. 写明实验目的和意义,阐明实验原理和设计思路.

2. 说明实验方法和测量方法的选择.

3. 列出所用仪器和材料.

4. 确定实验步骤,设计数据记录表格,确定实验数据的处理方法.

5. 比较各种测量方法的优缺点.

6. 得出实验结论,提出改进建议.

实验7.2　频率的测定和烧杯打击乐的形成

人类生活的空间充满着各种各样的波,而各种频率的声波组成了波的一个重要分支,它既给人类带来了快乐,也给人类带来了烦恼.人耳能听到的声波即"音调"的频率一般在 20~20 000 Hz,而给人类美妙乐感的"音调"频率范围远比这范围要小,所以研究声波中的频率对人类的生活非常重要.

本实验是通过在烧杯内加水,以改变其频率,通过多个组合,使其形成一系列不同频率的"加水烧杯",从而组成有趣的打击乐器来演奏简单的乐曲.另外,在确定每个"加水烧杯"的音名时,用数字示波器进行频率校正,使实验者从实验中加深对频率和音名内在联系的理解,了解固有频率的改变方法,并增加对物理实验的乐趣.

一、实验目的

1. 通过改变烧杯中的水量,组成打击乐器.

2. 加深对频率和音名内在联系的理解.

3. 了解固有频率的改变方法.

二、实验仪器

1. 数字式实时示波器 1 台(型号为 TDS-200 型,数据以数字表示,精度较高).具体操作方法如下:

(1) 波形的显示是在"触发"信号的命令下进行的,本实验采用"单次触发",即每按 1 次"运行/停止"键,就完成一个数据记录.

(2) 电压和时间的选择是通过"伏/格"和"秒/格"旋钮来完成的.本实验的参考设置为横坐标每格 1.00 ms,纵坐标每格 5.00 mV.

(3) 频率的测量可采用"自动测量法"或"光标测量法".分别按"MEASURE"键和"CURSOR"键即可.

2. 电子天平 1 台.

3. 话筒 1 只,并有专用接头连接到示波器的 CH1 端.

4. 600 mL 的标准烧杯 8 个、400 mL 和 800 mL 的标准烧杯各 1 个.

5. 橡皮槌 1 个,水、酒精若干,垫布若干块.

6. 实验环境要求尽量减少任何声音干扰,如有隔音较好的环境,则效果更佳.

三、实验报告要求

1. 写明实验目的和意义,阐明实验原理.
2. 列出所用仪器和材料.
3. 记录实验中出现的各种实验现象,对其进行分析、讨论.
4. 得出实验结论,提出改进建议.

实验7.3 自组惠斯登电桥桥路参数选择的研究

惠斯登电桥实验是电学实验中一个重要而典型的基本实验.尽管实验比较简单,但是仍有许多问题有待进一步的研究.例如,学生对电桥的灵敏度及其如何影响测量结果缺乏理解,实验过程中往往由于桥路参数(特别是桥臂电阻)选择不当,致使电桥的测量结果有较大的偏差.为了使学生更好地理解灵敏度的概念及电路参数选择对实验结果的重要影响,选择该实验作为设计性实验.

一、实验目的

1. 理解惠斯登电桥的灵敏度及其与误差的关系.
2. 研究电路参数对实验结果的影响.

二、实验内容

选取 500 Ω,5 kΩ,50 kΩ(标称值)电阻为测量对象,选择合适的电源电压及不同桥臂电阻(包括桥臂电阻阻值及桥臂比值),测量出相应的电桥的灵敏度的实验值与理论值,对结果进行评价.验证"比较臂 R_1 和 R_2 的倍率 $k=1$ 时电桥灵敏度较高;当四个臂的阻值相等时,灵敏度最高."说法是否正确?

三、实验要求

1. 对待测电阻的误差进行分析,导出误差大小与电桥的灵敏度的关系.
2. 准备所需要的仪器设备与器材.
3. 总结出电桥电路中选择最佳参数的一般步骤.

四、实验原理

自组电桥的实验电路如图 7.3-1 所示,当电桥平衡时,有

$$R_x = \frac{R_1}{R_2} \cdot R_3 = kR_3 \qquad (7.3-1)$$

电桥的相对灵敏度定义为

$$S = \frac{\Delta n}{\Delta R_i / R_i} \qquad (7.3-2)$$

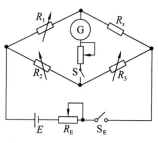

图 7.3-1 自组电桥实验电路

上式表明,当电桥平衡时,任一桥臂电阻 $R_i(i=1,2,3,\cdots)$ 有一小的改变量 ΔR_i,检流计不能平衡,使指针产生一个 Δn(mm)的偏移,显然 $\dfrac{\Delta R_i}{\Delta n}$ 越小,引起的指针偏离格数 Δn 越大,则表明电桥的灵敏度越高.

从理论上可以导出电桥灵敏度公式:

$$S=\frac{S_i E}{R_1+R_2+R_3+R_x+R_g\left(\dfrac{R_1}{R_x}+\dfrac{R_3}{R_2}\right)} \tag{7.3-3}$$

式中,S_i 是检流计的灵敏度,E 是电源的电压,R_g 是检流计的内阻.

从式(7.3-2)和式(7.3-3)可以看出,R_x 的测量误差应由两部分组成,一部分是由 R_1,R_2,R_3 三个桥臂电阻箱的示值误差决定,一般公式为 $\Delta R=\sum a_i\% R_i+R_0$,其中 $a_i\%$ 为电阻箱各挡的准确度,R_i 为各挡的示值,R_0 为残余电阻;另一部分是由电桥的灵敏度引起的,从式(7.3-2)可知由灵敏度引起的误差可表示为 $\dfrac{\Delta n}{S}$(Δn 为检流计可察觉的偏转格数,一般取为 0.2 mm,则 $\dfrac{\Delta R_i}{R_i}=\dfrac{0.2\text{ mm}}{S}$),所以 R_x 的误差应表示为

$$\frac{\Delta R_x}{R_x}=\frac{\Delta R_1}{R_1}+\frac{\Delta R_2}{R_2}+\frac{\Delta R_3}{R_3}+\frac{\Delta R_i}{R_i} \tag{7.3-4}$$

五、思考题

1. 如何导出式(7.3-3)的电桥灵敏度公式?
2. 影响电桥灵敏度的因素是什么? 如何使电桥的灵敏度最大?
3. 电桥灵敏度如何影响测量误差?
4. 从这个实验中,你对电桥电路的参数选择有何好的建议?

六、参考文献

曾贻伟,龚德纯,王书颖,等. 普通物理实验教程[M].北京:北京师范大学出版社,1989.

实验7.4 非线性电路系统的混沌现象的研究

在物理学中,存在大量可以用牛顿运动定律描述的确定性体系或运动状态.对一个确定性描述系统,过去人们总认为只要初始条件确定下来,系统以后的运动状态就可完全被确定下来.但是,在自然界中相当多的情况下,非线性现象却起着很大的作用.1963 年,美国气象学家爱德华·洛伦茨(Edward N.Lorenz)在分析天气预报模型时,首先发现空气动力学中的混沌现象,该现象只能用非线性动力学来解释.于是,1975 年混沌作为一个新的科学名词首先出现在科学文献中.在物理学中人们把"来源于确定性体系中的无规则运动"称为混沌.混沌现象揭示了在确定性和随机性之间存在着由此及彼的桥梁.

一、实验目的

1. 使用示波器观察电路中包括混沌在内的各种不同的运动状态.
2. 研究混沌电路中各参量对混沌状态的影响,对非线性有一定的认识.

二、实验仪器

NEC-1 非线性电路混沌实验仪、电子示波器、交流信号发生器.

三、实验内容

按仪器使用说明书中的电路图接好实验装置后,将 $\frac{1}{G}$ 值放到较大值,这时观察示波器出现的图形(见使用说明书),并记录下来,逐步减小 $\frac{1}{G}$(即减小 $R_{V1}+R_{V2}$ 值),原先一倍周期变为 2 倍周期,继续减小 $\frac{1}{G}$ 值,出现 4 倍周期、8 倍周期、16 倍周期与阵发混沌交替现象,再减小 $\frac{1}{G}$ 值,出现 3 倍周期.根据詹姆士·约克的著名论断,3 倍周期意味着混沌,说明电路即将出现混沌.继续减小 $\frac{1}{G}$,则出现单个吸引子及美丽的双吸引子(即蝴蝶效应),分别观察 $\frac{1}{G}$ 减小到不同值时的示波器上的图形的变化,并记录下来.当调节微调电位器时,吸引子的形状与尺寸发生激烈的变化,这是其对电路的初始值十分敏感的缘故.

四、实验要求

1. 观察并记录混沌现象,绘出这些相图的大致形状.
2. 对非线性电阻特性曲线进行测量,作出电压-电流关系曲线.

五、实验原理

混沌(chaos)又称浑沌,它的字面意思是混乱、杂乱无章,在这个意义上它与无序的概念是相同的.但是,在非线性科学中所称的混沌却是一种非周期的统计有序现象.绝大多数非线性动力学系统,既有周期运动,又有混沌运动.而混沌既不是具有周期性和对称性的有序,又不是绝对无序,而是可用奇异吸引子等来描述的复杂有序,也就是说,混沌呈现非周期有序性.奇异吸引子有一个复杂的但明确的边界,这个边界保证了在整体上的稳定,而在边界内部却具有无穷嵌套的自相似结构,运动是混合和随机的,它对初始条件十分敏感.所以混沌现象一般有对初始值极端敏感(蝴蝶的振翅效应),存在奇异吸引子,具有分形结构(无穷嵌套的自相似性)等基本特征.

实验电路如图 7.4-1 所示,图中只有一个非线性元件 R,它是一个有源非线性负阻器件(其他元件都是线性元件).电感器 L 和电容器 C_2 组成一个损耗可以忽略的谐振回路;可变电阻 $R_0=(R_{V1}+R_{V2})$ 和电容器 C_1 串联组成的移相器可使 CH1、CH2 两处的正弦信号存在相位差.R 是一个总体非线性但分段线性的负阻元件.如图 7.4-2 所示,伏安特性曲线(中部)分成三段,而且表现出负阻特性,即通过该元件的电流与它的端电压极性相反;端电压增加时,通过它的电流却减小,因而将此元件称为非线性负阻元件.

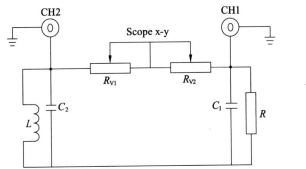

图 7.4-1　实验电路

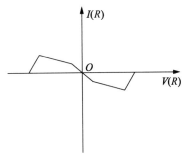

图 7.4-2　非线性元件(R)伏安特性曲线

图 7.4-2 电路的非线性动力学方程组为

$$C_1 \frac{\mathrm{d}U_{C_1}}{\mathrm{d}t} = G(U_{C_2} - U_{C_1}) - gU_{C_1}$$

$$C_2 \frac{\mathrm{d}U_{C_2}}{\mathrm{d}t} = G(U_{C_1} - U_{C_2}) + i_L \qquad (7.4\text{-}1)$$

$$L \frac{\mathrm{d}i_L}{\mathrm{d}t} = -U_{C_2}$$

式中,电导 $G = \dfrac{1}{R_{V1} + R_{V2}}$;$U_{C_1}$ 和 U_{C_2} 分别是加在电容器 C_1 和 C_2 上的电压;i_L 表示流过电感器 L 的电流;$g = \dfrac{1}{R}$,表示非线性电阻 R 的电导.

方程组(7.4-1)具有震荡解.但由于非线性电导 g 的存在,其解是相当复杂的,一般只能用计算机求出它的数值解.本实验通过调节 R_{V1},R_{V2},可以使电路出现分岔、混沌等各种现象.

由于这里只做定性的讨论,实验的元件要求并不高.一般来说,电容与电感的误差允许为 10%,由于实验是靠调节电导 G 来观测的,而实验中的非线性现象对 G 的变化很敏感,因此,建议在保证调节范围的前提下提高元件可调的精度,并用配对的、无电感性的电阻器,以便观测到最佳的曲线.在适当的条件下还可以将电阻并联,提高调节的精度,以达到缓慢调节的目的.

利用示波器可观测非线性现象的图形.通过示波器,对CH1、CH2 处波形进行合成,可以更加明显地观察到非线性的各种现象,并对此有一个更感性的认识.

非线性电阻特性曲线的测量线路如图 7.4-3 所示.

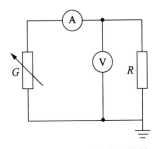

图 7.4-3　非线性电阻特性曲线的测量线路

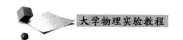

六、思考题

1. 何谓混沌？实验中是如何实现的？
2. 日常生活和生产实际中哪些领域可以利用混沌现象？

七、参考文献

[1] 郝柏林.分岔、混沌、奇怪吸引子、湍流及其它[J].物理学进展,1983(3):329.
[2] 黄润生. 混沌及其应用[M]. 武汉:武汉大学出版社,2000.
[3] 包伯成. 混沌电路导论[M]. 北京:科学出版社,2013.

实验7.5 光波波长测量方案和结果的比较研究

一、实验目的

1. 掌握光波波长测量的方法.
2. 掌握常用仪器的使用方法.

二、实验内容

1. 设计两种光波波长测量方案.
2. 比较测量结果,分析不同测量方案的优缺点.

三、实验要求

1. 查阅有关光波波长测量的资料.
2. 写出两种不同的测量光波波长的实验步骤及此过程中应注意的问题.
3. 注意实验过程中各种仪器的使用方法、操作步骤及注意事项.

四、实验原理

（一）等倾干涉（迈克耳孙干涉仪）

迈克耳孙干涉仪是用分振幅法产生双光束以实现干涉,利用干涉条纹精确测定长度或长度改变的仪器,主要由分光板、补偿板和两块平面镜组成.当两个镜子垂直时,就可以观察到一组明暗相间的同心等倾干涉条纹.当两平面镜之间的距离发生变化时,可以观察到圆环条纹从中心"涌出"或"陷入"的现象,条纹的疏密粗细程度发生变化,并且环形条纹"涌出"或"陷入"的个数和两面镜子改变的距离与光源的波长存在如下关系:

$$\lambda = \frac{2\Delta d_N}{N} \tag{7.5-1}$$

式中,N 为中心吞吐数干涉环,Δd_N 为吞吐干涉环对应的膜厚改变量.

（二）等厚干涉（牛顿环）

当以波长为 λ 的单色光垂直入射到薄膜上时，薄膜上下两表面反射产生的两束光叠加产生干涉，因为膜的折射率一定，所以相干光束间的光程差仅取决于薄膜的厚度，同一级干涉条纹对应的薄膜厚度相同，所以形成的干涉条纹为膜的等厚各点的轨迹，这种干涉叫作等厚干涉.牛顿环属于典型的等厚干涉，它的干涉条纹半径满足

$$D_m{}^2 - D_n{}^2 = 4(m-n)R\lambda \tag{7.5-2}$$

式中，D_m 和 D_n 分别为第 m 级和第 n 级暗条环的直径，R 为牛顿环的曲率半径.

（三）等厚干涉（劈尖）

劈尖干涉是另一种典型的等厚干涉，当平行单色光垂直劈尖时，就可在劈尖表面观察到明暗相间的直干涉条纹，劈尖上厚度相同的地方，两相干光的光程差相同，对应一定 k 值的明或暗条纹，并且干涉条纹满足：

$$\lambda = 2\Delta x \sin\theta \tag{7.5-3}$$

式中，θ 为劈尖夹角，Δx 为干涉条纹的间距.

（四）光栅衍射（分光计）

光栅是一种重要的分光元件，它可以把入射光中不同波长的光分开，衍射光栅有透射光栅和反射光栅两种，常用的是平面透射光栅，它是由许多相互平行等距的透明狭缝组成的，其中任意相邻两条狭缝的中心距离 d 称为光栅常数.根据夫琅禾费衍射理论，当一束平行光垂直地投射到光栅平面上时，每条狭缝对光波都会发生衍射，所有狭缝的衍射光又彼此发生干涉.衍射角符合下列条件：

$$d \sin\theta = k\lambda \tag{7.5-4}$$

式中，θ 为光谱衍射角，d 为光栅常量，k 为衍射级数.

（五）双棱镜

从单色光源发出的光经透镜会聚于狭缝 S，使 S 成为具有较大亮度的线状光源.从狭缝 S 发出的光，经双棱镜折射后，其波前被分割成两部分，形成两束光，就好像它们是由虚光源 S_1 和 S_2 发出的一样，满足相干光源条件，因此在两束光的交叠内产生干涉.当观察屏 P 离双棱镜足够远时，在屏上可观察到平行于狭缝 S 的明暗相间的、等间距干涉条纹.若 d' 为两虚光源 S_1 和 S_2 之间的距离，d 为虚光源所在的平面到观察屏 P 的距离，Δx 为干涉条纹间距，则实验所用光源的波长 λ 为

$$\lambda = \frac{d'}{d}\Delta x \tag{7.5-5}$$

五、参考文献

[1] 赵凯华,钟锡华.光学[M].北京:北京大学出版社,1984.

[2] 姚启钧.光学教程.[M].6 版.北京:高等教育出版社,2019.

附 录

附录1　扩展阅读

一、叶企孙

叶企孙,1898 年出生于上海的一个书香门第家庭,1911 年他进入清华学堂(清华大学前身)学习,1918 年叶企孙考取庚子赔款留美公费生,去往美国芝加哥大学物理系就读,两年后获得理学学士学位,随后进入哈佛大学研究院学习.

在哈佛学习期间,在导师威廉·杜安的指导下,叶企孙与帕默合作基于杜安-亨特(Duane-Hunt)位移定律,采用 X 射线测定了普朗克常量 $h = (6.556 \pm 0.009) \times 10^{-34}$ J·s,该值与目前采用的普朗克常量 6.626 075 5×10^{-34} J·s 非常接近.叶企孙的测量结果于 1921 年在美国国家科学院院刊上发表论文"A remeasurement of the Radiation constant, h, by means of X-Rays"(《用 X 射线法重新测量辐射常数 h》)[PNAS, 1921, 7(8), 237-242],该结果被物理学界沿用 16 年之久.第二件工作是在导师珀西·布里奇曼的指导下,开展测量流体静压力对铁磁材料磁化率的影响的研究.1923 年,叶企孙将研究论文提交给导师后很快离开美国,珀西·布里奇曼为了确认几处文字上的改动,花了很长时间才与他取得联系,因此他的论文于两年后才得以发表[PNAS, 1925, 60(12), 503-533].

1923 年叶企孙获哈佛大学博士学位后返回中国,先后在国立东南大学和清华大学工作,创办了清华大学物理系,培养出一大批著名科学家,如杨振宁、李政道、王淦昌、钱伟长、钱三强、王大珩、朱光亚、周光召、邓稼先、陈省身等人,为我国高等教育事业和科学事业做出卓越贡献,是中国近代物理学的奠基人之一.

二、赵忠尧

赵忠尧,1902 年生于浙江诸暨,1920 年考入南京高等师范学校(即国立东南大学前身)数理化部.因家境贫寒,赵忠尧于 1924 年春留校担任助教,在教书的同时继续学业并于 1 年后毕业,获得理学学士学位.1925 年夏,受叶企孙聘请前往清华大学任教.1927 年,赵忠尧前往美国加州理工学院留学,师从密立根(1923 年诺贝尔物理学学奖得主),四年后获得博士学位.

在留学期间,赵忠尧发现了 γ 射线通过物质时出现的"反常吸收",即正负电子对湮灭现象,这是世界上第一次观测到正电子,即反物质.然而可能由于赵忠尧对保罗·狄拉克预言的反物质不了解,他没有立即意识到实验中观察到的就是反物质.两年后,他的同学卡尔·安德森在威尔逊云雾室中观测宇宙射线时发现有一个粒子,它在磁场中的弯曲方向与电子在磁场中的弯曲方向相反.因此,他意识到这个粒子带着一种不同于电子的电荷,而且这个粒子的质量跟电子质量差不多.卡尔·安德森将其命名为"正电子"(positron).1936年,卡尔·安德森因为正电子的发现获得诺贝尔物理学奖.卡尔·安德森在忆述往事时写道,如果赵忠尧的研究继续跟进正反物质的湮没现象,那么正电子也必定会被赵忠尧发现,这是诺贝尔物理学奖第一次与华人科学家擦肩而过.虽然错过了正电子的发现,赵忠尧对于正负电子湮灭现象的研究,对于正负电子对撞机的制造做出了重要的贡献.

赵忠尧博士毕业后,回到清华大学,在极为简陋的条件下建立了核物理教学实验室,在中国建立核物理实验基地,培养了中国第一批原子能专业人才,如王淦昌、钱三强、钱伟长、王大珩、杨振宁、李政道、朱光亚、邓稼先、冯端等人.赵忠尧及其众多学生为中国原子核能事业的发展奠定了基础.

三、自由落体实验

两千多年前的古希腊自然哲学家亚里士多德认为物体下落的快慢是由它们的重量决定的.这一论断符合人们的常识,因此两千年来,没有人提出过异议,将其奉为经典.16世纪末,意大利比萨大学的青年学者伽利略对亚里士多德的观点提出了怀疑,据说伽利略曾经在比萨斜塔上做过自由落体实验来推翻亚里士多德的观点.伽利略利用理想实验和科学推理巧妙地否定了亚里士多德的自由落体运动理论,但他并没有止步不前,而是对落体运动进行了系统的分析.

在弄清正确的自由落体运动规律过程中,他面临的理论困难就是,没有描述运动的概念,甚至没有对速度下过明确的定义.他创造性地提出了现在我们熟悉的平均速度、瞬时速度、加速度等描述运动的概念.而在实际的实验过程中他面临的第一个困难是当时并没有秒表等测量时间的仪器,为了测量时间,他把一只盛水的大容器置于高处,在容器底部焊上一根口径很细的管子,用小杯子收集每次下降时由细管流出的水,然后用极精密的天平称水的重量,这些水重之差和比值就给出时间之差和比值,这就是"滴水测时法".

此外,实验中面临的第二个困难是自由落体时间非常短暂,无法进行详细的观测.为此伽利略设计了一个巧妙的方法来"放慢"落体的速度.他让铜球沿阻力很小的斜面滚下,铜球在斜面上的加速度要比竖直下落时的加速度小得多,所用时间也长得多,所以容易测量.上百次实验结果表明,铜球沿斜面滚下的运动是匀加速的,并且加速度只跟斜面的倾斜角度有关,不断增加斜面角度,小球的加速度也随之增大.伽利略对这一结果进行了合理的外推:当斜面夹角为90°时,铜球的运动形式就跟自由落体运动一样了,所以落体运动就是匀加速的.

他不仅纠正了统治欧洲近两千年的亚里士多德的错误观点,更创立了研究自然科学的新方法.伽利略既重视实验,又重视理性思维,开创了近代自然科学中实验和理性推理相结合的传统,因而被称为近代科学之父.爱因斯坦曾这样评价:"伽利略的发现,以及他所用的科学推理方法,是人类思想史上最伟大的成就之一,而且标志着物理学的真正的开端!"

四、卡文迪什

卡文迪什,1731年10月出生于英国的一个贵族家庭,是牛顿之后英国最伟大的科学家之一.他首次对氢气的性质进行了细致的研究,证明了水并非单质,预言了空气中稀有气体的存在.他首次发现了库仑定律和欧姆定律,将电势概念广泛应用于电学.麦克斯韦曾经评价说:"这些论文证明卡文迪什几乎预料到电学上所有的伟大事实,这些伟大的事实后来通过库仑和法国哲学家们的著作而闻名于科学界."

卡文迪什最重要的贡献是在 1798 年完成了测量万有引力的扭秤实验,他改进了英国机械师米歇尔(John Michell,1724—1793)设计的扭秤,该装置是由两个重达 350 磅(约 158 千克)的铅球和扭秤系统组成的,这一装置也是后世最常用的测量引力常量的工具.然而由于铅球引起的扭秤旋转角度非常小,并且气流导致的扰动已经远远大于引力引起的旋转.为了消除气流干扰,卡文迪什将装置安装在一个不透风的房间内,并创造性在其悬线系统上附加小平面镜,利用望远镜在室外远距离操纵和测量,防止了空气的扰动.他用一根 39 英寸(1 英寸约 0.025 米,下同)的镀银铜丝吊一 6 英尺(1 英尺约 0.30 米,下同)的木杆,杆的两端各固定一个直径为 2 英寸的小铅球,另用两颗直径为 12 英寸的固定着的大铅球吸引它们,测出铅球间引力引起的摆动周期,由此计算出两个铅球的引力,由计算得到的引力再推算出地球的质量和密度.他算出的地球密度为水密度的 5.481 倍(最新的地球密度的推荐值为 5.517 g/cm^3).实际上卡文迪什当时只关心地球的密度,并没有涉及其他.而通过采用卡文迪什的测量结果,可以求出万有引力常量和地球的质量,推算出万有引力常量为 6.754×10^{-11} N·m^2/kg^2(最新的推荐值为 $6.672\,59 \times 10^{-11}$ N·m^2/kg^2).这一实验的构思、设计与操作十分精巧,英国物理学家约翰·坡印亭曾对这个实验下过这样的评语:"开创了弱力测量的新时代".

卡文迪什从事科研不图名利,他没有急于发表许多论文和实验报告,特别是关于自然哲学的许多论述基本上没有公开发表.卡文迪什沉默寡言,不善交际.对于卡文迪什的生平介绍主要来源于物理学家汉弗莱·戴维和他的其他一些朋友的记载,他自认为没有足够实验依据的手稿大部分没有发表.所以在他将近 50 年的科研生涯中,他没有写过一本书,这对于促进科学研究的发展是很可惜的.为了纪念卡文迪什,1871 年,英国著名的物理学家麦克斯韦在剑桥大学创立了以卡文迪什的名字命名的实验室,该实验室从 1874 年至 1989 年期间一共产生了 29 位诺贝尔奖得主.

五、引力常量的测量

牛顿万有引力定律及其运动三定律精确地描述了大到宇宙天体小到我们周围物体的运行规律,确立了经典物理学理论体系.也正是因为牛顿万有引力定律对于众多天体运行轨迹的精确预测,奠定了物理学的重要地位,使得科学家获得了独立的社会身份.

万有引力常量(G)是一个包含在对有质量的物体间的万有引力的计算中的实验物理常数.如果要精确地计算物体间的万有引力,那么必须要精确地知道引力常量的大小.引力常量虽然是人类认识的第一个基本常数,然而也是测量精度最差的一个基本物理学常数.一方面,引力非常微弱且不可屏蔽,因而对其的精确测量充满了挑战性;另一方面,一些物理学家认为万有引力常量并非定值,而是随宇宙年龄的增长而逐渐变小.因此,对万有引力常量 G 的精确测量不仅具有计量学上的意义,其对于检验牛顿万有引力定律及深入研究引力相互作用规律都具有重要意义.引力常量测量精度的提高有助于鉴别理论模型的正确与否和推进引力理论的发展,让人们更深刻地认识引力的本质.

人们对引力常量的测量原理早已十分明确,但测量过程异常烦琐、复杂.在一种测量方法中,往往包含近百项的误差需要评估.2018年,来自华中科技大学的罗俊院士团队利用人防山洞实验室天然恒温、地面振动小、外部干扰少等优越的条件,先后解决了限制精密扭秤精度的多项关键技术.该团队采用两种不同方法测G,分别是扭秤周期法和扭秤角加速度反馈法.两种不同方法测量的引力常量,精度均达到国际最好水平,吻合程度接近10^{-5}的水平.

罗俊院士团队从20世纪80年代开始采用扭秤技术精确地测量万有引力常量,历经十多年的努力于1999年得到了第一个G值,被随后历届的国际科学技术数据委员会(CODATA)录用.随后历经十年深入探索实验方案,减小测量误差,2009年,该团队获得了精度更高的引力常量,相对精度达到26 ppm,该测量结果被随后的历届CODATA所收录,并被命名为HUST-09.此后该团队并没有停止探索的脚步,十年呕心沥血,同时采用两种不同方法测量引力常量,给出了目前国际上最高精度的引力常量.

这30多年里,罗俊院士领导的精密测量团队将引力常量的测量看作是毕生的事业,经过数十年如一日地艰守,使得引力常量的精密测量从无到有,从有到强,逐步走向世界前沿,并最终实现了对国际顶尖水平的赶超.这一系列的实验测量工作为提升我国在基础物理学领域的话语权、为物理学界确定高精度的引力常量G的推荐值做出实质性贡献.

六、地球尺寸的测量

生活在两千多年前的古希腊人对自然界充满了好奇,比如日月星辰为何可以一直悬挂在天空中而不掉落到地面,万物是由什么构成的.对于地球的形状,古希腊学者有好几种不同的观点:有人认为是圆球体,因为他们发现月食时在月亮上出现的圆弧形阴影正是地球的投影;但有人认为地球是平的,呈圆盘状或长方形.时至今日,依然有极少部分人认为地球是平坦的.

公元前3世纪的时候,有不少学者试图测量地球的周长.但是,他们大多缺乏理论基础,计算结果很不精确.时任亚历山大城图书馆馆长的著名数学家埃拉托色尼首次尝试将天文学与测地学结合计算地球的周长.

埃拉托色尼知道在一年之中白天最长的那天(夏至日)正午时分,太阳正好在阿斯旺天顶的位置,因为此时太阳光直射入阿斯旺城内的一口深井中,并在井底的水上倒映出太阳的影子.与此同时,他在夏至日正午时分,测量了亚历山大城(亚历山大城位于阿斯旺的北方)里一个方尖石塔投下影子的长度,计算出了这个时候太阳在亚历山大的天顶以南7°(约$\dfrac{2\pi}{50}$弧度).由此他推断出亚历山大港到阿斯旺的距离一定是整个地球圆周的$\dfrac{7}{360}$.他从商队那里知道两个城市间的实际距离大概是5 000希腊里,因此根据圆周长计算公式,地球沿着通过南北两极的子午线周长为250 000希腊里.虽然希腊里的确切长度我们现时已经无法考证,学者推测1希腊里在雅典和埃及分别等于157.5 m和185 m,因此,人们普遍认为他推断出的距离为39 000～46 000 km.现在人们已经精确地测量到,地球的子午线周长是40 008 km.

从埃拉托色尼测量地球周长的过程和结果可以看出,两千多年前埃拉托色尼的计算还是比较准确的.其测量过程也体现出实验中常用的转换法思想,将相隔较远的塞伊尼与亚历山人通过子午线这一地理要素联系了起来,通过对丁阿斯旺与亚历山大城之间圆弧长度的测量间距推断出地球子午线周长,打破了局限和孤立,建立了全面和整体的观念.

七、卢瑟福原子结构模型的发现

物质的构成一直是两千多年来学者关注的主题,也是物理学研究的重要方向.在19世纪,多位物理学者对于阴极射线的实验与理论研究为后来发现电子奠定了关键基础.剑桥大学卡文迪什实验室的约瑟夫·汤姆孙于1897年重做赫兹的1883年的实验.使用真空度更高的真空管和更强的电场,他观察出阴极射线的偏转,并计算出组成阴极射线的粒子的荷质比.由于该数值与阴极物质、放电管内气体无关,约瑟夫·汤姆孙推断阴极射线的粒子源自在阴极附近被强电场分解的气体原子,该粒子为所有物质的组分.这种粒子后被命名为电子,电子为组成物质的基本粒子.

电子被发现后,人们对电子在原子中的存在方式有过各种不同的推测.1904年,约瑟夫·汤姆孙在《论原子的结构》论文里提出葡萄干布丁模型,他认为原子是电子散布于呈球形均匀分布的带正电物质内部,带负电的电子与带正电的物质的电性相互抵消,因此原子呈电中性.同年,日本科学家长冈半太郎也提出了模拟土星环的半太郎原子模型,即带正电子的物质在原子中间,周围环绕着若干电子,类似土星和土星环的状况.

1909年,在卢瑟福的指导下,盖革和马斯登利用α粒子束照射只有几个原子厚度的薄白金箔纸.假若葡萄干布丁模型是正确的,由于正电荷完全均匀地散开,而不是集中于一个原子核,库仑位势的变化不会很大,通过该位势的α粒子,其移动方向应该只会有小角度改变.然而,他们得到的实验结果与葡萄干布丁模型预测的结果不同,大约每8 000个α粒子,就有一个α粒子的移动方向会有很大角度的改变(超过90°),而其他粒子都径直通过,方向没有任何改变.因此,约瑟夫·汤姆孙的原子模型被彻底推翻.

1911年,卢瑟福发表了卢瑟福模型,大多数的质量都集中于一个很小的正电荷区域(原子核),在原子核的四周是带负电的电子云.卢瑟福推导出散射公式,其预测与实验结果相符合.1913年,玻尔提出了玻尔模型.在这模型中,电子稳定运动于原子的特定轨域,其具有特定的能级.玻尔模型的理论基础似乎异乎寻常,很难令人信服,但是,它的预测与很多实验结果吻合.玻尔模型并不能够解释光谱的相对强度,也无法计算出更复杂原子的光谱,这些难题在后来的量子力学中给出了合理解释.

八、傅科摆

古人仰望星空,日月星辰东升西落,日复一日,年复一年.人们日出而作,日落而息,这幅景象自人类诞生以来就从未改变过.在此期间,古人好奇,宇宙的结构到底是什么样的?很长一段时间里,古人认为地球是宇宙的中心,固定不动,而其他的星球都环绕着地球而运行.古希腊时代的天文学家赫拉克雷迪斯(Heracleides)是第一个认为地球自转的人,地球自西向东绕着地轴每隔24小时旋转一周,同时他也认为天体的运转是围绕一个看得见的实体太阳.然而一千多年的时间里,地心说由于其具有非常高的精度,一直被人们广泛接受.但是在文艺复兴时代,随着科学技术的进步,一些支持日心说的证据逐渐出现.

1543 年,哥白尼提出日心说,他认为太阳是宇宙的中心,而不是地球.这一学说推翻了长期以来居于统治地位的地心说,实现了天文学的根本变革,也是近代科学革命的起点.日心说在初期由于缺乏关键性证据,并且无法解释部分自然现象,因而并未受到人们的重视.

证明地球自转最著名的证据是傅科摆,虽然人们长久以来都知道地球在自转,但傅科摆第一次以简单的实验予以证明.它是物理学家莱昂·傅科在 1851 年首度建造的.他在法国巴黎的先贤祠从塔顶悬挂了一个摆长为 67 m 的铁球,由于地球的自转使得摆的摆动平面产生摇摆的振荡,且摆动平面沿着顺时针方向缓缓转动,而旋转的速度取决于纬度.在巴黎,预测和观测到的偏移是每小时大约顺时针偏转 11°.摆动平面的旋转是由于地球自转而产生科里奥利力的作用效应,也被称为傅科效应.实际上这等同于观察者观察到地球在自转.

傅科除了证明地球的自转,他还命名了陀螺仪.1855 年,他成为巴黎天文台的物理学教授,同年皇家学会因为他杰出的实验研究授予他科普利奖章.

九、光的本性

17 世纪的人们认为,太阳光是一种纯的没有其他颜色的光.为了验证太阳光是不是白色的,牛顿把一面三棱镜放在阳光下,透过三棱镜,光在墙上被分解为不同的颜色,这些分解后的彩色光谱经过棱角可以重新复合为白光.为了解释光的复合与分解,牛顿认为光是由微粒组成的,并将光的复合和分解比喻成不同颜色微粒的混合和分开.

微粒说很容易解释光的直线传播,也很容易解释光的反射,因为粒子与光滑平面发生碰撞的反射定律与光的反射定律相同.然而意大利数学家格里马第已经注意到,让一束光穿过两个小孔,其投影的边缘出现明暗条纹.他联想到水波的衍射,提出光可能是一种波,不同颜色的光是由于光波的频率不同引起的.但是怎么用波动说来解释光的反射和折射呢? 惠更斯提出了一个后来被称为"惠更斯原理"的学说,借着这原理,他可以给出波的直线传播与球面传播的定性解释,并且推导出反射定律与折射定律.此后的数百年间,科学家对于光的本质,即微粒说与波动说两种观点,进行了旷日持久的争论.

在牛顿的时代,微粒说更符合人们的直觉,加上牛顿的威望等因素,微粒说占了上风.1801 年,英国物理学家托马斯·扬在百叶窗上开了一个小洞,然后用厚纸片盖住,再在纸片上戳一个很小的洞,让光线透过,并用一面镜子反射透过的光线.然后他用一个厚约1/30英寸的纸片把这束光从中间分成两束,结果看到了明暗交替的图样.这种图样只能用光波动说的相长干涉和相消干涉来解释,而不能用光微粒说的简单数量相加法来解释.

这就是著名的"杨氏干涉实验".他在《关于薄片颜色》的论文中提出了干涉、波长等概念,用著名的双缝干涉实验支持了波动说,使沉寂了近百年的波动说又复活起来,光学研究也取得了飞跃性的发展.

十、引力波探测

1916 年爱因斯坦首次提出引力波的概念,引力波是加速中的质量在时空中所产生的涟漪,通过探测引力波,可以对广义相对论进行实验验证.然而引力波的波幅非常微小,并

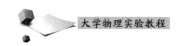

且引力波与物质的耦合很微弱,因此,爱因斯坦怀疑引力波是否能被人类发现.

1999 年,由加州理工学院的物理学教授基普·索恩、朗纳·德瑞福与麻省理工学院的物理学教授莱纳·魏斯领导,在路易斯安那州的利文斯顿与在华盛顿州的汉福德分别建成了相同的激光干涉引力波探测器(英语:Laser Interferometer Gravitational-Wave Observatory,LIGO).LIGO 使用的干涉仪是迈克耳孙干涉仪,其应用激光光束来测量两条相互垂直的干涉臂的长度差变化,在通常情况下不同长度的干涉臂会对同样的引力波产生不同的响应,因此干涉仪很适于探测引力波.LIGO 试图探测像超新星爆发、两个黑洞合并、两个中子星合并等强劲引力波源所产生的引力波.

2002 年至 2010 年之间,LIGO 进行了多次探测实验,搜集到大量数据,但并未探测到引力波.为了提升探测器的灵敏度,LIGO 于 2010 年停止运作,进行大幅度改良工程.LIGO 采用了多种尖端科技,防震系统能够压抑各种震动噪声,真空系统是全世界最大与最纯的系统之一,光学器件具备前所未有的精确度,能够测量质子尺寸的千分之一的位移,高性能计算设施足以处理庞大的实验数据,目前 LIGO 最佳灵敏度已经达到 10^{-19} 数量级.

2015 年,LIGO 重新正式探测引力波.2015 年 9 月 14 日,检测到引力波信号,分析相关探测信号,研究认为其源自距离地球约 13 亿光年处的两个质量分别为 36 太阳质量与 29 太阳质量的黑洞并合.因为"对 LIGO 探测器及重力波探测的决定性贡献",基普·索恩、莱纳·魏斯和 LIGO 主任巴里·巴里什荣获 2017 年诺贝尔物理学奖.从 LIGO 演化的历史可以看出,实验过程通常不是一帆风顺的,而是曲折的螺旋式前进的过程,在此过程中需要研究者脚踏实地、勇于拼搏、持之以恒地改进和优化实验.

附录2　实验仪器说明书

一、实验 3.4 仪器说明

(一)UJ31 型低电势直流电位差计

UJ31 型低电势直流电位差计是一种测量低电势的双量程电位差计,其测量范围为 1 μV～17.1 mV(K₁ 置"×"1 挡)或 10 μV～171 mV(K₁ 置"×"10 挡),准确度等级为 0.05,工作电流为 10 mA,使用 5.7～6.4 V 外接工作电源,标准电势和灵敏电流计均外接,其面板图如附图 2-1 所示.调节工作电流(即校准)时分别调节 R_{P1}(粗调)、R_{P2}(中调)和 R_{P3}(细调)三个电阻转盘,以保证迅速准确地调节工作电流.R_n 是为了适应温度不同时标准电势的电动势的变化而设置的,当温度不同引起标准电势的电动势变化时,通过调节 R_n,使工作电流保持不变.R_x 被分成 Ⅰ(×1)、Ⅱ(×0.1)和 Ⅲ(×0.001)三个电阻转盘,并在转盘上标出对应 R_x 的电压值,电位差计处于补偿状态时可以从这三个转盘上直接读出未知电动势或未知电压.左下方的"粗""细"两个按钮,其作用是:按下"粗"按钮,保护电阻和灵敏电流计串联,此时电流计的灵敏度降低;按下"细"按钮,保护电阻被短路,此时电流计的灵敏度提高.K₂ 为标准电势和待测电势的转换开关.标准电势、灵敏电流计、工作

电源和待测电动势 E_x 由相应的接线柱外接.

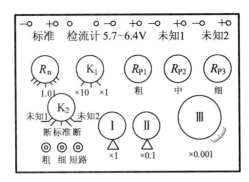

附图 2-1　UJ31 型低电势直流电位差计面板图

UJ31 型低电势直流电位差计的使用方法:

(1) 将 K_2 置于"断", K_1 置于"×1"挡或"×10"挡(视被测量值而定),分别接上标准电势、灵敏电流计、直流稳压电源.干电池(或电压)接于"未知 1"(或"未知 2").

(2) 根据温度修正公式计算标准电势的电动势 $E_n(t)$ 的值,调节 R_n 的示值,使之与 $E_n(t)$ 相等.将 K_2 置于"标准"挡,按下"粗"按钮,调节 R_{P1}, R_{P2} 和 R_{P3},使灵敏电流计指针指零,再按下"细"按钮,用 R_{P2} 和 R_{P3} 精确调节至灵敏电流计指针指零.此操作过程称为"校准".

(3) 将 K_2 置于"未知 1"(或"未知 2")位置,按下"粗"按钮,调节读数转盘 Ⅰ、Ⅱ,使灵敏电流计指零,再按下"细"按钮,精确调节读数转盘 Ⅲ,使灵敏电流计指零.读数转盘 Ⅰ、Ⅱ 和 Ⅲ 的示值乘以相应的倍率后相加,再乘以 K_1 所用的倍率,即为被测电动势(或电压) E_x.此操作过程称作"测量".

本实验室使用的 UJ31 型低电势直流电位差计的准确度等级为 0.05 级,在周围温度与 20 ℃ 相差不大的条件下,其基本误差限 Δ_{U_x} 为

$$\Delta_{U_x} = \pm(0.05\%U_x + 0.5\Delta U)$$

式中, ΔU 为电位差计的最小分度值,即当倍率取"×10"时 ΔU 为 10 μV,当倍率取"×1"时 ΔU 为 1 μV.

(二) FB204A 型标准电势与待测电势

在电位差计的原理与应用的实验中,首先需要使电位差计进行工作电流标准化,长期以来,一般总是用饱和型或不饱和型标准电池对电位差计作定标.这两种形式的标准电池各有自己的优缺点,前者优点是输出电动势比较稳定,缺点是不能颠倒或剧烈振动,也不便携带或移动测试装置,不饱和型标准电池克服了以上缺点,但输出电动势稳定性相对较差,两者都不允许输入微安级的电流,给用户带来许多不便.该仪器由于设计的线路比较合理,选用的器材性能优良,其输出稳定度可以达到标准电池的数量级;而且仪器受温度的影响比较小,在一般的室温变化范围内,不会超出标准电池随温度变化而变化的电动势修正量.为了与电位差计配套,把工作电源、一个多量程的待测电势与标准电势组装在一个机箱里,这样,无疑给用户带来了极大的方便.因此,在这里我们用 FB204A 型标准电势与待测电势取代标准电池来对电位差计进行校准.其技术特性如下:

室温 20 ℃时标准电动势输出：1.018 50～1.018 70 V.

待测电势输出：0.015 V,0.03 V,0.06 V,0.11 V,0.17 V,0.27 V,0.57 V,1.02 V,1.53 V,1.90 V.

电压输出：3 V,6 V.

使用环境温度：(20±10) ℃.

使用环境相对湿度：≤80%.

（三）分压器和分压比

不同型号的电位差计的测量范围各不相同,量程上限也有几十毫伏至几十伏的多种规格.若配上分压器,A,B 电压输入端,其总阻值为 R_0,A,C 为输出端,移动滑动头 C,可控制输出电压的大小(附图 2-2).

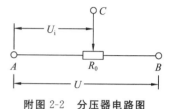

附图 2-2　分压器电路图

当 C 在某一位置时,若令其分电阻为 $R_i = R_{AC} = \dfrac{R_0}{m}$,由

串联电路特点可知,$\dfrac{U_i}{U} = \dfrac{R_i}{R_0} = \dfrac{1}{m}$,则 $U_i = \dfrac{1}{m}U$,式中,$\dfrac{1}{m}$ 称为分压比.

二、实验 3.5 仪器说明

FB530 型灵敏电流计实验仪面板接线图如附图 2-3 所示.

附图 2-3　FB530 型灵敏电流计实验仪面板接线图

说明：

（1）图中双刀双掷开关对角线内部已连接.

（2）三只单刀双掷开关仅作为单刀单掷开关使用.

（3）该实验装置直流工作电源最大输出电压为 30 V.

电流计指针的运动方程为

$$J \frac{\mathrm{d}^2 \theta}{\mathrm{d}t^2} + P \frac{\mathrm{d}\theta}{\mathrm{d}t} + D\theta = NSBI$$

或者写成

$$J\,\frac{\mathrm{d}^2\theta}{\mathrm{d}t^2}+P\,\frac{\mathrm{d}\theta}{\mathrm{d}t}+D\left(\theta-\frac{NSBI}{D}\right)=0 \qquad (\text{附 2-1})$$

令 $\theta_0=\dfrac{NSBI}{D},y=\theta-\theta_0$ 则上式可写成

$$J\,\frac{\mathrm{d}^2 y}{\mathrm{d}t^2}+P\,\frac{\mathrm{d}y}{\mathrm{d}t}+Dy=0 \qquad (\text{附 2-2})$$

这是二阶常系数非线性齐次方程,它的特征方程是：$J\gamma^2+P\gamma+D=0.$ 其根就是

$$\gamma_{1,2}=-\frac{P\pm\sqrt{P^2-4JD}}{2J}=-\frac{P}{2J}\pm\frac{1}{2J}\sqrt{P^2-4JD}$$

令 $\gamma=\dfrac{P}{2\sqrt{DJ}}.$ 式中

$$\frac{P}{2J}=\frac{P}{2J}\frac{\sqrt{JD}}{\sqrt{JD}}=\gamma\sqrt{\frac{D}{J}}=\frac{2\pi\gamma}{T_0}$$

$$\frac{1}{2J}\sqrt{P^2-4JD}=\frac{1}{2J}\sqrt{4JD}\sqrt{\frac{P^2}{4JD}-1}=\sqrt{\frac{D}{J}}\sqrt{\gamma^2-1}=\frac{2\pi}{T_0}\sqrt{\gamma^2-1}$$

因此

$$\gamma_{1,2}=-\frac{2\pi\gamma}{T_0}\pm\frac{2\pi}{T_0}\sqrt{\gamma^2-1}$$

而

$$y=C_1\mathrm{e}^{\gamma_1 t}+C_2\mathrm{e}^{\gamma_2 t}=\exp\left(-\frac{2\pi\gamma}{T_0}t\right)\left[C_1\exp\left(\frac{2\pi t}{T_0}\sqrt{\gamma^2-1}\right)+C_2\exp\left(-\frac{2\pi t}{T_0}\sqrt{\gamma^2-1}\right)\right]$$

因此

$$\theta=\theta_0+\left[C_1\exp\left(\frac{2\pi t}{T_0}\sqrt{\gamma^2-1}\right)+C_2\exp\left(-\frac{2\pi t}{T_0}\sqrt{\gamma^2-1}\right)\right]\exp\left(-\frac{2\pi\gamma}{T_0}t\right) \quad (\text{附 2-3})$$

根据初始条件：$\theta(t)\big|_{t=0}=0=\theta_0+C_1+C_2$，所以

$$C_2=-\theta_0-C_1 \qquad (\text{附 2-4})$$

因此

$$\theta=\theta_0+\left[C_1\exp\left(\frac{2\pi t}{T_0}\sqrt{\gamma^2-1}\right)-(\theta_0+C_1)\exp\left(-\frac{2\pi t}{T_0}\sqrt{\gamma^2-1}\right)\right]\exp\left(-\frac{2\pi\gamma}{T_0}t\right)$$

$$(\text{附 2-5})$$

又因为

$$\frac{\mathrm{d}\theta}{\mathrm{d}t}=\left[C_1\,\frac{2\pi}{T_0}\sqrt{\gamma^2-1}\exp\left(\frac{2\pi t}{T_0}\sqrt{\gamma^2-1}\right)+\right.$$

$$\left.(\theta_0+C_1)\frac{2\pi}{T_0}\sqrt{\gamma^2-1}\exp\left(-\frac{2\pi t}{T_0}\sqrt{\gamma^2-1}\right)\right]\exp\left(-\frac{2\pi\gamma}{T_0}t\right)+$$

$$\left[C_1\exp\left(\frac{2\pi t}{T_0}\sqrt{\gamma^2-1}\right)-(\theta_0+C_1)\exp\left(-\frac{2\pi t}{T_0}\sqrt{\gamma^2-1}\right)\right]\left(-\frac{2\pi\gamma}{T_0}\right)\exp\left(-\frac{2\pi\gamma}{T_0}t\right)$$

$$\frac{\mathrm{d}\theta}{\mathrm{d}t}\Big|_{t=0} = 0 - \left[C_1 \frac{2\pi}{T_0}\sqrt{\gamma^2-1} + (\theta_0+C_1)\frac{2\pi}{T_0}\sqrt{\gamma^2-1}\right] + \left[C_1 - (\theta_0+C_1)\right]\left(-\frac{2\pi\gamma}{T_0}\right)$$

所以

$$C_1 = -\left(1 + \frac{\gamma}{\sqrt{\gamma^2-1}}\right) \cdot \frac{\theta_0}{2} \qquad\qquad (附\ 2\text{-}6)$$

将 C_1 值代入式(附 2-5),得

$$\theta = \theta_0 + \left[-\left(1+\frac{\gamma}{\sqrt{\gamma^2-1}}\right)\theta_0 \,\mathrm{sh}\left(\frac{2\pi t}{T_0}\sqrt{\gamma^2-1}\right) - \theta_0\exp\left(\frac{2\pi t}{T_0}\sqrt{\gamma^2-1}\right)\right]\exp\left(-\frac{2\pi\gamma}{T_0}t\right)$$

$$= \theta_0\left\{1 - \left[\frac{\exp\left(\frac{2\pi t}{T_0}\sqrt{\gamma^2-1}\right)-\exp\left(-\frac{2\pi t}{T_0}\sqrt{\gamma^2-1}\right)}{2} + \frac{\gamma}{\sqrt{\gamma^2-1}}\mathrm{sh}\left(\frac{2\pi t}{T_0}\sqrt{\gamma^2-1}\right) + \right.\right.$$

$$\left.\left. \exp\left(-\frac{2\pi t}{T_0}\sqrt{\gamma^2-1}\right)\right]\exp\left(-\frac{2\pi t}{T_0}\gamma\right)\right\}$$

$$= \theta_0\left\{1 - \left[\mathrm{ch}\left(\frac{2\pi t}{T_0}\sqrt{\gamma^2-1}\right) + \frac{\gamma}{\sqrt{\gamma^2-1}}\mathrm{sh}\left(\frac{2\pi t}{T_0}\sqrt{\gamma^2-1}\right)\right]\exp\left(-\frac{2\pi t}{T_0}\gamma\right)\right\}$$

$$= \theta_0\left\{1 - \left[\frac{\gamma}{\sqrt{\gamma^2-1}}\mathrm{sh}\left(\frac{2\pi t}{T_0}\sqrt{\gamma^2-1}\right) + \mathrm{ch}\left(\frac{2\pi t}{T_0}\sqrt{\gamma^2-1}\right)\right]\exp\left(-\frac{2\pi t}{T_0}\gamma\right)\right\}$$

这就是式(3.5-10),当 $\gamma^2=1$ 时,利用 $\lim\limits_{x\to 0}\dfrac{\mathrm{e}^x}{x}=1$ 关系式,可以得到:

$$\theta = \theta_0\left\{1 - \left[\frac{1}{2}\left(\frac{2\pi t}{T_0}+\frac{2\pi t}{T_0}\right)+1\right]\exp\left(-\frac{2\pi t}{T_0}\right)\right\} = \theta_0\left\{1 - \left[1+\frac{2\pi t}{T_0}\right]\exp\left(-\frac{2\pi t}{T_0}\right)\right\}$$

这就是式(3.5-8),当 $\gamma^2<1$ 时,则 $\sqrt{\gamma^2-1}=\sqrt{1-\gamma^2}\,\mathrm{j}$.

又因为

$$\mathrm{sh}\left(\frac{2\pi t}{T_0}\sqrt{\gamma^2-1}\right) = \frac{1}{2}\left[\exp\left(\frac{2\pi t}{T_0}\sqrt{\gamma^2-1}\right)-\exp\left(-\frac{2\pi t}{T_0}\sqrt{\gamma^2-1}\right)\right]$$

$$= \frac{1}{2}\left[\exp\left(\frac{2\pi t}{T_0}\sqrt{1-\gamma^2}\,\mathrm{j}\right)-\exp\left(-\frac{2\pi t}{T_0}\sqrt{1-\gamma^2}\,\mathrm{j}\right)\right] = \mathrm{j}\sin\left(\frac{2\pi t}{T_0}\sqrt{1-\gamma^2}\right)$$

按同样方法可得到:

$$\mathrm{ch}\left(\frac{2\pi t}{T_0}\sqrt{\gamma^2-1}\right) = \cos\frac{2\pi t}{T_0}\sqrt{1-\gamma^2}$$

因此

$$\theta = \theta_0\left\{1 - \left[\frac{\gamma}{\sqrt{1-\gamma^2}}\sin\left(\frac{2\pi t}{T_0}\sqrt{1-\gamma^2}\right)+\cos\left(\frac{2\pi t}{T_0}\sqrt{1-\gamma^2}\right)\right]\exp\left(-\frac{2\pi t}{T_0}\gamma\right)\right\}$$

$$= \theta_0\left\{1 - \frac{1}{\sqrt{1-\gamma^2}}\left[\sin\left(\frac{2\pi t}{T_0}\sqrt{1-\gamma^2}\right)\cos\beta + \cos\left(\frac{2\pi t}{T_0}\sqrt{1-\gamma^2}\right)\sin\beta\right]\exp\left(-\frac{2\pi t}{T_0}\gamma\right)\right\}$$

$$= \theta_0\left\{1 - \frac{1}{\sqrt{1-\gamma^2}}\sin\left[\frac{2\pi t}{T_0}\sqrt{1-\gamma^2}+\beta\right]\exp\left(-\frac{2\pi t}{T_0}\gamma\right)\right\}$$

$$= \theta_0\left\{1 - \frac{1}{\sqrt{1-\gamma^2}}\sin\left(\frac{2\pi t}{T_0}\sqrt{1-\gamma^2}+\arcsin\sqrt{1-\gamma^2}\right)\exp\left(-\frac{2\pi t}{T_0}\gamma\right)\right\}$$

这就是式(3.5-11),方程全部求解完毕.

三、实验 4.6 仪器说明

(一)仪器介绍

实验采用杭州富阳精科仪器有限公司生产的 TC-3 型导热系数测定仪.该仪器采用低于 36 V 的隔离电压作为加热电源,安全可靠.整个加热圆筒可上下升降和左右转动,发热圆盘和散热圆盘的侧面有一小孔,为放置热电偶之用.散热盘 P 放在可以调节的三个螺旋头上,可使待测样品盘的上下两个表面与发热圆盘、散热圆盘紧密接触.散热盘 P 下方有一个轴流式风扇,用来快速散热.两个热电偶的冷端分别插在放有冰水的杜瓦瓶中的两根玻璃管中.热端分别插入发热圆盘和散热圆盘的侧面小孔内.冷、热端插入时,涂少量的硅脂,热电偶的两个接线端分别插在仪器面板上的相应插座内.利用面板上的开关可方便地直接测出两个温差电动势.温差电动势采用量程为 20 mV 的数字式电压表测量,再根据铜-康铜分度表转换成对应的温度值.

仪器设置了数字计时装置,计时范围为 166 min,分辨率为 1 s,供实验时计时用.仪器还设置了 PID 智能温度控制器,控制精度为 ±1 ℃,分辨率为 0.1 ℃,供实验时加热温度控制用.

(二)实验举例

例 实验时室温为 7.5 ℃,热电偶冷端温度为 0 ℃.待测样品为硬橡皮盘.直径 $D_B =$ 13.02 cm,厚 $h_B = 0.85$ cm,紫铜盘的质量 $m = 105\ 3$ g,厚 $h_P = 0.95$ cm.紫铜的比热容 $c = 0.385\ 0$ J·g^{-1}·℃$^{-1}$.加热时置于高挡.20～25 min 后,改为低挡,每隔 5 min 读取温度示值,如附表 2-1 所示.

附表 2-1 实验数据(一)

V_{T1}/mV	3.45	3.43	3.42	3.42	3.42	3.42	3.42	3.43	3.42	3.42
V_{T2}/mV	2.41	2.42	2.43	2.44	2.44	2.44	2.45	2.45	2.45	2.45

由于热电偶冷端温度为 0 ℃,对一定材料的热电偶,如果温度变化范围不太大时,其温差电动势(mV)与待测温度(℃)的比值为一常数.因此,稳定的温度相对应的电动势分别为 $V_{T1} = 3.42$ mV 及 $V_{T2} = 2.45$ mV.

测量黄铜在稳态值 T_2 附近的散热速率时,每隔 30 s 记录的温度示值见附表 2-2.

附表 2-2 实验数据(二)

V_{T3}/mV	2.57	2.53	2.49	2.45	2.41	2.37

硬橡皮的导热系数为

$$\lambda = m \cdot c \cdot \frac{\Delta T}{\Delta t} \cdot \frac{(R_P + 2h_P)h_B}{(2R_P + 2h_P)(T_1 - T_2)} \cdot \frac{1}{\pi R_B^2}$$

$$= 1\ 053 \times 0.385\ 0 \times \frac{(2.57 - 2.37) \times (6.51 + 0.95 \times 2) \times 0.85 \times 1}{30 \times 5 \times (13.02 + 0.95 \times 2) \times (3.42 - 2.45) \times 3.142 \times 6.51^2}$$

$$= 2.0 \times 10^{-3} \frac{J}{s \cdot cm \cdot ℃} = 0.2\ \text{W/(m·K)}.$$

（三）铜–康铜热电偶分度表

铜–康铜热电偶分度表如附表 2-3 所示.

附表 2-3 铜–康铜热电偶分度表

温度 /℃	热电势/mV									
	0	1	2	3	4	5	6	7	8	9
−10	−0.383	−0.421	−0.458	−0.496	−0.534	−0.571	−0.608	−0.646	−0.683	−0.720
−0	0.000	−0.039	−0.077	−0.116	−0.154	−0.193	−0.231	−0.269	−0.307	−0.345
0	0.000	0.039	0.078	0.117	0.156	0.195	0.234	0.273	0.312	0.351
10	0.391	0.430	0.470	0.510	0.549	0.589	0.629	0.669	0.709	0.749
20	0.789	0.830	0.870	0.911	0.951	0.992	1.032	1.073	1.114	1.155
30	1.196	1.237	1.279	1.320	1.361	1.403	1.444	1.486	1.528	1.569
40	1.611	1.653	1.695	1.738	1.780	1.882	1.865	1.907	1.950	1.992
50	2.035	2.078	2.121	2.164	2.207	2.250	2.294	2.337	2.380	2.424
60	2.467	2.511	2.555	2.599	2.643	2.687	2.731	2.775	2.819	2.864
70	2.908	2.953	2.997	3.042	3.087	3.131	3.176	3.221	3.266	3.312
80	3.357	3.402	3.447	3.493	3.538	3.584	3.630	3.676	3.721	3.767
90	3.813	3.859	3.906	3.952	3.998	4.044	4.091	4.137	4.184	4.231
100	4.277	4.324	4.371	4.418	4.465	4.512	4.559	4. 607	4.654	4.701
110	4.749	4.796	4.844	4.891	4.939	4.987	5.035	5.083	5.131	5.179
120	5.227	5.275	5.324	5.372	5.420	5.469	5.517	5.566	5.615	5.663
130	5.712	5.761	5.810	5.859	5.908	5.957	6.007	6.056	6.105	6.155
140	6.204	6.254	6.303	6.353	6.403	6.452	6.502	6.552	6.602	6.652
150	6.702	6.753	6.803	6.853	6.903	6.954	7.004	7.055	7.106	7.156
160	7.207	7.258	7.309	7.360	7.411	7.462	7.513	7.564	7.615	7.666
170	7.718	7.769	7.821	7.872	7.924	7.975	8.027	8.079	8.131	8.183
180	8.235	8.287	8.339	8.391	8.443	8.495	8.548	8.600	8.652	8.705
190	8.757	8.810	8.863	8.915	8.968	9.024	9.074	9.127	9.180	9.233
200	9.286									

注意：不同的热电偶的输出会有一定的偏差，所以以上表格的数据仅供参考.

（四）利用直流电位差计测热电偶温差电动势

1. 热电偶测温原理.

热电偶亦称温差电偶，是由 A,B 两种不同材料的金属丝的端点彼此紧密接触而组成的.当两个接点处于不同温度时(附图 2-4)，在回路中就有直流电动势产生，该电动势被称为温差电动势或热电动势.当组成热电偶的材料一定时，温差电动势 E_x 仅与两接点处的温度有关,并且两接点的温差在一定的温度范围内有如下近似关系式:$E_x \approx \alpha(t - t_0)$,式中,$\alpha$ 称为温差电系数.对于不同金属组成的热电偶,α 是不同的,其数值上等于两接点温度差为 1 ℃时所产生的电动势.

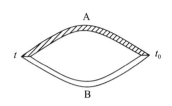

附图 2-4　两种金属构成的热电偶

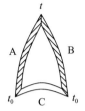

附图 2-5　三种金属构成的热电偶

为了测量温差电动势,就需要在附图 2-4 的回路中接入电位差计,但测量仪器的引入不能影响热电偶原来的性质,如不影响它在一定的温差 $t - t_0$ 下应有的电动势 E_x 值.要做到这一点,实验时应保证一定的条件.根据伏打定律,即在 A,B 两种金属之间插入第三种金属 C 时,若它与 A,B 的两连接点处于同一温度 t_0(附图 2-5),则该闭合回路的温差电动势与上述只有 A,B 两种金属组成回路时的数值完全相同.所以,我们把 A,B 两根不同化学成分的金属丝的一端焊在一起,构成热电偶的热端(工作端).将另两端各与铜引线(即第三种金属 C)焊接,构成两个同温度(t_0)的冷端(自由端).铜引线与电位差计相连,这样就组成一个热电偶温度计.如附图 2-6 所示,通常将冷端置于冰水混合物中,保持 $t_0 = 0$ ℃,将热端置于待测温度处,即可测得相应的温差电动势,再根据事先校正好的曲线或数据来求出温度 t.热电偶温度计的优点是热容量小,灵敏度高,反应迅速,测温范围广,还能直接把非电学量温度转换成电学量.因此,其在自动测温、自动控温等系统中得到广泛应用.

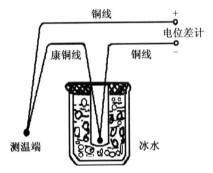

附图 2-6　热电偶与冰瓶

2. 测量步骤.

(1) 在 UJ36a 型直流电位差计机箱底部的电池盒中分别装入 1.5 V 及 9 V 电池.

(2) 将 TC-3 型导热系数测定仪面板上的"外接"两接线柱与 UJ36a"未知端"之间用导线连接(注意极性).

(3) 将 UJ36a 型直流电位差的量程开关打向"×0.2".调节"调零"电位器,使检流计指零.

将扳键开关推向"标准"位置,调节"R_P"旋钮,使检流计指零(一般称"工作电流标准化").

将扳键开关打向"未知",调节步进测量盘和滑线盘,使检流计指零,未知电动势为
$$E = (步进盘示值 + 滑线盘示值) \times 0.2$$

(4) 在测量过程中,应经常使工作电流标准化,使测量精确.

(五) PID 智能温度控制器

该控制器是一种高性能、高可靠性的智能型调节仪表,广泛使用于机械化工、陶瓷、轻工、冶金、热处理等行业的温度、流量、压力、液位自动控制系统.温度控制器面板布置图如

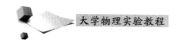

附图 2-7 所示.

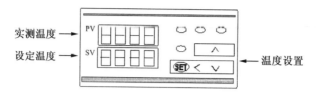

附图 2-7　温度控制器面板布置图

具体的温度设置步骤如下：

1. 先按设定键（SET）.

2. 按位移键（<），选择需要调整的位数，小数点移到位数后面，即是需要调整的位数.

3. 按加键（∧）或减键（∨），确定这一位数值，按此办法，直到各位数值都满足设定温度值为止.

4. 再按设定键（SET）一次，设定工作完成.如需要改变温度设置，只要重复以上步骤就可.操作过程可按附图 2-8 所示进行（图中数据为出厂时设定的参数）.

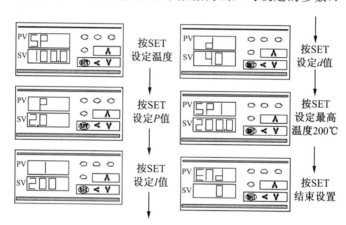

附图 2-8　PID 智能温度控制器温度设定流程图

四、实验 5.4 仪器说明

（一）实验仪器介绍

实验仪器采用杭州精科仪器有限公司生产的 SV5（或 SV6）型声速测量组合仪及 SV5 型声速测定专用信号源各一台.其外形结构见附图 2-9.

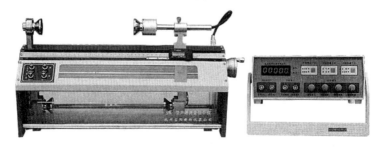

附图 2-9　SV5 型声速测量组合仪实物图

SV5 型声速测量组合仪主要由储液槽、传动机构、数显标尺、两副压电换能器等组成.储液槽中的压电换能器供测量液体声速用,另一副换能器供测量空气及固体声速用.作为发射超声波用的换能器 S_1 固定在储液槽的左边,另一只接收超声波用的接收换能器 S_2 装在可移动滑块上.上下两只换能器的相对位移通过传动机构同步进行,并由数显表头显示位移的距离.

S_1 发射换能器超声波的正弦电压信号由 SV5 声速测定专用信号源供给,换能器 S_2 把接收到的超声波声压转换成电压信号,用示波器观察;时差法测量时则还要接到专用信号源进行时间测量,测得的时间值具有保持功能.

实验时需自备示波器一台;300 mm 游标卡尺一把,用于测量固体棒的长度.

（二）超声波的发射与接收——压电陶瓷超声换能器

压电陶瓷超声换能器能实现声压和电压之间的转换.其做波源具有平面性、单色性好及方向性强的特点.同时,由于频率在超声波范围内,一般的音频对它没有干扰.频率提高,波长 λ 就短,在不长的距离中可测到许多个 λ,取其平均值,λ 的测定就比较准确.这些都可使实验的精度大大提高.压电陶瓷超声换能器的结构示意图见附图 2-10.

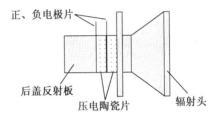

附图 2-10　压电陶瓷超声换能器的
结构示意图

压电陶瓷超声换能器由压电陶瓷片和轻、重两种金属组成.压电陶瓷片(如钛酸钡、锆钛酸铅等)是由一种多晶结构的压电材料做成的,在一定的温度下经极化处理后,具有压电效应.在简单情况下,压电材料受到与极化方向一致的应力 T 时,在极化方向上产生一定的电场强度 E,它们之间有一简单的线性关系 $E=gT$;反之,当与极化方向一致的外加电压 U 加在压电材料上时,材料的伸缩形变 S 与电压 U 也有线性关系 $S=dU$.比例常数 g,d 称为压电常数,与材料的性质有关.由于 E,T,S,U 之间具有简单的线性关系,因此我们可以将正弦交流电信号转变成压电材料纵向长度的伸缩,成为声波的声源,同样也可以使声压变化转变为电压的变化,用来接收声信号.在压电陶瓷片的头尾两端胶粘两块金属,组成夹心形振子.头部用轻金属做成喇叭型,尾部用重金属做成柱型,中部为压电陶瓷圆环,紧固螺钉穿过环中心.这种结构增大了辐射面积,增强了振子与介质的耦合作用,由于振子是以纵向长度的伸缩直接影响头部轻金属做同样的纵向长度伸缩(对尾部重金属作用小),这样所发射的波方向性强,平面性好.压电陶瓷超声换能器谐振频率为 (35 ± 3)kHz,功率不小于 10 W.

（三）数显表头的使用方法及维护

声速测量组合仪储液槽上方有用于测量显示两换能器移动距离的数显表头,其使用方法如下:

1. inch/mm 按钮为英制/公制转换用,测量声速时用"mm".

2. "OFF""ON"按钮为数显表头电源开关.

3. "ZERO"按钮为表头数字回零用.

4. 在标尺范围内,接收换能器处于任意位置都可设置"0"位.摇动丝杆,接收换能器移动的距离为数显表头显示的数字.

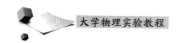

5. 数显表头右下方有"▼"处,可打开更换表头内扣式电池.

6. 使用时严禁将数显表头淋湿,如表头不慎受潮不能正常显示,可用电吹风吹干(用电吹风低温挡,温度不超过 60 ℃)或把标尺卸下,放在太阳光下洒干驱潮,即可恢复功能.

7. 数显表头与数显杆尺的配合极其精密,应避免剧烈的撞击和重压.

8. 仪器使用完毕后,应关掉数显表头的电源,以免消耗纽扣电池的电能.

9. SV6 型声速测量组合仪的数显温度表电源不能关闭,必要时可取出纽扣电池.

（四）不同介质声速传播测量参数（供参考）

空气介质（标准大气压下）：

$$v = (331.45 + 0.59t)\,\text{m/s}$$

液体介质：

淡水 1 480 m/s,甘油 1 920 m/s,变压器油 1 425 m/s,蓖麻油 1 540 m/s.

固体介质：

有机玻璃 1 800～2 250 m/s,尼龙 1 800～2 200 m/s,聚氨脂 1 600～1 850 m/s,黄铜 3 100～3 650 m/s,金 2 030 m/s,银 2 670 m/s.

注：固体材料由于其材质、密度、测试的方法各有差异,故声速测量参数仅供参考.

（五）使用范围

1. SV5 型声速测量组合仪适用于空气、液体、固体介质声速测定使用.

2. SV6 型声速测量组合仪适用于空气、液体、固体介质声速测定使用,加装有数显式温度表,用来指示实验时的环境温度.

五、实验 5.6 仪器使用说明

（一）FB321 型电阻元件伏安特性实验仪概述

本实验仪由直流稳压电源、可变电阻箱、电流表、电压表及被测元件五部分组成,电压表和电流表采用四位半数显表头,可以独立完成对线性电阻元件、半导体二极管、钨丝灯泡等电学元件的伏安特性测量.必须合理配接电压表和电流表,才能使测量误差最小,这样可使初学者在实验方案设计中得到锻炼.

（二）直流稳压电源技术指标

1. 输出电压:0～2 V、0～10 V 两挡(连续可调).

2. 负载电流:0～200 mA.

3. 输出电压稳定性:优于 1×10^{-4}/h.

4. 输出波纹:$\leqslant 1\,\text{mV}_{\text{rms}}$.

5. 负载稳定性:优于 1×10^{-3}.

6. 输出设有短路和过流保护电路,输出电流 $\leqslant 200$ mA.

7. 输出电压调节:分粗调、细调、配合使用.

8. 输入电源:$(220 \pm 10\%)$ V,50 Hz,耗电 $\leqslant 20$ W.

（三）电阻箱结构和技术指标

1. 整机结构.

可变电阻箱由$(0～10) \times 1\,000$ Ω,$(0～10) \times 100$ Ω 和$(0～10) \times 10$ Ω 三位可变电阻

开关盘构成,如附图 2-11 所示.

2. 技术指标.

(1) 电阻变化范围:0~11 100 Ω,最小步进量为 10 Ω.

(2) 电阻的功耗值:(1~10)×1 000 Ω,0.5 W;(1~10)×100 Ω,1 W;(1~10)×10 Ω,5 W.

3. 使用说明.

(1) 作变阻器使用.

0 号和 2 号端子之间电阻等于三个位电阻盘电阻值之和,电阻值为 0~11 100 Ω,最小步进值为 10 Ω.0 号和 1 号或 1 号和 2 号端子间电阻值分别为 0~1 100 Ω、最小步进量为 10 Ω,0~10 000 Ω、步进量 1 000 Ω.

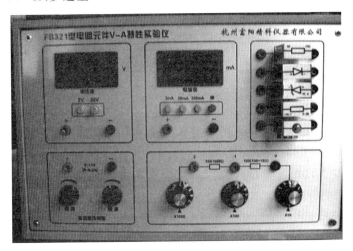

附图 2-11　FB321 型电阻元件伏安特性实验仪整机面板图

(2) 构成分压器.

当电源正极接于 2 号端子,负极接于 0 号端子,从 0 号端子、1 号端子上获得电源电压的分压输出,由电压表显示出分电压值.其接线图见附图 2-12.

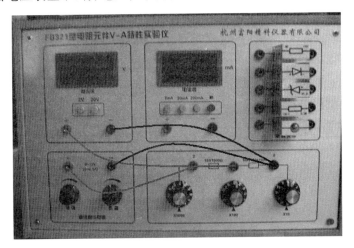

附图 2-12　FB321 型电阻元件伏安特性实验仪分压电路接法

由附图 2-12,得

$$U_0 = E \frac{R_0 + R_1}{R_0 + R_1 + R_2}$$

式中,U_0 为分压电压输出值;E 为电源电压;R_2 为×1 000 Ω 电阻盘示值电阻,可由电阻盘旋钮调节阻值;$R_1 + R_0$ 为×100 Ω 与×10 Ω 电阻盘总电阻,其≤1 100 Ω.

(四)电压表

1. 满量程电压:2 V,20 V,量程变换由调节转换开关完成.

2. 表头最大显示:19 999.

3. 各量程内阻值:见附表 2-4.

附表 2-4   电压表各量程内阻值

电压表量程/V	2	20
电压表内阻/MΩ	1	10

(五)电流表

表头参数如下:

1. 满量程电流:2 mA,20 mA,200 mA,量程变换由调节转换开关完成.

2. 表头最大显示:19 999.

3. 各量程内阻值:见附表 2-5.

附表 2-5   电流表各量程内阻值

电流表量程/mA	2	20	200
电流表内阻/Ω	100	10	1

(六)被测元件

1. 设计仪器时,被测元件采用标准化插件方式接入仪器,使用和更换待测元件十分便利,而且用户可根据实验需要增加测试内容.随机测件参数如下:

(1) RJ-2W-1 kΩ ± 5%:金属膜电阻器,安全电压为 20 V.

(2) RJ-2W-100 Ω ± 5%:金属膜电阻器,安全电压为 10 V.

(3) 二极管:最高反向峰值电压为 10 V,正向最大电流≤ 0.2 A(正向压降 0.8 V).

(4) 稳压管 1N4375:稳定电压为 6.2 V,最大工作电流为 35 mA,工作电流为 5 mA 时动态电阻为 20 Ω,正向压降≤ 1 V.

(5) 钨丝灯泡:冷态电阻为 10 Ω 左右(室温下),12 V,0.1 A 时热态电阻为 80 Ω 左右,安全电压≤ 13 V.

2. 被测元件安全性说明.

(1) RJ-2W-1 kΩ,RJ-2W-100 kΩ 两只电阻的安全电压都是按额定损耗值的 80% 计算所得,本实验仪直流稳压电源电压为 0~15 V,因此这两只电阻在作 V-A 特性测量时,不加任何限流电阻或分压、降压措施,都是安全的.

(2) 稳压管和二极管的正向特性大致相同,测量时要限制正向电流,一般不要超过正

向额定电流值的 75% .稳压管反向击穿电压即为稳压值,此时要串入电阻箱,以限制工作电流不超过最大额定工作电流(如不超过 100 mA),否则稳压二极管将从齐纳击穿转变为不可逆转的热击穿,稳压二极管将损坏!

（3）钨丝灯泡冷态电阻较低,约 10 Ω,如果电压增加太快,容易造成过载,高电压仅用于测量二极管反向伏安特性,同样在电流变化迅速区域,电压间隔应取得密一些.

（4）测量小电珠的伏安特性曲线.

测试电路与实际步骤由实验者自行设计.调节仪器时要缓慢一些,避免灯丝烧毁.

六、实验 5.9 仪器说明

（一）利用干涉条纹检验光学表面

根据等厚干涉条纹可以判断一个表面的几何形状,即用一块光学平面与待测表面叠在一起,由两个表面间的空气楔所产生的干涉花样的形状及变化规律,可以判断待测表面的几何形状.

（1）待测表面是平面,则产生直的干涉条纹(附图 2-13).平面间楔角愈小,条纹愈粗愈稀.

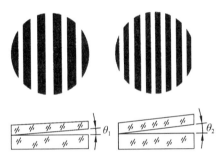

附图 2-13　两平面间产生直干涉条纹(条纹间距 $e=\dfrac{\lambda}{2}\sin\theta$)

（2）待测表面是凸球面或凹球面,则产生圆的干涉条纹(附图 2-14).在边缘加压时,圆环中心趋向加压力点(接触点)者为凸面;背离加压力点者为凹面.

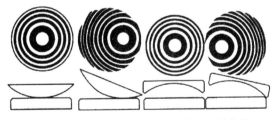

附图 2-14　平面和球面间产生圆形干涉条纹

（二）钠光灯

钠蒸气放电时,发出的光在可见光范围内有两条强谱线 589.0 nm 和 589.6 nm,通常称为钠双线.因两条谱线很接近,实验中可认为是较好的单色光源,通常取平均值589.3 nm作为该单色光源的波长.由于它的强度大,光色单纯,是最常用的单色光源.

使用钠光灯时应注意：① 灯点燃后，需等待一段时间才能正常使用，又因为它忽燃忽熄容易损坏，故点燃后就不要轻易熄灭它.另外，在正常使用下也有一定消耗，使用寿命只有 500 h 左右，因此在使用时必须注意节省，尽量集中使用.② 在点燃时不得撞击或振动，否则灼热的灯丝容易振坏.